"十二五"国家重点图书出版规划项目

CHINA WETLANDS RESOURCES
Zhejiang Volume

中国湿地资源

浙江卷

◎ 国家林业局组织编写

中国林業出版社

图书在版编目（CIP）数据

中国湿地资源·浙江卷／国家林业局组织编写；陶吉兴分册主编．－北京：中国林业出版社，2015.12

“十二五”国家重点图书出版规划项目

ISBN 978-7-5038-8303-3

Ⅰ.①中… Ⅱ.①国… ②陶… Ⅲ.①湿地资源－研究－浙江省 Ⅳ.① P942.078

中国版本图书馆 CIP 数据核字（2015）第 296576 号

总 策 划：金 旻

策划编辑：徐小英

主要编辑：徐小英 刘香瑞 李 伟
何 鹏 于界芬

美术编辑：赵 芳

出版发行 中国林业出版社（100009 北京西城区刘海胡同 7 号）
http://lycb.forestry.gov.cn
E-mail:forestbook@163.com 电话：(010)83143515、83143543

设计制作 北京天放自动化技术开发公司
北京捷艺轩彩印制版有限公司

印刷装订 北京中科印刷有限公司

版　　次 2015 年 12 月第 1 版

印　　次 2015 年 12 月第 1 次

开　　本 787mm × 1092mm 1/16

字　　数 345 千字

印　　张 13.5

定　　价 100.00 元

中国湿地资源系列图书
编撰工作领导小组

顾　问：陈宜瑜　李文华　刘兴土

组　长：张永利

副组长：马广仁

成　员：（按姓氏笔画排序）

王文宇　王忠武　王海洋　韦纯良　邓乃平　邓三龙
兰宏良　刘建武　刘艳玲　刘新池　李　兴　李三原
李永林　来景刚　吴　亚　张宗启　陆月星　陈则生
陈传进　陈俊光　林云举　呼　群　金　旻　金小麒
周光辉　降　初　孟　沙　侯新华　夏春胜　党晓勇
徐济德　奚克路　阎钢军　程中才　雷桂龙　蔡炳华
樊　辉

中国湿地资源系列图书
编撰工作领导小组办公室

主　任：马广仁

副主任：鲍达明　唐小平　熊智平　马洪兵

成　员：王福田　姬文元　刘　平　闫宏伟　李　忠　田亚玲
王志臣　张阳武　但新球　刘世好　王　侠　徐小英

《中国湿地资源·浙江卷》
编辑委员会

《中国湿地资源·浙江卷》
编写组

主　　编：陶吉兴

副 主 编：赵岳平　吴伟志

编 著 者：陶吉兴　赵岳平　吴伟志　俞肖剑　谢文远
　　　　　金　伟　张小伟

主　　审：傅宾领

总　序

湿地是地球表层系统的重要组成部分，是自然界最具生产力的生态系统和人类文明的发祥地之一。在联合国环境规划署（UNEP）委托世界自然保护联盟（IUCN）编制的《世界自然资源保护大纲》中，湿地与森林和海洋一起并称为全球三大生态系统。湿地具有类型多样、分布广泛的特点；湿地更重要的是还具有多种供给、调节、支持与文化服务功能，是人类重要的生存环境和资源资本。湿地与人类生产生活和社会经济发展息息相关。湿地的重要性受到世界各国和国际社会的普遍关注。早在1971年，国际社会就建立了全球第一个政府间多边环境公约，即《关于特别是作为水禽栖息地的国际重要湿地公约》（简称《湿地公约》）。同时，该公约也是全球最早针对单一生态系统保护的国际公约。1992年中国加入《湿地公约》，自此我国湿地保护事业进入了新的发展时期。

我国加入《湿地公约》后，在国家林业局设立了专门的湿地保护和履约机构，对内负责组织、协调、指导和监督全国湿地保护工作，对外负责《湿地公约》的履约工作。近年来，中国各级政府在湿地保护方面开展了大量卓有成效的工作，采取了一系列保护和合理利用湿地资源的措施，在湿地保护规划和重点工程建设、财政补贴政策制定实施、法规制度建设、保护体系建设、科研监测、宣传教育和国际合作等方面取得了长足进步。但我国湿地生态系统仍然面临着盲目围垦与改造、污染、水土流失、泥沙淤积、生物资源过度利用等多种因素的破坏和威胁，导致面积减少，生态功能下降，生物多样性丧失。因此，切实保护和合理利用湿地资源，既是保障生态安全和国土安全的当务之急，更是中国实施可持续发展战略势在必行的要务。

开展湿地资源调查，摸清湿地资源家底，把握湿地资源动态，是所有湿地保护工作的基础，也是履行《湿地公约》各项工作的根基。2009～2013年，在中央财政的支持下，国家林业局组织开展了第二次全国湿地资源调查工作。在此期间，我有幸作为第二次全国湿地资源调查专家技术委员会的主任委员，和其他专家一起全程参与了此次湿地资源调查的主要技术环节和成果鉴定。

我认为此次调查具有以下几个特点：一是，此次调查的湿地分类、界定标准、调查方法基本与《湿地公约》规定相接轨，使得调查数据符合《湿地公约》的要求，调查成果易于被国际认可，便于国际间的对比和交流。二是，制定了内容全面、方法科学、符合国际标准的统一技术规程《全国湿地资源调查技术规程（试行）》，进行了同标准、同口径的分期分批调查。三是，本次调查利用“3S”技术与现地验证相结合的技术方法，查清了全国范围内（未包括香港、澳门、台湾）8 公顷以上的湿地资源基本情况。四是，湿地调查分为一般调查和重点调查。重点调查包括，国际重要湿地、国家重要湿地、自然保护区（含自然保护小区）和湿地公园内的湿地以及其他特有、分布濒危物种和红树林等具有特殊保护价值的湿地。五是，组织保障有力。国家层面上，成立了第二次全国湿地资源调查领导小组、专家技术委员会、中央技术支撑单位和国家质量检查组；省级层面上，分别成立了湿地调查专职机构，组建了省级专业调查队伍。

需要指出的是，第二次全国湿地资源调查期间，我国湿地保护事业发展迅速。2009 年，中央启动了“湿地生态效益补偿试点”工作；2010 年开始，中央财政设立了湿地保护补助专项资金；2012 年，党的十八大将建设生态文明纳入中国特色社会主义事业“五位一体”总体布局，提出要“扩大森林、湖泊、湿地面积，保护生物多样性”。期间，国家林业局会同相关部门认真实施了《全国湿地保护工程实施规划 (2005 ～ 2010 年)》和《全国湿地保护工程“十二五”实施规划》。2013 年，国家林业局出台的《推进生态文明建设规划纲要》划定了湿地保护红线，到 2020 年中国湿地面积不少于 8 亿亩。2013 年，国家林业局出台了第一部国家层面的湿地保护部门规章《湿地保护管理规定》。应该说，历时 5 年的湿地资源调查与同期湿地保护事业的发展，是休戚相关，相互促进的。

第二次全国湿地资源调查取得了丰硕成果。在全球范围内，我国率先完成了《湿地公约》倡导的国家湿地资源调查，首次科学、系统地查明了《湿地公约》所定义的我国湿地资源情况。建立了完整的全国湿地资源空间数据库和属性数据库，掌握了近 10 年来湿地资源动态变化情况，建立了稳定的湿地资源调查专业队伍和专家团队，形成了较为完整的湿地资源调查监测技术规范，完成了全国湿地资源总报告、分省报告和多个专题报告，编制了系列成果图。调查成果达到国际先进水平。

党的十八大对建设生态文明作出了全面部署，强调把生态文明建设放在突出地位，融入经济建设、政治建设、文化建设、社会建设各方面和全过程。在全国第二次湿地资源调查成果的基础上，系统编著形成了中国湿地资源系列图书，为新时期我国湿地保护事业奠定了坚实基础。希望本系列图书能够为我国湿地工作者在开展湿地研究、保护与合理利用工作时提供参考和借鉴。

中国科学院院士 陈宜瑜

2015 年 9 月

前　言

湿地是地球上具有多种功能的独特生态系统，是人类赖以生存和发展的资源宝库和环境条件，是生态之要、生产之基和文化之源。湿地不仅是重要的水源地和物种富集区，在保障供水、净化水质、蓄洪防旱、调节气候、保护生物多样性、维护生态平衡等方面有着不可替代的重要生态功能；湿地又是物产汇集地和旅游观光区，提供资源食品，保障交通运输，在推动经济社会发展中具有重要经济功能；湿地还是文明发祥地和文化渊薮区，是孕育人类文明的摇篮，成为文化繁荣的重要场所，无数诗词歌赋产生于湿地，宣扬着人与自然和谐相处的生态思想，在弘扬生态文明中具有重要文化功能。所以说，湿地泽被人类，水水善利万物而不争，有湿地才有生命、才有生计、才有生机。

浙江位于我国东南沿海，长江三角洲南翼，因水而名、因水而美、因水而兴，江河水网纵横，湖荡库塘众多，海岸曲折漫长，岛屿星罗棋布，从山地到平原、从内陆到沿海、从淡水到咸水，湿地无处不在，彰显江南水乡魅力。全省湿地面积达110 余万公顷，分布有湿地高等植物 181 科 640 属 1482 种，湿地脊椎动物 69 目268 科 1107 种，是我国湿地资源最丰富的省份之一。保护好湿地这一珍贵资源，更好发挥湿地的多种功能，对于浙江探索走出“绿水青山就是金山银山”的现代林业发展之路，倡导人与自然和谐相处，推进“五水”共治、生态文明和“两美”浙江建设，实现经济社会全面协调可持续发展具有重大的现实作用和深远的战略意义。

浙江省十分重视湿地保护工作。杭州西溪湿地公园作为我国首个国家湿地公园，开创了我国湿地公园建设的先河，在国内或省内都有重大里程碑意义；景宁望东垟湿地自然保护区是华东地区最大的高山湿地，被誉为“华东第一湿地”；宁波杭州湾湿地是闻名中外的“观鸟胜地”；著名的西湖湿地和大运河（浙江段）湿地，以其悠久灿烂的自然和人文景观，被列入世界文化遗产名录。2012 年《浙江省湿地保护条例》颁布，2014 年浙江省人民政府办公厅《关于加强湿地保护管理工作的意见》出台，全省湿地保护与管理工作进入了良性发展的新阶段。

浙江省于 1997 ～ 2000 年开展了第一次湿地资源调查，起调范围是面积 100 公顷（含 100 公顷）以上的湿地，查清了全省面积 100 公顷以上湿地的类型、面积与分布，为浙江省随后的湿地保护利用与管理工作提供了翔实的基础资料。10 余年来，由于受到生产生活、旅游开发、基建和城市化等因素的影响，全省湿地资源在数量、功能、生态状况、主要威胁因子等方面发生了不同程度的变化，第一次调查资料已难以适应当前湿地资源保护利用工作的需要。为此，在国家林业局的统一部署下，浙江省于 2011 ～ 2013 年开展并完成了第二次湿地资源调查。

第二次湿地资源调查，起调范围降低到面积 8 公顷（含 8 公顷）以上的湿地，由省林业厅组织，以省森林资源监测中心为主体，县级林业主管部门共同参与，历时三年完成。根据国家林业局湿地保护管理中心《关于开展 2011 年湿地资源调查的通知》(林湿调字〔2010〕55 号) 的部署和要求，2011 年年初，省林业厅制定了《浙江省第二次湿地资源调查工作方案》和《浙江省第二次湿地资源调查实施细则》，并发文部署开展第二次湿地资源调查。2011 年 5 月，举办了为期 5 天有 160 多名技术骨干参加的全省湿地资源调查技术培训班，随后全面启动外业调查工作。2012 年外业调查结束后转入内业汇总整理和成果编制阶段，2013 年全面完成第二次湿地资源调查内外业工作。

第二次湿地资源调查技术上全面采用高分辨率卫片、1：10000 电子地形图等先进空间数据和计算机处理技术，并加强了生物多样性调查内容，在全面普查的基础上详细调查 44 块重要湿地的范围、面积、类型、自然地貌、湿地水环境、湿地动植物、保护利用状况和受威胁状况等因子，取得了丰硕的调查成果和许多新发现、新记录。通过第二次湿地资源调查，构建了系统、完整的全省湿地资源家底数据和管理信息系统，为今后严格保护、科学管理和合理利用湿地资源提供了重要决策依据，有利于推进生态文明和美丽浙江建设。

《中国湿地资源 · 浙江卷》依据第二次浙江省湿地资源调查成果整理编撰而成，该书集成了全省广大调查人员的智慧和努力，数据翔实，内容丰富，实用性强，地方特色明显，是广大湿地科研、监测和管理工作者不可多得的参考用书。

《中国湿地资源 · 浙江卷》编辑委员会

2014 年 10 月

目　录

浙江省湿地景观一瞥

云和梯田湿地公园（浙江省林业厅提供）

玉环漩门湾湿地公园（浙江省林业厅提供）

景宁大仰湖湿地群省级自然保护区（浙江省林业厅提供）

杭州西溪湿地公园（浙江省林业厅提供）

黄岩鉴洋湖湿地公园（浙江省林业厅提供）

西湖（浙江省林业厅提供）

景宁望东垟高山湿地省级自然保护区（浙江省林业厅提供）

南麂列岛（浙江省林业厅提供）

中国湿地博物馆（浙江省林业厅提供）

嘉兴石臼漾湿地公园（浙江省林业厅提供）

千岛湖（浙江省林业厅提供）

开化钱江源湿地公园（浙江省林业厅提供）

京杭大运河（浙江省林业厅提供）

德清下渚湖湿地公园（浙江省林业厅提供）

长兴仙山湖湿地公园（浙江省林业厅提供）

衢江乌溪江湿地公园（浙江省林业厅提供）

诸暨白塔湖湿地公园（浙江省林业厅提供）

磐安七仙湖湿地公园（浙江省林业厅提供）

慈溪杭州湾湿地公园（浙江省林业厅提供）

第一章 基本情况

第一节 自然地理概况

1 地理位置

浙江省地处东南沿海，长江三角洲南翼，东濒东海，南接福建，西连江西、安徽，北临太湖与上海、江苏为邻，地跨东经118°01′~123°10′，北纬27°06′~31°11′。全省陆域面积10.18万平方公里，约占全国陆地面积1.06%，是我国陆域面积较小的省份。全省海域面积约26万平方公里，港湾众多；海岸线曲折，总长6633公里，占全国海岸线总长的20.30%，其中大陆海岸线1840公里；近海岛屿星罗棋布，面积大于500平方米的海岛有3061个，是全国岛屿最多的省份。

2 地质地貌

2.1 区域地质

浙江省地处东亚大陆边缘，地质构造复杂，介于秦岭和南岭两个巨型东西向复杂构造带之间，以"多"字形构造为骨架，相应发育"山"字形构造、旋扭构造和东西向构造。全省以江山—绍兴深大断裂为界，西北部为扬子准地台，东南部为华南加里东褶皱系。

自元古界至新生界地层均有分布，不同沉积类型发育也比较齐全，其中元古界地层比较集中出露于浙西北和浙东南的相邻处，古生界主要分布于浙西北，中生界主要分布于浙东南，新生界主要分布于平原和沿海地区。

2.2 地貌特征

浙江省地势自西南向东北呈阶梯状倾斜。西南山地山势连绵，群峰耸峙，海拔多在千米以上。龙泉市境内的凤阳山主峰黄茅尖海拔1929米，为本省群峰之首。群山由西南向东北展延，分为北、中、南三支：北为浙赣、浙皖交界的怀玉山脉、白际山脉，入浙后为天目山脉，是长江水系和钱塘江水系的分水岭。中为仙霞岭山脉，是钱塘江水系和瓯江水系的分水岭，在本省中部分为2支，向北延展为会稽山脉，向东北延展为大盘山脉、天台山脉和四明山脉。南为浙闽边境的洞宫山脉，向东盘亘在瓯江以南称南雁荡山脉；向东北蜿蜒在瓯江以北称北雁荡山脉、括苍山脉。由此形成了浙江地貌的基本骨架，又是省内各河流的发源地。中部以丘陵为主，40多个大小盆地错落分布于丘陵山地之间。东北部是低平的冲积平原，地势平坦，以京杭运河和浙东运河为主干，河湖相连、水网密布、土地肥沃，是著名的"鱼米之乡"。

全省大致可分为浙北平原区、浙西中山丘陵区、浙南中山区、浙中金衢盆地区、浙东南沿海平原区和滨海岛屿区等6个地形区。全省土地按地貌类型划分，山地和丘陵占70.40%，平原和盆地占23.20%，河流和湖泊占6.40%，故有"七山一水二分田"之说。

2.3 地貌类型

浙江地貌类型多样。根据形态成因原则，分为陆地地貌和海岸岸滩地貌两大类。

2.3.1 陆地地貌

陆地地貌包括山地和平原两部分。山地地貌主要类型有中山、低山、丘陵。平原高程多在50米以下，相对高度不足10米，是浙江湿地的主要分布区，按成因可分为河谷平原、水网平原和滨海平原地貌。因山地地貌与湿地关联度不高，以下重点对平原地貌作简要介绍：

(1)河谷平原：全省八大水系的中、下游两侧，均有或宽或窄的河谷平原分布。表层多为近代冲积物、洪冲积物所覆盖，宽窄不一，海拔通常10～120米，但大多数未超过海拔50米，地面起伏较大。

(2)水网平原：潟湖淤积平原分布在萧绍平原、姚江平原、宁波平原、温黄平原及温瑞平原的西部。系古海湾经潮流带来的泥沙逐渐填淤而成，地势低平，湖泊众多，水网密度大，河流及人工河港穿行其上。湖积平原分布于杭嘉湖平原的中部、西部和东北部，以湖沼相、平原河流相沉积为主，地势低平，海拔平均3米左右。湖滨平原分布于太湖湖滨，系太湖缩小过程中形成。

(3)滨海平原：冲积、海积平原分布于河口两岸，以钱塘江河口两岸发育的冲积、海积平原为最大，其余水系均沿河头呈条带状分布，瓯江河口有河口沙洲发育。平原地表坡降小，地势较高，水网不及内陆发育。

2.3.2 海岸岸滩地貌

浙江海岸岸滩地貌是近代水动力和泥沙作用的结果，而全新世海面升降对岸滩地貌发育又发生深刻影响。浙江省的海岸岸滩可分为淤泥质海岸、基岩海岸和沙砾质海岸3种类型。

(1)淤泥质海岸：浙江大陆海岸的主要类型，由粉沙、泥质粉沙或粉沙泥质等物质组成，潮滩发育。粉沙滩主要分布于杭州湾，岸滩广阔，最宽可达10公里，坡度平缓；粉沙—淤泥滩主要分布于象山港北岸、三门湾、台州湾、飞云江口南岸的平原外缘及岛屿，滩面也很宽阔，一般宽1～6公里；淤泥滩主要分布于象山港、三门湾、乐清湾和沿浦湾内，滩宽1～3公里。

(2)基岩海岸：受断裂构造控制，岸线曲折，海蚀作用强烈，潮滩不发育。

(3)沙砾质海岸：见于海洋动力强盛的基岩岬角之间，全省面积较小。

3 土　壤

浙江土壤类型丰富，据全省第二次土壤普查资料(1979)，可分为10个土类21个亚类99个土属277个土种。其中与湿地关系密切的有滨海盐土、潮土、山地草甸土、水稻土等4个土类的9个亚类65个土属219个土种。

滨海盐土有滨海盐土和潮滩盐土2个亚类。滨海盐土亚类分布于海岸线内侧，有涂泥及咸泥2个土属14个土种；植被稀疏或为光滩。潮滩盐土亚类仅滩涂泥土属，5个土种，分布于海岸线外侧的潮间带内，受海水周期性间歇浸淹，含盐量高。

潮土仅灰潮土1个亚类，有洪积泥沙土、清水砂、培泥沙、淡涂泥等11个土属31个土种。其中洪积泥沙土属分布于溪流峡谷滩地；清水沙土属分布于江河两侧滩地、近河床的低河漫滩和沙洲上，多呈条带状；培泥沙土属则分布于江河两侧河漫滩阶地；淡涂泥土属分布于滨海地区，由滨海盐土脱盐后发育而成。

山地草甸土仅山地草甸土1个亚类，山地草甸土1个土属，山地草甸土1个土种，零星分布于临安、淳安、莲都、景宁、龙游、龙泉、乐清和余姚等县(市、区)的低、中山的顶部局部凹地，海拔一般700~1200米，连片面积很少有超过百亩者，较大的有淳安千亩田、景宁望东垟。

水稻土有淹育水稻土、渗育水稻土、潴育水稻土、脱潜水稻土、潜育水稻土5个亚类的50个土属168个土种。淹育水稻土亚类有黄筋泥田、红泥田等15个土属40个土种，分布于低山丘陵的缓坡和岗背上及滨海平原外侧，前者多系梯田，占水稻土面积的17.27%；渗育水稻土亚类有培泥沙田、泥沙田等10个土属34个土种，分布于河谷平原的河漫滩及低丘阶地、滨海平原及水网平原地势稍高处，占水稻土面积的19.14%；潴育水稻土亚类有洪积泥沙田、黄泥沙田等13个土属65个土种，主要分布于杭嘉湖、宁绍、台州和温州四大水网及一些滨海平原，占水稻土面积的43.63%；脱潜水稻土亚类有青紫泥田、青粉泥田等7个土属18个土种，主要分布于杭嘉湖、宁绍、台州和温州四大水网地势稍低处和水网平原与滨海平原交界部位的地势较低处，占水稻土面积的18.26%；潜育水稻土亚类有滥侵田、烂泥田等5个土属11个土种，主要分布于水网平原、滨海平原与河谷平原的低洼处，仅占水稻土面积的1.70%。

4　气　候

浙江处于欧亚大陆与西北太平洋的过渡地带，属典型的亚热带季风气候区。气候总特点是：季风显著，四季分明，气温适中，光照较多，雨量丰沛，空气湿润，雨热季节变化同步，气候资源配置多样，气象灾害繁多。全省多年平均气温15~18℃，极端最高气温44.1℃，极端最低气温-17.4℃；年平均降水量980~2000毫米，年平均日照时数1710~2100小时。

(1)春季气候特点：阴冷多雨，沿海和近海时常出现大风，全省雨水增多，天气晴雨不定。平均气温13~18℃，降水量320~700毫米，雨日41~62天。春季主要气象灾害有暴雨、冰雹、大风、倒春寒等。

(2)夏季气候特点：气温高、降水多、光照强、空气湿润，气象灾害频繁。平均气温24~28℃，各地降水量290~750毫米，雨日32~55天。夏季主要气象灾害有台风、暴雨、干旱、高温、雷暴、大风、龙卷风等。

(3)秋季气候特点：初秋，易出现淅淅沥沥的阴雨天气；仲秋易出现天高云淡、风和日丽的秋高气爽天气；深秋，北方冷空气影响开始增多，冷与暖、晴与雨的天气转换过程频繁，气温起伏较大。平均气温16~21℃，降水量210~430毫米，雨日28~42天。秋季主要气象灾害有台风、暴雨、低温、阴雨寡照、大雾等。

(4)冬季气候特点：晴冷少雨、空气干燥。平均气温 3 ~9℃，降水量 140 ~250 毫米，雨日 28 ~41 天。冬季主要气象灾害有寒潮、冻害、大风、大雪、大雾等。

5 水 文

5.1 内陆水文

浙江省境内江河湖荡众多，主要有钱塘江、苕溪、运河、甬江、椒江、瓯江、飞云江、鳌江等八大水系，除苕溪注入太湖、京杭运河沟通杭嘉湖平原水网外，其余均为独流入海河流，并均受潮汐影响。除八大水系外另有独流入海小河系 13 个和浙闽、浙赣水系 14 个，这些水系具有源短流急，洪水位暴涨暴落，洪枯流量的变幅相差大的特点。在杭嘉湖和萧绍宁、温黄、温瑞等主要滨海平原，地势平坦、河港交叉，形成平原河网，水网密布，是著名的“江南水乡”。

浙江省河流平均年径流量 937.67 亿立方米，大多数集中在 5、6 月的梅雨期和 8、9 月的台风雨期。4 ~9 月的汛期，其径流量可占全年径流总量的 65% ~80%。河流水位的年内变化和降水、流量变化相一致，最高水位大致出现以下两种情况：一是 5 月最高，6 月次之，多数发生在梅雨为主控地区的河流，如钱塘江中上游、瓯江中上游和苕溪；二是 6 月最高，9 月次之，多数发生在台风雨为主控地区的河流，包括甬江、曹娥江、椒江、瓯江下游、飞云江、鳌江及沿海一带。最低水位多数出现在 12 月，也有少数河流在 1 月。

全省河流多年平均含沙量一般在 0.1 ~0.3 公斤/立方米，与全国河流相比，其值低，除了洪水时水较混浊，含沙量较高外，平时江水清澈。河流泥沙的年内变化与流量变化相适应，最高含沙量出现在汛期 4 ~9 月，其中多数河流以 6 月最高，5 月次之。年侵蚀模数一般在 100 ~300 吨/平方公里之间，水土流失严重的少数地区可达 500 吨/平方公里。东、西苕溪中下游、杭嘉湖平原、浙江西部的部分山区，年侵蚀模数在 100 吨/平方公里以下；甬江、瓯江等流域一般为 100 ~200 吨/平方公里；金衢盆地、分水江、浦阳江、开化江以及椒江流域较高，在 200 ~350 吨/平方公里；曹娥江、飞云江文成一带高达 500 吨/平方公里，为省内侵蚀模数最高的地区。

浙江省湖泊主要分布在浙北杭嘉湖平原和浙东萧绍宁平原。这些地区在历史上曾经有一个稠密的湖泊群。随着时间推移，由于自然淤积和人类活动影响，许多湖泊已经湮废，有的经历代修筑、改造，已成为人工湖泊，有的因开凿河渠，成为河流的一部分，已失去湖泊形态及其水文特征。

5.2 海洋水文

浙江沿海是江浙沿岸流和台湾暖流交汇、交替消涨的锋面区，加上各地理条件的差异，海洋水文要素变化较大。

(1)潮波：潮波进入浙江沿岸后，三门湾率先达到高潮，三门湾以北潮波向西北方向传播，湾口以南潮波大致向西南方向传播。由外向岸，因地形影响，潮波受干涉，浅海分潮渐次增大，驻波性质逐趋明显。潮波变型普遍，有著称于世的钱塘江涌潮。

(2)潮汐：有正规半日潮、不正规半日潮 2 种。杭州湾自金山嘴至澉浦一带为正规半日潮；

深入湾内后为不正规半日潮；杭州湾南岸自沥海以东至镇海穿山为不正规半日潮混合潮；崎头角以南至浙南浙闽分界处为正规半日潮；舟山群岛基本上均属正规半日潮。

(3)潮流：属半日潮流，但浅海分潮流较大，故称不规则半日浅海潮流。以往复流运动形式为主，一般涨潮为偏西向，落潮为偏东向。象山港以北海区潮流速最强，最大涨、落潮流速分别为2.44米/秒、2.55米/秒；象山港—坎门海区为弱流区，涨、落潮流速在0.26~0.96米/秒之间；坎门以南海区和乐清湾又相对较强，实测最大流速1.58米/秒。

(4)泥沙：沿海地区的泥沙主要来源为长江、钱塘江、椒江、瓯江等河流的输沙。象山港以北海区平均含沙量居全省之冠，冬季最大含沙量1.66公斤/立方米，夏季2.01公斤/立方米；象山港—坎门海区含沙量较低，一般在0.30公斤/立方米；坎门以南海区以瓯江口、飞云江口含沙量最高，瓯江口夏季垂线平均含沙量5.00公斤/立方米。

(5)温度：表层海水多年平均17.0~18.7℃，季节性变化大，夏季水温高于冬季，两季水温差可达16.0~23.0℃。这种季节差异还存在由岸向外海，由北向南逐渐减少的趋势。

(6)盐度：沿海海区的盐度年平均12‰~30‰；区域变化由北向南，从近岸向外海递增，且东西间的梯度大于南北间的梯度；海水表层盐度总是低于中、下层，垂直盐度差，近岸小于远岸。

6　动植物资源概况

6.1　动　物

全省脊椎动物有73目295科1388种。其中，鱼类38目169科699种，两栖类2目9科44种，爬行类4目15科82种，鸟类19目69科464种，兽类10目33科99种。其中，列入国家Ⅰ级保护动物的20种，国家Ⅱ级保护动物的92种，省级重点保护动物的70种。

(1)鱼类：据以往调查资料和历史文献记载统计，全省有海洋鱼类(不包括深海鱼类)528种，隶属35目151科，其中白鲟、中华鲟属国家Ⅰ级保护动物，大海马(克氏海马)、黄唇鱼、松江鲈鱼属国家Ⅱ级保护动物。全省有淡水鱼类171种(包括引进养殖种)，隶属9目25科，其中达氏鲟属国家Ⅰ级保护动物，花鳗鲡、香鱼属国家Ⅱ级保护动物，伍氏白鱼、长须鳅鮀、斑条花鳅、天台薄鳅、原缨口鳅、雀斑栉鰕虎鱼等11种为浙江省特有种。

(2)两栖类：全省有两栖类动物44种(含亚种)，隶属2目9科，其中大鲵、镇海棘螈、虎纹蛙属国家Ⅱ级保护动物；崇安髭蟾、凹耳蛙、大树蛙属浙江省重点保护动物；安吉小鲵、义乌小鲵、镇海棘螈为浙江省特有种。

(3)爬行类：全省已知的爬行类动物有82种，隶属4目15科，扬子鳄、鼋属国家Ⅰ级保护动物；玳瑁、蠵龟等5种属国家Ⅱ级保护动物；平胸龟、赤峰锦蛇等9种属浙江省重点保护动物。

(4)鸟类：据以往调查资料和历史文献记载统计，全省共有鸟类464种，隶属19目69科，其中国家Ⅰ级保护鸟类有黑鹳、中华秋沙鸭、白尾海雕、白鹤等10种，国家Ⅱ级保护鸟类有角䴙䴘、黄嘴白鹭、鸳鸯等67种，浙江省重点保护鸟类的有凤头䴙䴘、大白鹭、黑嘴鸥等48种。

(5)兽类：全省兽类动物有99种，隶属10目33科，梅花鹿、黑鹿等5种属国家Ⅰ级保护动物；水獭、獐等12种属国家Ⅱ级保护动物；鼬獾、食蟹獴等10种属浙江省重点保护动物。

6.2 植物与植被

浙江省植物种类丰富，约有高等植物4561种。有孢子植物674种，其中苔类植物161种，隶属31科58属；藓类植物513种，隶属44科176属；蕨类植物499种，隶属49科116属。有种子植物3388种，其中裸子植物60种，隶属9科34属；被子植物3328种，隶属173科1225属。被子植物中双子叶植物2548种，隶属147科938属；单子叶植物780种，隶属26科287属。

浙江的地带性植被为常绿阔叶林，现状植被具有明显的亚热带性质，其组成种类繁多，类型复杂，次生性强，地域分异明显。现状植被可划分天然植被和人工植被两大系列，下属多个植被类型。

(1)针叶林：本省的针叶林多为层次单一的常绿针叶纯林，主要分为暖性针叶林和温性针叶林2个植被型。常见群系有马尾松林、杉木林、黄山松林、柳杉林、金钱松林等。

(2)针阔叶混交林：针阔混交林是天然林的主要类型之一，常见群系有马尾松+木荷林、马尾松+甜槠林、黄山松+甜槠+木荷林、黄山松+短柄枹林等。在海拔800米以下的低山丘陵，主要由暖性针、阔叶树等树种组成；在海拔800~1600米的中山山地，主要由温性针、阔叶树等树种组成。

(3)阔叶林：阔叶林有常绿阔叶林、落叶阔叶林、常绿落叶阔叶混交林、竹林等4个植被型。常绿阔叶林是浙江的地带性植被，历史上曾遍布全省，由于人为活动长期影响，原始林已残存无几。落叶阔叶林和常绿落叶阔叶混交林面积不大，但群落结构复杂，主要分布在中山地区，尤以浙西北山地为多。竹林是浙江亚热带森林植被的特色之一，主要有热性竹类型、暖性竹类型、温性竹类型3种。

(4)灌丛和灌草丛：灌丛和灌草丛一般因森林多次严重破坏所形成，次生性强。前者以灌木树种或矮化的乔木树种占优势，常混生有较多的禾本科植物，群落高度一般低于5米，以浙东南和浙西北较多，常见群系有白栎萌生灌丛，檵木、越橘、杜鹃灌丛等。后者以草本层片占优势，混生有少量的灌木树种，常见群系有白茅灌草丛、芒灌草丛、五节芒灌草丛、芒萁灌草丛等。

(5)沼泽和沼泽化草甸：沼泽有两类，一类分布于海岸湿地潮间带，土壤为海水间歇性浸渍的潮滩盐土，主要群系有海三棱藨草群落、芦苇群落(也见于内陆湿地)、盐地鼠尾粟群落、糙叶薹草群落和人工引种的互花米草群落、大米草群落；另一类分布于内陆湿地，面积一般较小，土壤为常年或季节性积水的沼泽土，常见群系有藨草群落、荻群落、斑茅群落等。沼泽化草甸分布于海拔1000米以上的中山山地剥夷面或平缓的近山顶地带，土壤为沼泽化草甸土，主要群系有玉蝉花群落、萱草群落、华东藨草群落、沼原草群落等。

(6)水生植被：广泛分布于河流、池塘、湖泊等淡水水域。根据水层深浅、光照强弱可分为挺水、浮水和沉水植物群落。常见群系有菰群落、菱群落、莲群落、狐尾藻群落、凤眼莲群落、金鱼藻群落等。

(7)人工植被：主要有水田作物群落、旱地作物群落和人工木本经济林，分布广泛。

第二节 社会经济状况

1 行政区划

至2013年年末，浙江省设杭州、宁波2个副省级城市(其中宁波为计划单列市)，温州、嘉兴、湖州、绍兴、金华、衢州、舟山、台州、丽水9个地级市。全省共设90个县级行政单位，其中，市辖区32个，县级市22个，县36个。景宁畲族自治县为浙江省唯一的少数民族自治县。全省行政区划见表1-1。

表1-1 浙江省行政区划及基本情况统计表

设区市	面积(平方公里)	人口(万人)	县级行政单位(个)				备 注
			合 计	区	市	县	
杭州市	16571	706.61	13	8	3	2	上城区、下城区、江干区、拱墅区、西湖区、滨江区、萧山区、余杭区、建德市、富阳市、临安市、桐庐县、淳安县
宁波市	9845	580.15	11	6	3	2	海曙区、江东区、江北区、北仑区、镇海区、鄞州区、余姚市、慈溪市、奉化市、象山县、宁海县
温州市	11784	807.24	11	3	2	6	鹿城区、龙湾区、瓯海区、瑞安市、乐清市、洞头县、永嘉县、平阳县、苍南县、文成县、泰顺县
嘉兴市	3915	345.93	7	2	3	2	南湖区、秀洲区、海宁市、平湖市、桐乡市、嘉善县、海盐县
湖州市	5824	262.49	5	2		3	吴兴区、南浔区、德清县、长兴县、安吉县
绍兴市	8279	441.66	6	1	3	2	越城区、上虞市、诸暨市、嵊州市、新昌县、绍兴县
金华市	10942	473.35	9	2	4	3	婺城区、金东区、兰溪市、义乌市、东阳市、永康市、武义县、浦江县、磐安县
衢州市	8845	254.21	6	2	1	3	柯城区、衢江区、江山市、常山县、开化县、龙游县
舟山市	1455	97.31	4	2		2	定海区、普陀区、岱山县、嵊泗县
台州市	9411	594.04	9	3	2	4	椒江区、黄岩区、路桥区、温岭市、临海市、玉环县、三门县、天台县、仙居县
丽水市	17308	263.92	9	1	1	7	莲都区、龙泉市、青田县、缙云县、遂昌县、松阳县、云和县、庆元县、景宁县

2 人口与民族

据《2014 年浙江省统计年鉴》，2013 年年末全省人口总数为 4826.91 万人，其中农业人口 3281.48 万人，占 67.98%；年末从业人员 3708.73 万人，其中农、林、牧、渔业从业人员 506.95 万人，占 13.67%。全省人口密度 474 人/平方公里。

据第六次全国人口普查，浙江省人口含汉、畲、苗、壮、回、满、蒙古等民族。其中汉族人口占 97.77%，少数民族占 2.23%。

3 社会经济状况

浙江省是中国经济发达的沿海对外开放省份(表 1-2)。2013 年，全省实现国内生产总值 37568.49 亿元，人均 68462 元，三大产业比例为 4.8∶49.1∶46.1。完成固定资产投资 20194.07 亿元，完成社会消费品零售总额 15225.54 亿元。全年实现财政总收入 6908.41 亿元。其中地方财政收入 3796.92 亿元。城镇居民人均可支配收入 37851 元，农村居民人均纯收入 16106 元。

2013 年全省规模以上工业总产值 62980.29 亿元。农业总产值 2837.39 亿元，其中林业产值 141.54 亿元，占 4.99%；渔业总产值 757.97 亿元，占 26.71%。全年实现旅游总收入 5536 亿元，其中，接待国内旅游者 4.34 亿人次，实现国内旅游收入 5202 亿元；接待入境旅游者 866 万人次，实现旅游外汇收入 54 亿美元。

表 1-2 2013 年浙江省各设区市主要经济指标表

设区市	国民生产总值(亿元)	人均 GDP(元)	财政总收入(亿元)
杭州市	8343.52	118589	1734.98
宁波市	7128.87	123139	1651.18
温州市	4003.86	49817	565.63
嘉兴市	3147.66	91177	517.49
湖州市	1803.15	65871	271.66
绍兴市	3967.29	89911	502.15
金华市	2958.78	62688	415.96
衢州市	1056.57	41676	118.21
舟山市	930.85	95726	137.42
台州市	3153.34	53222	448.47
丽水市	983.08	37343	124.22

第二章 湿地资源状况

第一节 湿地类型与面积

1　湿地概况

1.1　湿地资源概述

依据《湿地公约》《全国湿地资源调查技术规程(试行)》和《浙江省第二次湿地资源调查技术操作细则》(2011)的湿地分类系统与分类标准，浙江省域范围湿地可划分为近海与海岸湿地、河流湿地、湖泊湿地、沼泽湿地和人工湿地5类23型。其中，因沼泽湿地类中的地热湿地、淡水泉湿地单块面积不到8公顷，虽作调查但未进行湿地面积统计；人工湿地类中的稻田湿地未作调查统计。

浙江省湿地资源分布图，如图2-1。

浙江省重点调查湿地分布图，如图2-2。

经浙江省第二次湿地资源调查，全省现有面积8公顷以上的近海与海岸湿地、湖泊湿地、沼泽湿地、人工湿地以及宽度10米以上、长度5公里以上的河流湿地总面积111.01万公顷，湿地率(湿地面积与国土面积的比率)10.90%。湿地面积占全国湿地总面积2.07%，湿地率排全国第7位。其中，近海与海岸湿地692523.36公顷，占62.38%；河流湿地141230.69公顷，占12.72%；湖泊湿地8793.24公顷，占0.79%；沼泽湿地743.54公顷，占0.07%；人工湿地266838.22公顷，占24.04%。

浙江省各湿地类型面积、比例统计图表，分别见表2-1、如图2-3。

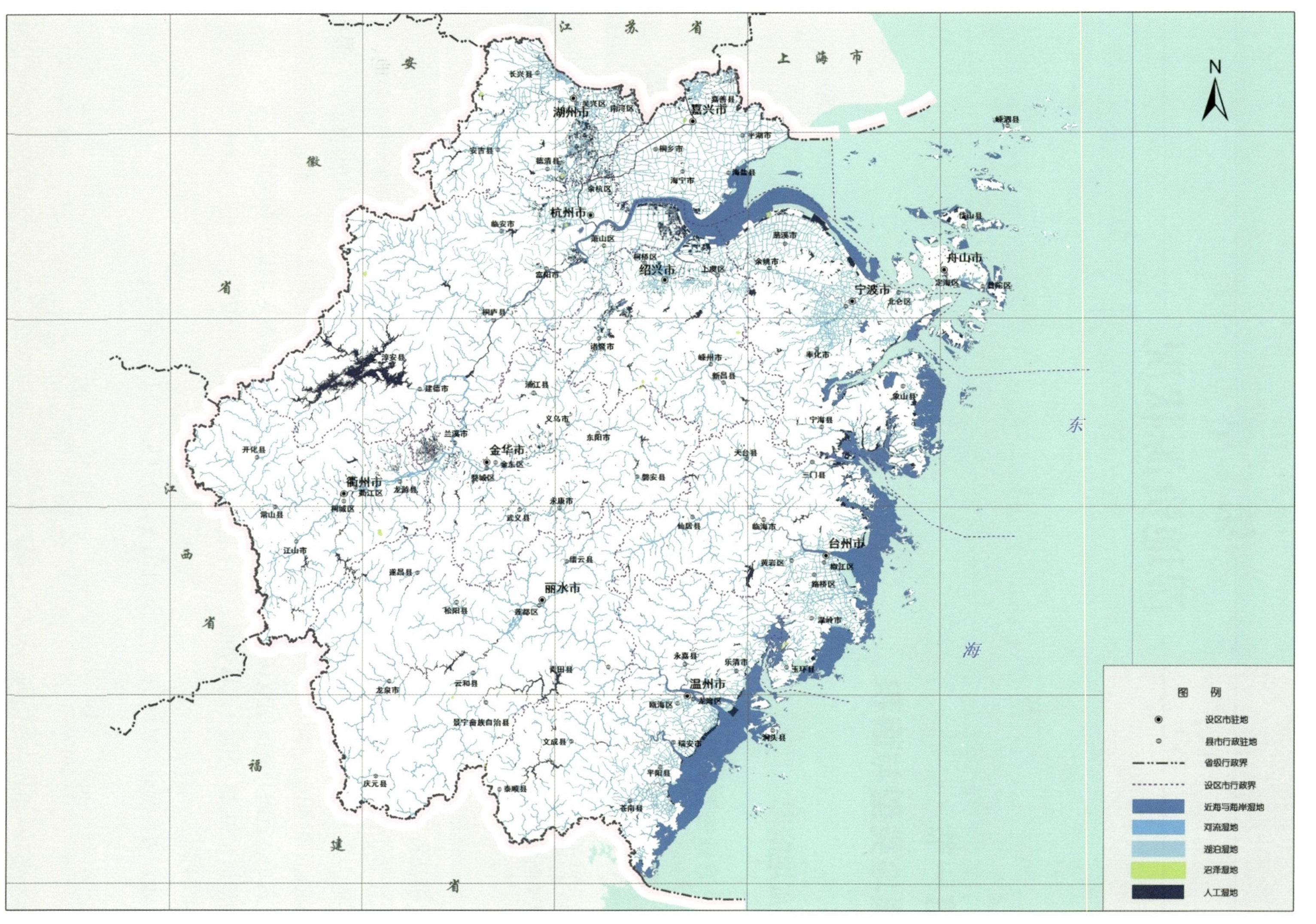

图 2-1 浙江省湿地资源分布图

图 2-2 浙江省重点调查湿地分布图

表 2-1 浙江省各湿地类型面积统计表

湿地类型	面积(公顷)	比例(%)
近海与海岸湿地	692523.36	62.38
浅海水域	409895.90	36.92
岩石海岸	1793.36	0.16
沙石海滩	3087.13	0.28
淤泥质海滩	154730.85	13.94
潮间盐水沼泽	17970.21	1.62
红树林	20.11	0
河口水域	95073.95	8.56
三角洲	2444.58	0.22
海岸性淡水湖	7507.27	0.68
河流湿地	141230.69	12.72
永久性河流	138625.46	12.49
洪泛平原湿地	2605.23	0.23
湖泊湿地	8793.24	0.79
永久性淡水湖	8793.24	0.79
沼泽湿地	743.54	0.07
草本沼泽	534.76	0.05
灌丛沼泽	72.96	0.01
森林沼泽	29.79	0
沼泽化草甸	106.03	0.01
人工湿地	266838.22	24.04
库　塘	131514.45	11.85
运河/输水河	21977.57	1.98
水产养殖场	110991.18	10.00
盐　田	2355.02	0.21
合　计	1110129.05	100

由表2-1可知，从湿地类来看，近海与海岸湿地面积最大，占62.38%；其次为人工湿地，占24.04%；第三为河流湿地，占12.72%；湖泊湿地、沼泽湿地，所占比例均不足1%。从湿地型来看，面积最大的为浅海水域湿地，占36.92%；其次为淤泥质海滩，占13.94%；永久性河流湿地位居第三，占12.49%；其余依次为库塘湿地、水产养殖场、河口水域、运河/输水河、潮间盐水沼泽、永久性淡水湖、海岸性淡水湖、沙石海滩、洪泛平原湿地、三角洲、盐田、岩石海岸、草本沼泽、灌丛沼泽、沼泽化草甸、森林沼泽、红树林。

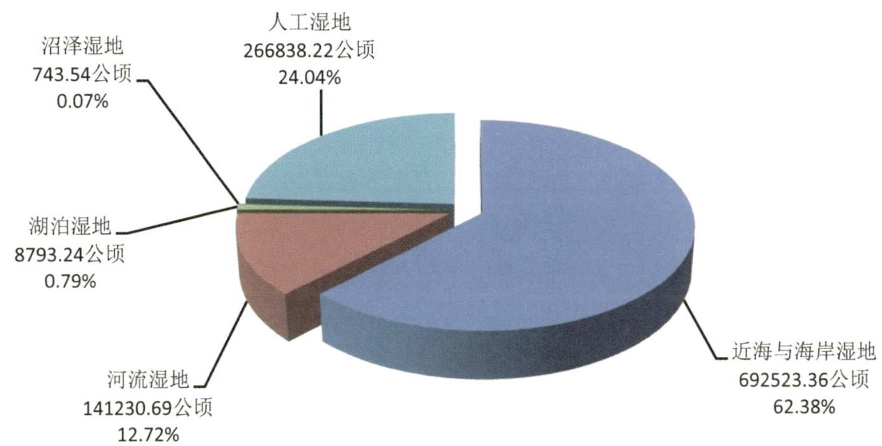

图 **2-3** 浙江省各湿地类面积比例

1.2 湿地资源特点

1.2.1 湿地类型较齐全，面积分布集中

浙江省湿地类型较齐全，共有5类23型，除了季节性河流、季节性湖泊等少许几个类型外，基本上均有分布，是全国湿地类型分布最全的省份之一。全省5大类湿地中，近海与海岸湿地面积69.25万公顷，比重高达62.38%，充分体现了浙江省海洋湿地丰富的特点。在23型湿地中，面积占据前5位的有浅海水域、淤泥质海滩、永久性河流、库塘、水产养殖场，合计湿地面积94.58万公顷，占全省湿地面积的85.20%。

1.2.2 生物多样性丰富，濒危物种多

湿地是地球上有着多种功能的、富有生物多样性的生态系统，为大量动植物提供了生存和繁衍的场所，它是人类社会生存与可持续发展的基础。据调查统计，在湿地高等植物中，分布有中华水韭、东方水韭、莼菜、毛茛泽泻4种国家Ⅰ级保护植物；水蕨、野菱、珊瑚菜、野大豆、野荞麦、毛红椿、中华结缕草7种国家Ⅱ级保护植物；睡莲、芡实等10种省级重点保护野生植物。湿地脊椎动物中，分布有中华鲟、白鲟、达氏鲟、鼋、扬子鳄、东方白鹳、黑鹳、中华秋沙鸭、白鹤、白头鹤、朱鹮、遗鸥、白尾海雕、白鱀豚14种国家Ⅰ级保护动物；松江鲈鱼、大鲵、镇海棘螈、黑脸琵鹭、小天鹅、獐等65种国家Ⅱ级保护动物；黑嘴鸥、白鹭、凹耳蛙、五步蛇等34种省级重点保护动物。

1.2.3 区域分布性明显，生态区位重要

全省湿地资源的空间分布不均衡，具有很强的地域性。东部沿海地区和浙北平原地区不仅资源类型丰富，而且分布集中，分别以近海与海岸湿地、湖泊湿地和平原河网为主体；其他山地丘陵地区湿地资源相对较少，类型单一，分布较散，以河流、库塘及沼泽等湿地为主。

浙江湿地是我国湿地生物多样性重点分布区和生态安全重要区域，是《中华人民共和国政府和日本国政府保护候鸟及其栖息环境的协定》(以下简称《中日候鸟保护协定》)和《中华人民共和国政府和澳大利亚政府保护候鸟及其栖息环境的协定》(以下简称《中澳候鸟保护协定》)所包含鸟

类迁徙的重要栖息地和中转站。目前，浙江省的西溪湿地已列入《国际重要湿地名录》，千岛湖、慈溪庵东、灵昆岛东滩、南麂列岛、太湖等5处湿地已列入《中国重要湿地名录》。

1.2.4 人为干扰因素多，受威胁程度较重

由于长期以来人们对湿地资源重利用、轻保护，致使湿地生态功能减低、生物多样性保护受到较大威胁。特别是近年来，工业化迅速发展、城市化不断扩张等因素，对湿地资源开发利用强度持续加大，过度的滩涂围垦、基建侵占和旅游开发对湿地生态系统带来了不可逆转的负面影响。长此以往，浙江省湿地受威胁状况恐怕难以得到有效改观，应引起各级政府的高度重视。

2 近海与海岸湿地

近海与海岸湿地是指在近海与海岸地区由天然的滨海地貌形成的浅海、海岸、河口以及海岸性湖泊湿地。包括低潮水深不超过6米的浅海区与高潮位(含高潮线)海水能直接浸润到的区域。浙江省近海与海岸湿地位于我国海岸中段，濒临东海，地理坐标介于东经119°38′~123°10′、北纬27°06′~31°03′之间，面积8公顷以上的近海与海岸湿地面积69.25万公顷，占全省湿地总面积的62.38%。湿地型包括浅海水域、岩石海岸、沙石海滩、淤泥质海滩、潮间盐水沼泽、红树林、河口水域、三角洲(沙洲、沙岛)、海岸性淡水湖9个湿地型，行政范围涉及杭州、宁波、温州、嘉兴、绍兴、舟山、台州、丽水8市的47个县(市、区)(图2-4)。

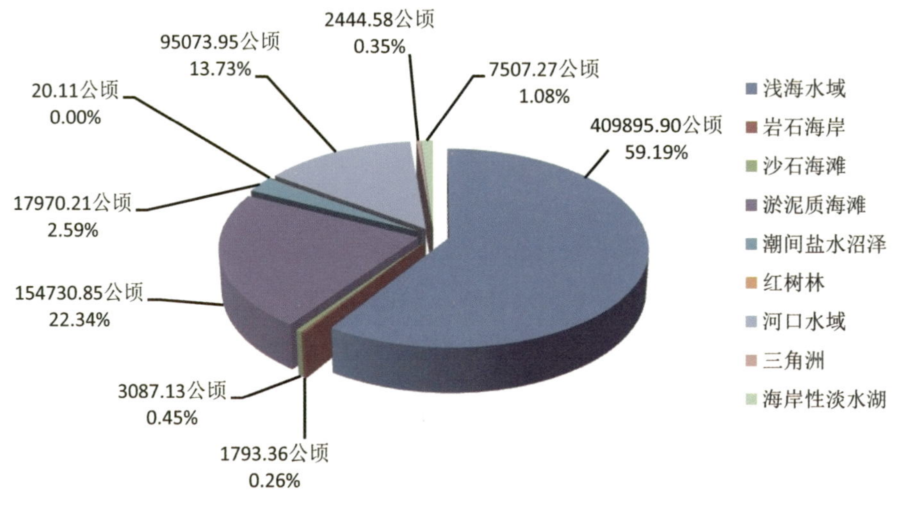

图2-4 近海与海岸湿地各湿地型面积比例

2.1 浅海水域

浅海水域是指低潮时水深不足6米的永久性水域，植被盖度<30%，包括海湾、海峡。全省浅海水域湿地型面积最大，达40.99万公顷，占近海与海岸湿地面积的59.19%，占全省湿地面积的36.92%。该湿地型涉及5市的26个县(市、区)。象山县浅海水域面积最大，达5.41万公顷；全省浅海水域面积2万公顷以上的县(市、区)依次有象山县、临海市、洞头县、苍南县、玉环县、瑞安市、三门县、海盐县，合计面积23.81万公顷，占该湿地型面积的58.09%。

2.2　岩石海岸

岩石海岸是指底部基质75%以上是岩石和砾石，植被盖度<30%的岩质海岸，包括岩石性沿海岛屿、岩石峭壁。岩石性海岸被人工海岸等类型切割得比较零散，分布比较零星，连片面积8公顷以上的很少，主要集中在舟山群岛、宁波大榭岛、象山县东部诸岛等地。全省岩石海岸湿地面积0.18万公顷，占近海与海岸湿地面积的0.26%，占全省湿地面积的0.16%。

2.3　沙石海滩

沙石海滩是指底质由砂质或沙石组成的，植被盖度<30%的疏松海滩。沙石海滩在浙江省仅见于花岗岩组成的海洋动力强盛的岛屿迎风面，或基岩岬角之间，主要分布于舟山市的普陀区、嵊泗县；宁波市的象山县；台州市的温岭市、临海市；温州市的平阳县、洞头县等地。全省沙石海滩面积的0.31万公顷，占近海与海岸湿地面积的0.45%，占全省湿地面积的0.28%。

2.4　淤泥质海滩

淤泥质海滩是指底质以淤泥为主的，植被盖度<30%的海岸滩涂。淤泥质海滩是浙江省海岸湿地的主要类型之一，湿地面积15.47万公顷，占近海与海岸湿地面积的22.34%，占全省湿地面积的13.94%。其分布十分广泛，涉及5市的25个县(市、区)。其中淤泥质海滩湿地面积超过1万公顷的县(市、区)有6个，分别为慈溪市、象山县、宁海县、龙湾区、温岭市、乐清市，合计面积7.85万公顷，占该湿地型面积的50.70%。

2.5　潮间盐水沼泽

潮间盐水沼泽是指潮间地带形成的，植被盖度≥30%的潮间沼泽，包括盐碱沼泽、盐水草地和海滩盐沼。潮间盐水沼泽在宁波、温州、嘉兴、台州等地均有分布。面积尤以杭州湾、三门湾、乐清湾和温州湾为大，全省潮间盐水沼泽面积1.80万公顷，占近海与海岸湿地面积的2.59%，占全省湿地面积的1.62%。

2.6　红树林

红树林是指由红树科、海桑科植物为建群种所构成的沼泽。苦槛蓝科、锦葵科的一些树种由于具有与红树林植物类似的生态习性，称之为半红树林或亚红树林，也被归入此类。浙江省的红树林为我国人工引种分布的最北端，有秋茄林、无瓣海桑林两个类型。半红树林有海滨木槿林、苦槛蓝林，均系人工栽培。近几年虽有发展，但由于造林成本高、管护难度大，目前全省红树林单块面积8公顷以上的仅有20.11公顷，主要分布在台州市的温岭市、玉环县，温州市的乐清市、龙湾区、苍南县等地。

2.7　河口水域

河口水域是指从近口段的潮区界(潮差为零)至口外海滨段的淡水舌峰缘之间的永久性水域。浙江省入海河流众多，流域面积在10000公顷以上的有20余条。在河流入海处均有一定面积的河口水域湿地分布，其主要面积分布在钱塘江、甬江、椒江、瓯江、飞云江、鳌江等处。全省河口湿地面积 9.51 万公顷，占近海与海岸湿地面积的 13.73%，占全省湿地面积的 8.56%（表 2-2）。

表 2-2 各水系河口水域湿地面积统计表（公顷）

水 系	湿地面积	各县（市、区）湿地面积
钱塘江	72390.33	上城（463.63）、江干（2060.96）、滨江（1075.62）、西湖（1446.28）、萧山（9383.47）、富阳（3940.49）、桐庐（1471.91）、余姚（14600.17）、海盐（8249.55）、海宁（13383.47）、越城（293.71）、绍兴（3461.30）、上虞（12559.77）
甬 江	1463.89	海曙（59.69）、江北（608.24）、镇海（334.92）、北仑（238.66）、鄞州（222.38）
椒 江	3847.08	椒江（1503.92）、黄岩（85.86）、临海（2257.3）
瓯 江	12416.95	鹿城（3117.45）、龙湾（3264.73）、乐清（1696.72）、永嘉（3729.29）、青田（608.76）
飞云江	4037.59	瑞安（4037.59）
鳌 江	918.11	苍南（257.23）、平阳（660.88）
合 计	95073.95	

2.8 三角洲/沙洲/沙岛

三角洲是指河口系统四周冲积的，植被盖度 <30% 的泥/沙滩、沙洲、沙岛（包括水下部分）。由于该类湿地大部分已被垦殖利用，目前湿地面积仅有 0.24 万公顷，占海岸与近海湿地面积的 0.35%，占全省湿地面积的 0.22%，主要分布在钱塘江、瓯江、椒江、飞云江等较大的河口区。

2.9 海岸性淡水湖

海岸性淡水湖是指起源于潟湖，与海隔离后演化而成的淡水湖泊。浙江省较为典型的海岸性淡水湖有杭州西湖、鄞州东钱湖、海盐南北湖、诸暨白塔湖等，湿地面积 0.75 万公顷，占近海与海岸湿地面积的 1.08%，占全省湿地面积的 0.68%。

3 河流湿地

河流是陆地表面宣泄水流的通道，是江、河、川、溪的总称。河流湿地包括围绕天然河流水体而形成的河床、河滩、洪泛区。浙江省江河众多，自北而南有苕溪、运河、钱塘江、甬江、椒江、瓯江、飞云江、鳌江八大主要水系；浙江、江西、福建边界河流有信江、闽江水系，还有其他众多的小河流等。其中，除苕溪注入太湖水系、信江注入鄱阳湖水系，二者属长江水系外，其余均独流入海。在杭嘉湖和萧绍宁、温黄、温瑞等主要滨海平原，地势平坦，河港交叉，形成平原河网，水网密布，是著名的“江南水乡”。

浙江省河流湿地主要涉及 2 个类型，分别为永久性河流和洪泛平原湿地，面积 14.12 万公顷，占全省湿地面积 12.72%。其中，永久性河流湿地面积 138625.46 公顷，占河流湿地的 98.16%；洪泛平原湿地面积 2605.23 公顷，占河流湿地的 1.84%（图 2-5）。

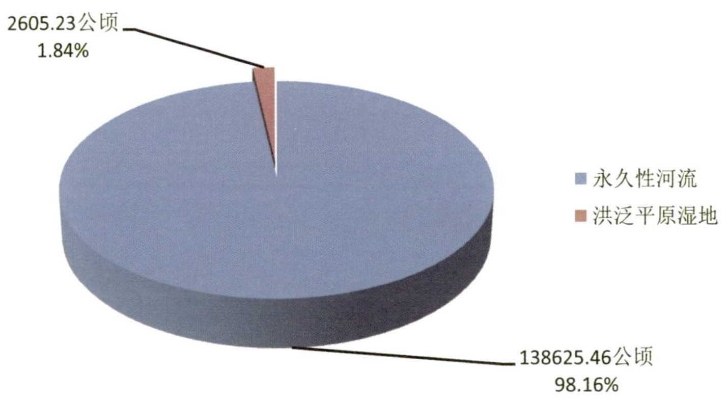

图 **2-5**　河流湿地各湿地型面积比例

3.1　永久性河流

永久性河流仅包括河床部分，采用遥感图上有明显的河道和水流痕迹部分。全省永久性河流湿地面积 13. 86 万公顷，占河流湿地面积的 98. 16%，占全省湿地面积的 12. 49%(表 2-3)。

表 2-3　各水系永久性河流湿地面积统计表(公顷)

水　系	湿地面积	各设区市湿地面积
钱塘江	47702. 71	杭州(11835. 03)、宁波(83. 13)、绍兴(14161. 69)、金华(10564. 59)、衢州(9916. 53)、台州(15. 33)、丽水(1126. 41)
苕　溪	8244. 29	杭州(1394. 79)、湖州(6849. 50)
运　河	31762. 21	杭州(3025. 70)、湖州(10224. 67)、嘉兴(18511. 84)
甬　江	8969. 67	宁波(7763. 19)、绍兴(1206. 48)
椒　江	8302. 17	金华(182. 21)、台州(8017. 37)、丽水(102. 59)
瓯　江	16343. 90	温州(4838. 29)、金华(499. 23)、台州(9. 86)、丽水(10996. 52)
飞云江	2711. 88	温州(2625. 25)、丽水(86. 63)
鳌　江	2772. 77	温州(2772. 77)
独流入海	10288. 20	宁波(3917. 68)、温州(1369. 75)、舟山(180. 07)、台州(4820. 70)
其他水系	1527. 66	温州(720. 94)、衢州(198. 94)、丽水(607. 78)
合　计	138625. 46	

3.2 洪泛平原湿地

洪泛平原湿地指在丰水季节有洪水泛滥的河滩、河心洲、河谷，季节性泛滥的草地以及保持了常年或季节性被水浸润的内陆三角洲。全省洪泛平原湿地面积0.26万公顷，占河流湿地面积的1.84%，占全省湿地面积的0.23%。该湿地类型主要分布在钱塘江水系、瓯江水系、椒江水系、苕溪水系、飞云江水系等。

4 湖泊湿地

湖泊是湖盆、湖水和水中所含物质(矿物质、溶解质、有机质以及水生生物等)组成的自然综合体。湖泊湿地主要包括永久性淡水湖、季节性淡水湖、永久性咸水湖、季节性咸水湖等。浙江省内仅有永久性淡水湖一个类型，湿地面积0.88万公顷，占全省湿地面积的0.79%。其中，面积大于100公顷的永久性淡水湖有21个，湿地面积0.37万公顷，占41.57%(表2-4)。

永久性淡水湖指长年积水的淡水湖泊，主要分布在浙北杭嘉湖平原和浙东萧绍宁平原。这些地区在历史上曾经有一个稠密的湖泊群。随着时间推移，由于自然淤积和人类活动影响，许多湖泊已经湮废，有的经历代修筑、改造，已成为人工库塘，有的因开凿河渠，成为河流的一部分，已失去湖泊形态及其水文特征。

表2-4 面积大于100公顷的永久性淡水湖泊湿地一览表(公顷)

湿地名称	面　积	所属县(市、区)	湿地名称	面　积	所属县(市、区)
汾湖	445.57	嘉善	南油盏荡	128.60	嘉兴
太湖(浙江部分)	427.68	吴兴、长兴	双林漾	123.78	吴兴、南浔
莲泗漾	246.86	秀洲	盛家漾	119.75	长兴
祥符荡	246.56	嘉善	大荡漾	115.82	长兴
夏墓荡	245.55	嘉善	长白荡	112.08	嘉善
西葑漾	173.00	德清	陆家漾	111.01	秀洲
溪漾	168.17	德清	田北荡	109.73	秀洲
洛舍漾	151.12	吴兴、德清	西山漾	103.76	吴兴
东千亩荡	139.02	秀洲	天花荡	111.99	秀洲
和孚漾	132.03	南浔	虎啸荡	111.04	嘉善
湘家荡	131.98	南湖			

5 沼泽湿地

沼泽湿地是指具有受淡水、咸水或盐水的影响，地表经常过湿或有薄层积水；生长沼生和部分湿生、水生或盐生植物；有泥炭积累或尽管无泥炭积累，但在土壤层中具有明显的潜育层的基本特征的自然综合体。浙江省的沼泽湿地单个面积均较小，且零星分布于低中山的顶部、山岙中的局部凹地以及湖泊、河流边缘地带。浙江省有面积 8 公顷以上的沼泽湿地 743.54 公顷，占全省湿地面积的 0.07%，涉及草本沼泽、灌丛沼泽、森林沼泽、沼泽化草甸 4 种湿地型(图 2-6)。

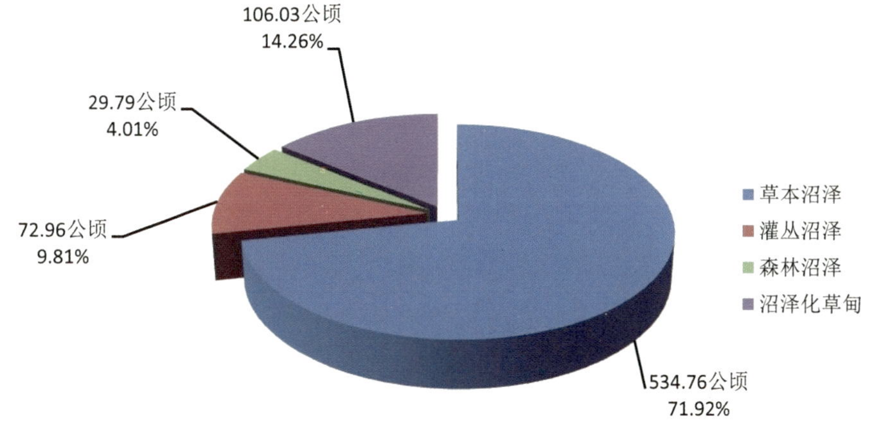

图 **2-6** 沼泽湿地各湿地型面积比例

5.1 草本沼泽

草本沼泽指由水生和沼生的草本植物组成优势群落的淡水沼泽，常见于湖泊、河流边缘地带。全省草本沼泽湿地面积 534.76 公顷，占沼泽湿地面积的 71.92%。主要分布在慈溪市、玉环县、长兴县、景宁畲族自治县等。

5.2 灌丛沼泽

灌丛沼泽指以灌丛植物为优势群落的淡水沼泽。浙江省单块湿地面积 8 公顷以上的灌丛沼泽，目前只发现分布在龙游县绿葱湖 1 处，面积 72.96 公顷，占沼泽湿地面积的 9.81%，主要植被类型为圆锥绣球群系。

5.3 森林沼泽

森林沼泽指以乔木为优势群落的淡水沼泽。全省森林沼泽面积 29.79 公顷，占沼泽湿地面积的 4.01%。植被类型有江南桤木群系、旱柳群系等。其中景宁望东垟森林沼泽以江南桤木为优势群落，为华东最大的高山湿地。

5.4 沼泽化草甸

沼泽化草甸指为典型草甸向沼泽植被的过渡类型，是在地势低洼、排水不畅、土壤过分潮湿、通透性不良等环境条件下发育起来的，包括分布在平原地区的沼泽化草甸以及高山沼泽化草甸。全省沼泽化草甸主要分布在淳安县、东阳市、莲都区等的低中山顶部及局部山凹地，总面积 106.03 公顷，占沼泽湿地面积的 14.26%。

5.5 地热湿地

地热湿地指由地热补给为主的沼泽。目前，浙江省共发现地热异常点 53 处，初步评价允许开采水量每年以数百万吨计(水温大于25℃)。其中较为著名的有泰顺承天氡泉、武义塔山温泉、遂昌湖山温泉等。由于该湿地型面积较小，故未统计其湿地面积。

5.6 淡水泉湿地

淡水泉湿地指由露头地下泉水补给为主的沼泽。浙江省的淡水泉数量多、分布广，但流量一般较小。其中，杭州虎跑泉最为著名，有“天下第三泉”之称。对于淡水泉湿地，因其面积较小，故未统计其湿地面积。

6 人工湿地

人工湿地包括面积大于8公顷的库塘、运河/输水河、水产养殖场和盐田等，稻田未列入本次调查统计范围。

此类湿地大多和人类的生产与生活休戚相关，因此在经济社会发展中往往有着重要的作用和影响。全省现有人工湿地面积26.68万公顷，占全省湿地面积的24.04%，涉及库塘、运河/输水河、水产养殖场、盐田4种湿地型(图2-7)。

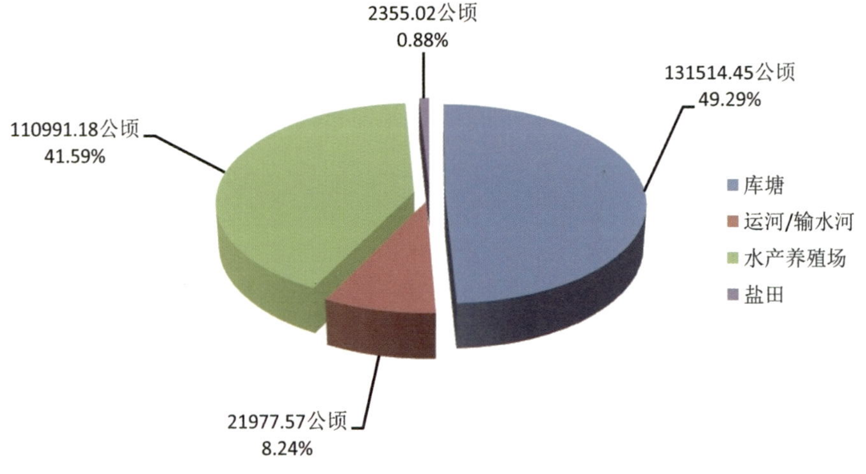

图**2-7** 人工湿地各湿地型面积比例

6.1 库 塘

库塘指为蓄水、发电、农业灌溉、城市景观、农村生活为主要目的而建造的蓄水区。水库为库塘湿地型中最主要的湿地类型，其对农、水、电、渔、旅游等多种行业发展起着重要作用，同时也是水鸟迁徙途径中的重要“驿站”。截至2013年年底，全省共建大、中、小型水库4331座，总库容量445.24亿立方米。

湿地调查时对分布在支流河道上、湿地面积<8公顷的小型水库(含拦河坝、水电坝)，划归为河流湿地。全省库塘湿地面积13.15万公顷，占人工湿地面积的49.29%，占全省湿地面积的11.85%。其中，单座水库湿地面积≥500公顷的有27座，湿地面积8.41万公顷，占库塘湿地面积的63.97%(表2-5)。

表 2-5　湿地面积大于 500 公顷的库塘一览表(公顷)

库塘名称	湿地面积	所属县（市、区）	库塘名称	湿地面积	所属县（市、区）
新安江水库	47872.92	淳安、建德	赋石水库	790.01	安吉
滩坑水库	6785.35	景宁、青田	横锦水库	763.06	东阳
紧水滩水库	3408.75	云和、龙泉	白水坑水库	688.74	江山
湖南镇水库	3168.80	衢江、遂昌	四灶浦水库	675.80	慈溪
珊溪水库	3157.43	泰顺、文成	长沼水库	645.44	新昌
长潭水库	2934.21	黄岩	铜山源水库	624.55	衢江
富春江水库	1558.00	桐庐、建德	里石门水库	604.68	天台
汤浦水库	1377.67	绍兴、上虞	黄坛口水库	592.17	衢江
四明湖水库	1039.91	余姚	信安湖水库	566.77	衢江、柯城
青山湖水库	1019.15	临安	老石坎水库	542.28	安吉
胡陈港水库	1005.44	宁海	老虎潭水库	532.73	吴兴
牛头山水库	997.95	临海	南江水库	517.22	东阳
碗窑水库	903.67	江山	石塘水库	505.79	云和
分水江水库	854.85	桐庐			

6.2　运河/输水河

运河/输水河指为输水或水运而建造的人工河流湿地，包括灌溉为主要目的的沟、渠。浙江省是一个人工河流湿地较为丰富的省份，在全省各地均有分布，主要集中在杭嘉湖平原地区。该区域河网密布，人工河流、自然河流交织，已经很难准确界定人工河流和自然河流。全省运河/输水河湿地面积 2.20 万公顷，占人工湿地面积的 8.24%，占全省湿地面积的 1.98%。

京杭运河南起杭州，北到北京，途经浙江、江苏、山东、河北四省及天津、北京两市，贯通海河、黄河、淮河、长江、钱塘江五大水系，全长约 1797 公里。浙江段长约 120 公里，湿地面积 1580 公顷。浙东运河又名杭甬运河，是浙江省境内的一条运河，西起杭州市滨江区西兴街道，经过绍兴市，跨曹娥江，东至宁波市甬江入海口，全长 239 公里，湿地面积 538 公顷。

6.3　水产养殖场

水产养殖场指以水产养殖为主要目的而建造的人工湿地。浙江省淡水水源广阔，水产养殖业发达，特别是近几十年来，大量湖泊、河流开阔水域被围垦用于养殖，甚至部分农田也被改造为水产养殖场；在沿海地区，大量的沿海滩涂也被围垦用于各种类型的水产养殖。本次调查，水产养殖场湿地面积 11.10 万公顷，占人工湿地面积的 41.59%，占全省湿地面积的 10.00%。其中，水产养殖场累计面积大于 5000 公顷的有 10 个县(市、区)，分别为萧山区、德清县、兰溪市、诸暨市、慈溪市、南浔区、宁海县、三门县、上虞区、象山县，合计面积 6.78 万公顷，占全省该湿地型面积的 60.90%(表 2-6)。

表 2-6 水产养殖场累计面积大于 5000 公顷的县

县(市、区)	面积(公顷)	占全省水产养殖场面积比例(%)
萧山区	11103.20	9.99
德清县	7611.28	6.83
兰溪市	7069.21	6.35
诸暨市	6718.14	6.03
慈溪市	6536.83	5.87
南浔区	6326.23	5.68
宁海县	5939.68	5.33
三门县	5939.31	5.33
上虞区	5306.07	4.76
象山县	5261.69	4.72
合 计	67811.64	60.90

6.4 盐 田

盐田指为获取盐业资源而修建的晒盐场所或盐池。盐业是浙江省传统的一个产业，盐田面积最多时超过 1 万公顷，产量曾达到 80 万吨。随着沿海经济的发展，港口建设和临港工业开发，大量盐田被征用，盐业正在逐步萎缩。全省现有盐田面积 2355.02 公顷，占人工湿地面积的 0.89%。目前，舟山市仍是浙江省最重要的产盐基地。全省盐田面积分布见表 2-7。

表 2-7 浙江省盐田规模分县(市、区)统计表

县(市、区)	面积(公顷)	比例(%)
岱山县	1347.72	57.23
象山县	379.72	16.12
玉环县	364.06	15.46
普陀区	146.95	6.24
宁海县	83.84	3.56
定海区	32.73	1.39
合 计	2355.02	100

第二节 湿地分布格局

浙江省湿地从沿海到内陆、从平原到山区均有分布，呈现一个地区内有多种湿地类型和一个湿地类型分布于多个地区的特点，构成了丰富多样的类型组合。另一方面，本省湿地随气候的南

北过渡和地形的东西转折而形成的区域分布十分明显。东部沿海地区以近海与海岸湿地为主，浙北平原以湖泊和平原河网湿地为主，丘陵、山区则以河流、库塘及沼泽湿地为主，形成明显的区域性分布特征。

1 地理区域分布

依据全省自然环境、湿地类型及区域分布特征，将全省湿地分为浙北水网平原、浙东滨海与岛屿、浙中西南内陆 3 个湿地地理区(图 2-8，表 2-8)。

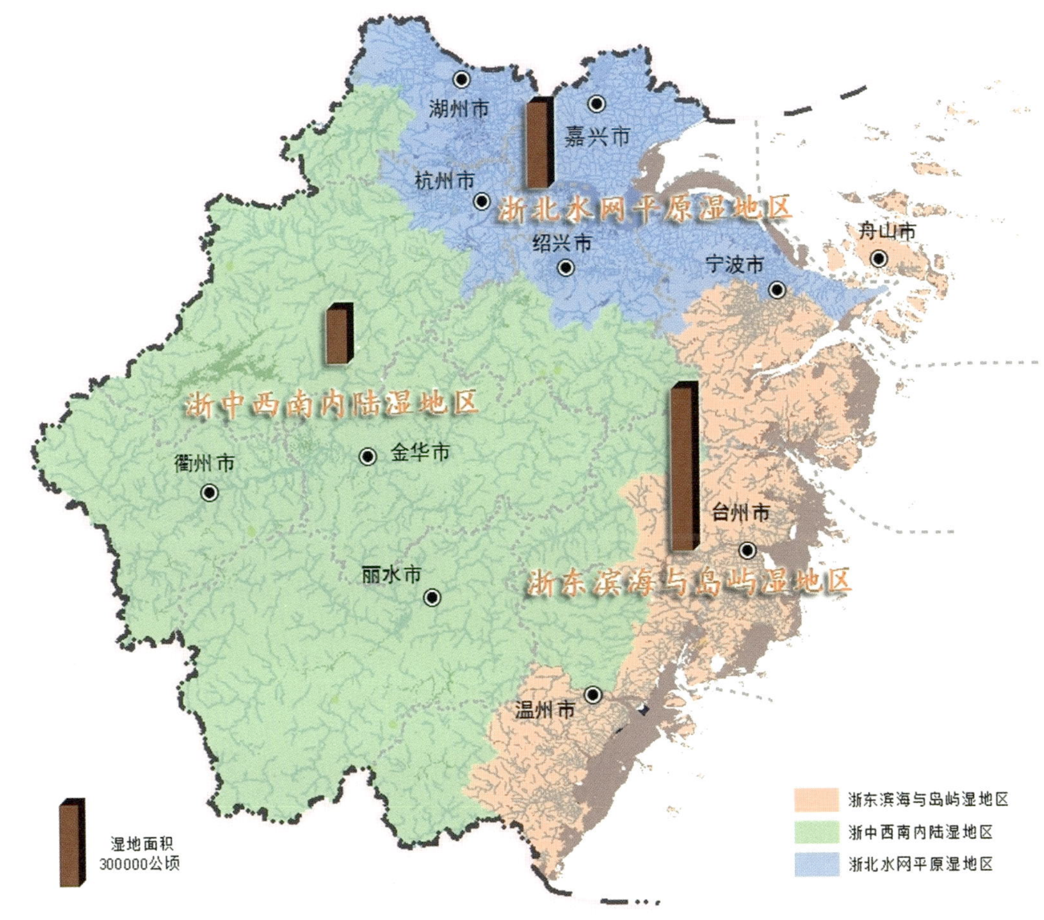

图 **2-8** 各地理区域湿地分布示意图

1.1 浙北水网平原湿地区

本区位于浙北平原，包括杭嘉湖平原、萧绍平原、姚江平原等，其行政范围涉及嘉兴、湖州、杭州、绍兴、宁波 5 个设区市的 29 个县(市、区)。本区以平原地貌为主，地势低平，海拔多在 10 米以下，其间分布有少许海拔 200 米以下的孤山或丘陵，区内湖泊众多，水网密布，比降平缓，为典型的“江南水乡”。全区现有湿地面积 313449. 82 公顷(表 2-8)，占全省湿地面积的 28. 23%，涉及湿地类型 5 类 15 型，主要有近海与海岸湿地、河流湿地、湖泊湿地和人工湿地等。

其中，湖泊和平原河网湿地是该区域的最大特色，全省的湖泊湿地(永久性淡水湖)面积基本集中分布于该区域；其次，近海与海岸湿地也有较大面积分布，主要类型有浅水海域、淤泥质海滩、河口湿地、海岸性淡水湖、三角洲湿地、潮间盐水沼泽等湿地类型。全省的运河和输水河，大部分分布于该区。

1.2 浙东滨海与岛屿湿地区

本区位于浙江东部沿海地区，是浙江省湿地分布面积最大的区域，其行政范围涉及舟山、宁波、台州、温州4个设区市的23个县(市、区)。地貌以低海拔山地丘陵为主，其中舟山群岛是我国最大的群岛，海岸线曲折，港湾众多。区内主要河流有甬江、椒江、瓯江、飞云江、鳌江等。全区现有湿地面积600215.05公顷，占全省湿地面积的54.07%，涉及湿地类型5类17型，主要有近海与海岸湿地、河流湿地和人工湿地等。其中，近海与海岸湿地是该区域湿地分布最主要的特征，面积达517440.59公顷(表2-8)，占全省同类型湿地面积的74.72%。主要湿地型有浅海水域、淤泥质海滩、岩石海岸、海岸性淡水湖、三角洲湿地、河口湿地等。本区的乐清湾西门岛拥有目前全国最北端的一片红树林，也是浙江省唯一的海岛红树林种植区。

1.3 浙中西南内陆湿地区

本区位于浙江中、西、南部的内陆腹地，行政范围涉及杭州、温州、绍兴、金华、衢州、台州、丽水7个设区市的38个县(市、区)。地貌以中、低山地和丘陵为主，间有河谷平原和盆地，多为浙江省主要河流水系的发源地，主要河流有钱塘江、瓯江、飞云江、鳌江等，以及曹娥江、椒江等水系的支流。全区现有湿地面积的196464.18公顷(表2-8)，占全省湿地面积的17.70%，涉及湿地类型5类13型，主要有河流湿地、人工湿地。本区是全省大、中型水库、溪源沼泽湿地的主要分布区域。

表2-8 各地理区域湿地面积统计表(公顷)

地理区	合　计	近海与海岸湿地	河流湿地	湖泊湿地	沼泽湿地	人工湿地
浙北水网平原区	313449.82	163783.64	53515.24	8505.52	452.89	87192.53
浙东滨海与岛屿区	600215.05	517440.59	23982.00	152.60	77.54	58562.32
浙中西南内陆区	196464.18	11299.13	63733.45	135.12	213.11	121083.37
合　计	1110129.05	692523.36	141230.69	8793.24	743.54	266838.22

2 流域分布

从流域的角度，浙江省可分为钱塘江、苕溪、运河、甬江、椒江、瓯江、飞云江、鳌江八大流域和浙东独流入海河流、浙西南跨省河流流域。为便于统计，笔者将浙东独流入海河流、浙西南跨省河流流域合并称为其他流域；同时为便于对近海与海岸湿地的分类管理，增加了一个滨海湿地类域(图2-9)。

图 **2-9** 各流域湿地分布示意图

2.1 钱塘江流域

钱塘江是浙江省最大的河流，也是我国东南沿海一条独特的河流，以雄伟壮观的涌潮著称于世。钱塘江，古名“浙江”，又名“折江”“之江”，浙江省因此而得名。钱塘江有南、北两源，均发源于安徽省休宁县，流至建德市梅城汇合后，流经杭州市区并东流出杭州湾入东海。河长以北源为长，总长 668 公里，流域面积 55558 平方公里。流域内现有湿地面积 263991.65 公顷，占全省湿地面积的 23.78%，涉及湿地类型 5 类 13 型。其中，近海与海岸湿地 75588.46 公顷，占 28.63%；河流湿地 49064.54 公顷，占 18.59 %；湖泊湿地 497.57 公顷，占 0.19%；沼泽湿地 482.42 公顷，占 0.18%；人工湿地 138358.66 公顷，占 52.41%（表 2-9）。

2.2 苕溪流域

苕溪古名苕水、苕溪水，在浙江北部，属长江水系的太湖流域，也是浙江主要河流中唯一不在本省入海的河流。苕溪有东苕溪、西苕溪两大源流，两溪在湖州市白雀塘桥汇合，经长兜港注入太湖。两溪流域面积相近，河源以东苕溪稍长。苕溪河长为 158 公里，流域面积 4576 平方公里。流域内现有湿地面积 22667.35 公顷，占全省湿地面积的 2.04%，涉及湿地类型 4 类 8 型。其中，河流湿地 8578.47 公顷，占 37.84%；湖泊湿地 1168.41 公顷，占 5.16%；沼泽湿地 97.20 公顷，占 0.43%；人工湿地 12823.27 公顷，占 56.57%（表 2-9）。

2.3 运河流域

运河水系属长江水系太湖流域，也称“杭嘉湖东部平原”河网水系。流域面积 7500 平方公里，其中，浙江省境内 6481 平方公里。运河水系是以纵横交错的河道形成的平原河网水系，流域内地表径流向北注入太湖，向东注入黄浦江；“南排工程”兴建后，有部分水量经由南排工程的各个排水闸注入钱塘江。由于京杭运河横贯其中，故称为“京杭运河水系”，简称“运河水系”。运河水系浙江境内大小河道总长度 24600 公里，河网密度 3.9 公里/平方公里，是著名的“鱼米之乡，丝绸之府”。流域内现有湿地面积 73928.25 公顷，占全省湿地总面积的 6.66%，涉及湿地类型 5 类 12 型。其中，近海与海岸湿地 5197.57 公顷，占 7.03%；河流湿地 31798.03 公顷，占 43.01%；湖泊湿地 6889.91 公顷，占 9.32%；沼泽湿地 52.92 公顷，占 0.07%；人工湿地 29989.82 公顷，占 40.57%（表 2-9）。

2.4 甬江流域

甬江在浙江东部，因流经古甬地，故名。甬江由南源奉化江、北源姚江两江汇集而成，两江在宁波市区三江口汇合后东北流经镇海外游山入海，总长 133 公里，流域面积 4518 平方公里。甬江两源中，姚江略长；流域面积奉化江略大。流域内现有湿地面积 21629.62 公顷，占全省湿地面积的 1.95%，涉及湿地类型 4 类 8 型。其中，近海与海岸湿地 4134.18 公顷，占 19.11%；河流湿地 9024.69 公顷，占 41.72%；湖泊湿地 92.94 公顷，占 0.44%；人工湿地 8377.81 公顷，占 38.73%（表 2-9）。

2.5 椒江流域

椒江亦称灵江，发源于缙云、仙居与永嘉三县边界的括苍山水湖岗石长坑。干流流经仙居县、临海市、椒江区注入台州湾，河长 209 公里，流域面积 6603 平方公里，是浙江省第三大河流。流域内现有湿地面积 19721.4 公顷，占全省湿地总面积的 1.78%，涉及湿地类型 4 类 9 型。其中，近海与海岸湿地 4111.64 公顷，占 20.85%；河流湿地 8417.12 公顷，占 42.68 %；湖泊湿地 80.94 公顷，占 0.41%；人工湿地 7111.7 公顷，占 36.06%（表 2-9）。

2.6 瓯江流域

瓯江古名慎江，曾以地取名为永宁江、永嘉江、温江。发源于庆元、龙泉两县交界的百山祖锅帽尖，流经龙泉、云和、莲都、青田、永嘉、瓯海、鹿城、龙湾等 8 个县（市、区），出温州湾入东海，干流长 384 公里，流域面积 18100 平方公里，是浙江省第二大河流。流域内现有湿地面积 46525.76 公顷，占全省湿地面积的 4.19%，涉及湿地类型 4 类 10 型。其中，近海与海岸湿地 13010 公顷，占 27.96%；河流湿地 16839.28 公顷，占 36.19%；沼泽湿地 33.45 公顷，占 0.08%；人工湿地 16643.03 公顷，占 35.77%（表 2-9）。

2.7 飞云江流域

飞云江古代曾名罗阳江、安阳江、安固江、瑞安江，发源于景宁畲族自治县景南乡的白云尖西北坡，自西向东流经泰顺、文成两县，在瑞安市上望镇新村入东海，干流长193公里，流域面积3719平方公里。流域内现有湿地面积15210.72公顷，占全省湿地面积的1.37%，涉及湿地类型4类8型。其中，近海与海岸湿地4159.55公顷，占27.34%；河流湿地2895.45公顷，占19.04%；湖泊湿地12.05公顷，占0.08%；人工湿地8143.67公顷，占53.54%(表2-9)。

2.8 鳌江流域

鳌江曾名始阳江、横阳江，又名钱仓江，发源于文成县桂山乡吴地山麓桂库村上游，干流长81公里，流域面积1530平方公里。流域内现有湿地面积5071.39公顷，占全省湿地面积的0.46%，涉及湿地类型3类6型。其中，近海与海岸湿地952.89公顷，占18.79%；河流湿地2806.08公顷，占55.33%；人工湿地1312.42公顷，占25.88%(表2-9)。

2.9 其他流域

其他流域包括分布在庆元县、泰顺县、开化县的流域面积较小的边界水系，以及分布在浙江东部沿海地区(海岸线以内)的独流入海河流的流域。流域内现有湿地面积55838.97公顷，占全省湿地面积的5.03%，涉及湿地类型5类15型。其中，近海与海岸湿地10482.38公顷，占18.77%；河流湿地11537.03公顷，占20.66%；湖泊湿地51.42公顷，占0.09%；沼泽湿地77.55公顷，占0.14%；人工湿地33690.59公顷，占60.34%(表2-9)。

表2-9 各流域湿地面积统计表(公顷)

流 域	近海与海岸湿地	河流湿地	湖泊湿地	沼泽湿地	人工湿地	合 计
钱塘江流域	75588.46	49064.54	497.57	482.42	138358.66	263991.65
苕溪流域		8578.47	1168.41	97.20	12823.27	22667.35
运河流域	5197.57	31798.03	6889.91	52.92	29989.82	73928.25
甬江流域	4134.18	9024.69	92.94		8377.81	21629.62
椒江流域	4111.64	8417.12	80.94		7111.70	19721.40
瓯江流域	13010.00	16839.28		33.45	16643.03	46525.76
飞云江流域	4159.55	2895.45	12.05		8143.67	15210.72
鳌江流域	952.89	2806.08			1312.42	5071.39
其他流域	10482.38	11537.03	51.42	77.55	33690.59	55838.97
滨海湿地	574886.69	270.00			10387.25	585543.94
总 计	692523.36	141230.69	8793.24	743.54	266838.22	1110129.05

2.10 滨海湿地

海岸线以外的近海与海岸湿地，包括岛屿上的河流湿地和人工湿地，统计到滨海湿地中，其湿地面积585543.94公顷，占全省湿地面积的52.74%，涉及湿地类型3类11型。其中，近海与海岸湿地574886.69公顷，占98.18%；河流湿地270.00公顷，占0.05%；人工湿地10387.25公顷，占1.77%(表2-9)。

3 设区市分布

浙江省各设区市中，湿地面积占前三位的分别是宁波市、温州市、台州市，合计面积65.23万公顷，占全省湿地总面积的58.77%(图2-10、表2-10、表2-11)。

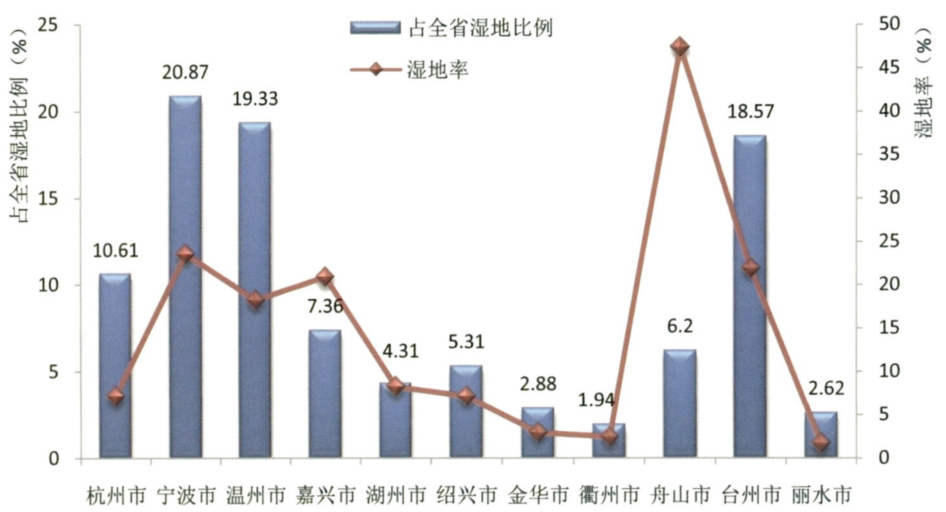

图2-10 各设区市湿地分布状况

宁波市地处长江三角洲的南翼，浙江省东北部的东海之滨。境内有“两湾两港”，即杭州湾、北仑港、象山港和三门湾，以及浙江省八大水系之一的甬江。宁波的河、湖、海、湾、港、岛孕育了丰富的湿地资源，全市湿地面积23.17万公顷，湿地率23.53%，占全省湿地面积的20.87%，涉及湿地类型5类15型。慈溪庵东湿地是浙江省最大的海涂，其位于东亚—澳大利亚水鸟迁徙通道，是我国东部大陆海岸冬季水鸟最富集的地区之一，也是世界濒危物种黑嘴鸥和黑脸琵鹭的重要越冬地与迁徙停歇地之一。

温州市位于浙江省东南部，南接福建。境内港湾众多，有乐清湾、温州湾、沿浦湾、大渔湾四大海湾，主要水系为瓯江、飞云江、鳌江。全市湿地面积21.46万公顷，湿地率18.21%，占全省湿地面积的19.33%，涉及湿地类型4类14型。温州湾、乐清湾滩涂湿地为重要鸟区，是世界濒危物种黑嘴鸥和卷羽鹈鹕的重要越冬地，也是世界濒危物种黑脸琵鹭的重要停歇地，是大量鸻鹬类水鸟的重要栖息地。

台州市位于浙江省沿海中部，是中国黄金海岸上一个新兴的组合式港口城市。境内港湾众多，有三门湾、台州湾、漩门湾、乐清湾等海湾，主要水系有浙江省八大水系之一的椒江水系。

全市湿地资源丰富，湿地面积20.61万公顷，湿地率21.90%，占全省湿地面积的18.57%，涉及湿地类型5类17型。漩门湾、乐清湾滩涂湿地为重要鸟区，是世界濒危物种黑嘴鸥的重要越冬地，也是大量鸻鹬类水鸟的重要栖息地。

表2-10　各设区市湿地面积占比及湿地率

设区市	国土面积(公顷)	湿地面积(公顷)	占全省湿地比例(%)	湿地率(%)
杭州市	1657100	117821.27	10.61	7.11
宁波市	984500	231659.29	20.87	23.53
温州市	1178400	214551.87	19.33	18.21
嘉兴市	391500	81717.65	7.36	20.87
湖州市	582400	47812.51	4.31	8.21
绍兴市	827900	58945.59	5.31	7.12
金华市	1094200	32003.61	2.88	2.92
衢州市	884200	21503.39	1.94	2.43
舟山市	145500	68870.72	6.20	47.33
台州市	941100	206107.11	18.57	21.90
丽水市	1730800	29136.04	2.62	1.68

表2-11　各设区市湿地面积排序(公顷)

设区市	湿地面积		近海与海岸湿地		河流湿地		湖泊湿地		沼泽湿地		人工湿地	
	面积	位序	面积	位序	面积	位序	面积	位序	面积	位序	面积	位序
杭州市	117821.27	4	22491.86	6	16730.24	3	556.11	3	41.20	7	78001.86	1
宁波市	231659.29	1	181002.20	2	11764.00	8	123.64	5	269.99	1	38499.46	2
温州市	214551.87	2	184727.49	1	12512.36	7	12.06	8			17299.96	7
嘉兴市	81717.65	5	50462.90	5	18511.84	1	3689.47	2	42.38	6	9011.06	9
湖州市	47812.51	8			17196.35	2	3984.42	1	97.16	2	26534.58	3
绍兴市	58945.59	7	19004.09	7	15822.07	4	307.81	4	90.64	3	23720.98	4
金华市	32003.61	9			11262.85	9	38.79	7	8.54	9	20693.43	6
衢州市	21503.39	11			10735.20	10			82.45	4	10685.74	10
舟山市	68870.72	6	62621.36	4	180.07	11					6069.29	11
台州市	206107.11	3	171447.77	3	12977.35	6	80.94	6	77.54	5	21523.51	5
丽水市	29136.04	10	765.69	8	13538.36	5			33.64	8	14798.35	8
合　计	1110129.05		692523.36		141230.69		8793.24		743.54		266838.22	

第三章 湿地生物资源

第一节 湿地植物与植被

1 湿地植物

1.1 植物种类

浙江省有湿地高等植物1482种(含种下等级及栽培种，下同)，隶属640属181科，其中苔藓植物79种，占5.33%；蕨类植物67种，占4.52%；种子植物1336种，占90.15%(表3-1)。浙江湿地调查区域植物名录见附录1。

表3-1 浙江湿地高等植物种类组成

分类群			科		属		种	
			数量(个)	比例(%)	数量(个)	比例(%)	数量(个)	比例(%)
苔藓植物			24	13.26	36	5.62	79	5.33
维管束植物	蕨类植物		28	15.47	41	6.41	67	4.52
	种子植物	裸子植物	2	1.10	4	0.63	7	0.47
		被子植物	127	70.17	559	87.34	1329	89.68
合 计			181	100	640	100	1482	100

1.2 区系特点

浙江省湿地植物在种类组成、生活方式、生活型、地理成分、区系起源等方面的具有如下特征。

1.2.1 种类丰富

浙江省湿地植物的科、属、种分别占全省高等植物数量的59.15%、39.78%和32.49%，种类资源十分丰富。其中被子植物所占比例最大，分别为73.41%、45.63%、39.93%；裸子植物所占比例最少，分别为22.22%、11.76%、11.67%(表3-2)。

表3-2　浙江湿地高等植物与全省植物数量比较

类　群	科			属			种		
	湿地区(个)	全省(个)	比例(%)	湿地区(个)	全省(个)	比例(%)	湿地区(个)	全省(个)	比例(%)
苔藓植物	24	75	32.00	36	234	15.38	79	674	11.72
蕨类植物	28	49	57.14	41	116	35.34	67	499	13.43
裸子植物	2	9	22.22	4	34	11.76	7	60	11.67
被子植物	127	173	73.41	559	1225	45.63	1329	3328	39.93
合　计	181	306	59.15	640	1609	39.78	1482	4561	32.49

1.2.2　科属组成以小型科、属居多

在所有维管束植物科中，按照所含种数分，含100种以上的特大科有3个，分别是禾本科(80属179种)、莎草科(17属146种)、菊科(53属117种)；含20~99种的大科有唇形科(20属45种)、蓼科(5属43种)、玄参科(13属37种)、伞形科(17属31种)、百合科(14属24种)等10个；含10~19种的中等科有旋花科(8属19种)、毛茛科(6属16种)、灯心草科(2属10种)、水鳖科(5属10种)等21个；含2~9种的小型科有谷精草科(1属9种)、菱科(1属9种)、小二仙草科(2属5种)、黑三棱科(1属2种)、水韭科(1属2种)等75个；单种科有水蕨科、苹科、槐叶苹科、酢浆草科等48个(表3-3)。

表3-3　湿地维管束植物科组成统计

科分类	科		属		种	
	数量(个)	比例(%)	数量(个)	比例(%)	数量(个)	比例(%)
特大科(>100种)	3	1.91	150	24.83	442	31.51
大科(20~99种)	10	6.37	134	22.19	322	22.95
中等科(10~19种)	21	13.38	114	18.87	278	19.81
小型科(2~9种)	75	47.77	158	26.16	313	22.31
单种科(1种)	48	30.57	48	7.95	48	3.42
合　计	157	100	604	100	1403	100

由表3-3可知，湿地维管束植物科的组成以小型科和单种科占优势，两者共占78.34%；种数组成以特大科和大科占优势，两者共占54.46%。

在所有维管束植物属中，按照所含种数分，含20种以上的特大属有3个，分别是薹草属(52种)、蓼属(34种)、飘拂草属(22种)；含10~19种的大属有莎草属(19种)、蔗草属(14种)、荸荠属(12种)、谷精草属(9种)等10个；含6~9种的中等属有眼子菜属(9种)、母草属(9种)、菱属(9种)、灯心草属(8种)、扁莎属(6种)等25个；含2~5种的小型属有茨藻属(5种)、节节

菜属(3 种)、水苋菜属(3 种)、满江红属(2 种)、水韭属(2 种)等 225 个；单种属有水玉簪属、无根萍属、断节莎属、菰属、藨草属、梯牧草属、沼原草属、白茅属、假俭草属等 341 个(表 3-4)。

表 3-4 湿地维管束植物属组成统计

属分类	属		种	
	数量(个)	比例(%)	数量(个)	比例(%)
特大属(20 种以上)	3	0.50	108	7.70
大属(10～19 种)	10	1.65	136	9.69
中等属(6～9 种)	25	4.14	182	12.97
小型属(2～5 种)	225	37.25	636	45.33
单种属(1 种)	341	56.46	341	24.31
合 计	604	100	1403	100

由表 3-4 可知，湿地维管束植物属的组成以小型属和单种属占绝对优势，两者共占 93.71%；种数组成也以小型属和单种属为主，两者共占 69.64%，这一特点与科组成特点刚好相反。

1.2.3 生活方式以湿生植物为主

湿地维管束植物根据生活方式不同分为湿生、沼生、挺水植物等 8 个类型。其中以湿生植物为主，占 82.25%；其次是沼生植物，占 7.84%；其余类植物种比例均不足 3%(表 3-5)。

表 3-5 湿地维管束植物生活方式统计

生境类型	科		属		种	
	数量(个)	比例(%)	数量(个)	比例(%)	数量(个)	比例(%)
湿生植物	125	79.62	490	81.13	1154	82.25
沼生植物	28	17.83	48	7.95	110	7.84
挺水植物	6	3.82	8	1.32	12	0.85
浮叶植物	5	3.18	8	1.32	25	1.78
浮水植物	8	5.10	10	1.66	14	1.00
沉水植物	7	4.46	10	1.66	28	2.00
盐沼植物	11	7.01	20	3.31	28	2.00
沙生植物	10	6.37	23	3.81	32	2.28
合 计	157	—	604	—	1403	100

1.2.4 生活型组成以草本植物为主

湿地维管束植物的生活型，以草本为主，占 78.26%，其中，多年生草本 49.11% 优于一二年生草本 29.15%。木本植物中(乔木＋灌木)落叶木本 9.13% 优于常绿木本 3.13%(表 3-6)。

表 3-6 湿地维管束植物生活型统计

生活型		科		属		种	
		数量(个)	比例(%)	数量(个)	比例(%)	数量(个)	比例(%)
乔木	小计	20	12.74	30	4.97	47	3.35
	常绿乔木	6	3.82	6	0.99	10	0.71
	落叶乔木	15	9.55	24	3.97	37	2.64
灌木	小计	40	25.48	72	11.92	125	8.91
	常绿灌木	17	10.83	24	3.97	34	2.42
	落叶灌木	29	18.47	54	8.94	91	6.49
草本	小计	112	71.34	454	75.17	1098	78.26
	多年生草本	96	61.15	320	52.98	689	49.11
	一二年生草本	51	32.48	186	30.79	409	29.15
藤本	小计	32	20.38	65	10.76	108	7.70
	木质藤本	16	10.19	23	3.81	36	2.57
	草质藤本	21	13.38	45	7.45	72	5.13
竹类	小计	1	0.64	4	0.66	25	1.78
	乔木竹类	1	0.64	3	0.50	15	1.07
	灌木竹类	1	0.64	3	0.50	10	0.71
合计		157	—	604	—	1403	100

1.2.5 区系地理成分复杂多样

按照吴征镒先生《中国种子植物属的分布区类型》的分类系统，浙江省湿地种子植物属的区系地理划分结果见表 3-7。从表中可以看出：湿地植物属的区系地理成分组成以世界分布、泛热带分布和北温带分布为主，特别是泛热带分布和北温带分布的属，其比例远高于全省的比例。

表 3-7 浙江湿地种子植物属的区系分布类型

序号	分布类型	湿地植物属数(个)	湿地植物属比例(%)	全省植物属数(个)	全省植物属比例(%)
1	世界分布	82	—	83	—
2	泛热带分布	119	25.93	198	16.95
3	热带亚洲和热带美洲间断分布	16	3.49	59	5.05
4	旧世界热带分布	31	6.75	86	7.36
5	热带亚洲至热带大洋洲分布	22	4.79	61	5.22
6	热带亚洲至热带非洲分布	14	3.05	48	4.11
7	热带亚洲分布	27	5.88	107	9.16
8	北温带分布	98	21.35	190	16.27

（续）

序 号	分布类型	湿地植物属数（个）	湿地植物属比例（%）	全省植物属数（个）	全省植物属比例（%）
9	东亚和北美洲间断分布	31	6.75	97	8.30
10	旧世界温带分布	40	8.71	73	6.25
11	温带亚洲分布	6	1.31	16	1.37
12	地中海、西亚至中亚分布	1	0.22	26	2.23
13	中亚分布	—	—	2	0.17
14	东亚分布	51	11.11	157	13.44
15	中国特有分布	3	0.65	48	4.11
合 计		541	100	1251	100

注：1. 剔除栽培属后计算；2. 第 2 ~ 15 项百分比为按扣除世界分布属后计算。

1.2.6 区系起源古老、孑遗植物较多

在浙江省湿地植物区系中，有不少古老的科属和孑遗植物。如蕨类植物中起源古老、分类地位比较孤立的水韭属，起源于中生代前的紫萁属，起源于第三纪的狗脊属、海金沙属等；裸子植物中有起源于晚石炭纪的松属；被子植物中也含有不少原始类群，如公认的多心皮类的金粟兰科、三白草科、睡莲科、木通科、毛茛科等。另外“假花说”所认为最原始的类群如杨柳科的柳属、桦木科的桤木属、胡桃科的枫杨属、榆科的榆属等在浙江省湿地中也均有分布。在单子叶植物中，公认原始的类群如泽泻目、眼子菜目、水鳖目、茨藻目等在浙江省湿地植物中均占有较重要的地位。

1.2.7 重点保护及珍稀濒危植物较多

浙江省湿地类型多样、分布广泛、水热条件良好，是生物多样性的荟萃之地，也为国家重点保护及珍稀濒危植物的生长、繁衍提供了避难所。浙江省湿地中分布有国家重点保护野生植物 11 种：其中国家Ⅰ级保护的有中华水韭、东方水韭、毛茛泽泻、莼菜等 4 种，国家Ⅱ级保护的有水蕨、野菱、中华结缕草、珊瑚菜、野大豆、野荞麦、毛红椿等 7 种（表 3-8）。另外，海滨木槿、睡菜、芡实、睡莲等 10 种植物列入浙江省重点保护野生植物名录。

表 3-8 浙江湿地重点保护及珍稀濒危植物

植物名称	保护级别	分布区域	生长环境
中华水韭	国家Ⅰ级	建德、诸暨、丽水、松阳、鄞州等	生于浅水池沼、山沟沼泽中
东方水韭	国家Ⅰ级	松阳	生于海拔 1200 米的浅水池沼中
毛茛泽泻	国家Ⅰ级	丽水	生于池沼中
莼菜	国家Ⅰ级	永康、瓯海、泰顺、庆元等，杭州、萧山有种植	生于海拔 700 米以下池塘、湖沼中
水蕨	国家Ⅱ级	德清、湖州、鄞州、萧山等	生于池塘、水沟、阡陌、农田等处
野菱	国家Ⅱ级	全省广布	生于湖泊、池塘中

（续）

植物名称	保护级别	分布区域	生长环境
中华结缕草	国家Ⅱ级	普陀、瑞安、乐清等	生于滨海沙滩上
珊瑚菜	国家Ⅱ级	普陀、玉环、瑞安、平阳等	生于滨海沙滩上
野大豆	国家Ⅱ级	全省广布	生于田边、空旷地及荒地上
野荞麦	国家Ⅱ级	全省广布	生于水沟边、路边及空旷地上
毛红椿	国家Ⅱ级	衢江	生于河滩边

1.3　第一次全省湿地资源调查后新记录植物

通过第一次全省湿地资源调查，省内湿地植物种质资源已基本查明，但随后的进一步调查，仍有不少新发现。笔者通过外业调查、访问调查及资料收集等方法，综合整理了2000年以后发现的省级及以上新记录的湿地维管束植物，共27种，隶属17科26属，其中新种2个，新变种2个，科级新记录种1个，属级新记录种3个，属级新归化种2个，种级新记录种12个，种级新归化种5个；并确定了10种植物在浙江的具体分布点(表3-9)。

表3-9　第一次湿地资源调查后新记录植物

类　别	科	植物名称	拉丁名	资料来源	发现地点	发现年份
新种	水韭科	东方水韭	*Isoetes orientalis*	文献搜集	松阳	2002
	蔷薇科	沼生矮樱	*Cerasus jingningensis*	文献搜集	景宁、龙游、临安	2009
新变种	马鞭草科	白花牡荆	*Vitex negundo* var. *cannabifolia* f. *alba*	湿地“二调”发现	温岭、苍南	2011
	莎草科	千亩田龙师草	*Eleocharis tetraquetra* var. *qianmutianensis*	湿地“二调”发现	淳安	2011
科级新记录	田葱科	田葱	*Philydrum lanuginosum*	文献搜集	象山	2013
属级新记录	毛茛科	水毛茛	*Batrachium bungei*	文献搜集	建德	2001
	禾本科	蒺藜草	*Cenchrus echinatus*	文献搜集	普陀	2008
		距花黍	*Ichnanthus vicinus*	湿地“二调”发现	泰顺、苍南	2011
属级新归化	菊科	梁子菜	*Erechtites hieracifolia*	湿地“二调”发现	泰顺、景宁、莲都	2011
		裸冠菊	*Gymnocoronis spilanthoides*	文献搜集	岱山	2010
种级新记录	堇菜科	亮毛堇菜	*Viola lucens*	文献搜集	泰顺、庆元、松阳、衢江	2010
	山矾科	朝鲜白檀	*Symplocos coreana*	文献搜集	景宁	2009
	龙胆科	小荇菜	*Nymphoides coreamum*	湿地“二调”发现	松阳、鄞州	2011

（续）

类　别	科	植物名称	拉丁名	资料来源	发现地点	发现年份
种级新记录	旋花科	鱼黄草	*Merremia hederacea*	文献搜集	余杭、德清	2004
	马鞭草科	广东牡荆	*Vitex sampsoni*	文献搜集	余杭	2004
	玄参科	有腺泽番椒	*Deinostema adenocaula*	湿地“二调”发现	青田、东阳、临安	2011
		大叶石龙尾	*Linnophila rugosa*	文献搜集	文成	2013
	菊科	长叶紫菀	*Aster dolichophyllus*	湿地“二调”发现	泰顺	2011
	禾本科	南荻	*Miscanthus lutarioriparius*	访问学者	泰顺、长兴	2013
		卡开芦	*Phragmites karka*	文献搜集	临安、玉环	2010
	莎草科	根穗藨草	*Schoenoplectus gemmifer*	访问学者	景宁	2013
	兰科	香港绶草	*Spiranthes hongkongensis*	文献搜集	临安、余姚、衢江	2002
种级新归化	柳叶菜科	细果草龙	*Ludwigia leptocarpa*	湿地“二调”发现	临安、嘉善、吴兴	2011
	桔梗科	串叶异檐花	*Triodanis perfoliata*	文献搜集	临海、龙泉	2010
	菊科	夏威夷紫菀	*Aster sandwicensis*	文献搜集	全省湿地广布	2009
		加拿大苍耳	*Xanthium canadense*	湿地“二调”发现	洞头	2011
	禾本科	丝毛雀稗	*Paspalum urvillei*	文献搜集	文成	2006
确定分布区	蓼科	暗果春蓼	*Polygonum persicaria* var. *opacum*	访问学者	温州	2013
	水马齿科	栗苔	*Callitriche japonica*	乌溪江湿地公园科考	衢江	2009
	玄参科	小果草	*Microcarpaea minima*	湿地“二调”发现	开化	2011
	狸藻科	钩突耳草	*Utricularia warburgii*	文献搜集	景宁	2011
	泽泻科	利川慈姑	*Sagittaria lichuanensis*	乌溪江湿地公园科考	衢江、宁海	2009
	水鳖科	罗尼黑藻	*Hydrilla verticillata* var. *roxburghii*	访问学者	瓯海	2013
	禾本科	瘦瘠伪针茅	*Paeudoraphis spinescens* var. *depauperata*	访问学者	婺城	2012
		碱茅	*Puccinellia distans*	文献搜集	温岭	2013
	莎草科	断节莎	*Torulinium ferax*	湿地“二调”发现	西湖、越城、嘉善	2011
	谷精草科	尼泊尔谷精草	*Eriocaulon nepalense*	访问学者	瑞安、泰顺	2013

2　湿地植被

2.1　湿地植被分类单位

植被型组：为湿地植被分类系统的最高级单位。建群种生活型相近且群系外貌相似的植物群系联合为植被型组。如针叶林湿地植被型组、阔叶林湿地植被型组、灌丛湿地植被型组、草本湿地植被型组、浅水植物湿地植被型组等。

植被型：为植被分类的高级单位。建群种生活型(一级或二级)相同或相似，与水热条件生态关系也一致的植物群系联合为植被型。如禾草型湿地植被型、莎草型湿地植被型、浮叶植物湿地植被型、浮水植物湿地植被型等。

植被亚型：是植被型的辅助或补充单位。在类型复杂的植被型中，依据优势层片的生态差异进一步划分亚型。如将竹林湿地植被型划分为丛生竹亚型和散生竹亚型；将禾草类植物湿地植被型划分为高草植物亚型和低草植物亚型等。

群系：是植被分类的中级单位。建群种或共建种相同(在亚热带有时是标志种相同)的植物群丛联合为群系。如枫杨群系、柽柳群系、斑茅群系、金鱼藻群系、苦草群系等。本书划分到群系为止。

2.2　浙江湿地植被分类系统

根据浙江省第二次湿地资源调查，并参考有关资料，将浙江省湿地植被划分为 7 个植被型组，16 个植被型，268 个群系，其中栽培群系 35 个。

2.2.1　针叶林湿地植被型组

针叶林湿地植被主要分布于河滩地、水库库尾及水塘沿岸，多系人工起源。浙江省仅有暖性针叶林湿地植被型 1 种类型，面积约 938 公顷，以水杉群系分布最广、面积最大，其次为马尾松群系、池杉群系、湿地松群系等。

2.2.1.1　暖性针叶林湿地植被型

(1)水松群系*：该群系在杭州、富阳、余杭等地有栽培，见于湖塘的湿润地段。

(2)水杉群系*：水杉在浙江平原水网地区及库尾消落区广泛栽培，在水网地区通常栽作条带状防护林带，在库区或河岸湿地则常成片种植。群落外貌整齐，峻拔，秋叶呈黄、橙红等颜色，十分美丽。

(3)湿地松群系*：该群系在临海、德清、仙居等地的河滩、湖塘消落带中有栽培，群落外貌整齐，青绿色。

(4)马尾松群系：该群系是浙江部分河滩地一个较为特殊的类型，多属人工起源，主要见于椒江及支流永安溪、瓯江及支流楠溪江等地。

(5)黄山松群系：该群系是山地沼泽特有植被，在丽水、青田有分布，群落外貌整齐，较低

---

* 为栽培种，下同。

矮、稀疏。

(6)落羽杉群系*：该群系见于杭州、宁波、嘉兴等市的公园内，常栽培于河滩、库塘的湿润地段。

(7)池杉群系*：池杉比水杉更耐水湿，故除栽植在与水杉相同环境外，还常被栽于季节性渍水的库区，群落林相整齐，枝叶浓密，伴生种有落羽杉。

2.2.2 阔叶林湿地植被型组

阔叶林湿地植被在省内主要见于河滩上，其次为水塘、湖泊、滨海湿地沿岸，高山沼泽中也有少量分布。根据植被景观外貌不同，有3种湿地植被型。落叶阔叶林湿地植被型，面积约5863公顷，以枫杨群系分布最广、面积最大，其次为南川柳群系、银叶柳群系、构树群系、意杨群系等。常绿阔叶林湿地植被型，面积约577公顷，以香樟群系面积最大，其次为木麻黄群系；竹林湿地植被型，面积约975公顷，以水竹群系面积最大、分布最广，其次为各种小径竹群系、毛竹群系。

2.2.2.1 落叶阔叶林湿地植被型

(1)江南桤木群系：该群系分布于景宁县上标林场的望东垟沼泽湿地中，土壤为高山草甸土，海拔1295米。

(2)构树群系：该群系广泛分布于各地河漫滩、溪沟两岸及平原河网。

(3)苦楝群系：该群系分布于临海、青田的河漫滩及绍兴、嘉兴等地平原河网。河漫滩上的群系呈块状分布，平原河网上的群系呈条状分布。

(4)鲁桑树群系*：该群系广泛栽培于河滩地、围垦区及江河泛洪区。

(5)意杨群系*：意杨目前主要集中在钱塘江及支流富春江、分水江，椒江及支流永安溪，曹娥江等地的河漫滩地。另外在海岸滩地中也常栽作防护林。

(6)枫杨群系：该群系是浙江河流湿地中最为典型、分布最广的木本植被类型，全省各地河流滩地均可见到，是河滩地绿化的先锋树种之一，通常分布于江岸、河边冲积滩上。

(7)垂柳群系*：该群系在池塘沿岸、湖中滩地多有栽培，且多呈带状小面积分布。

(8)银叶柳群系：银叶柳在浙江的溪滩湿地也较常见，但通常分布在江河支流，且多为零星散生或在溪边呈狭长条带状分布，仅偶有成小片状分布，是溪滩地群系演替的先锋树种之一。

(9)旱柳群系：旱柳群系在浙江的溪滩及平原水网均常见，但通常分布较星散，面积较小。长兴仙山湖有片旱柳林面积较大，渍水较深，形成壮观的水上森林。

(10)南川柳群系：南川柳群系是浙江江河滩地、平原水网常见的木本植被类型。

2.2.2.2 常绿阔叶林湿地植被型

(1)木麻黄群系*：该群系主要分布于浙江中、南部沿海，舟山群岛也有部分栽培，其中以玉环、瓯海、瑞安等地为最。

(2)香樟群系*：香樟群系见于丽水、温州、台州、衢州等地的江河边及杭州、长兴、嘉兴等地池塘的塘埂上，呈宽带状或片状分布，多为人工栽培。

2.2.2.3 竹林湿地植被型

Ⅰ. 散生竹亚型

(1)淡竹群系*：该竹林在河滩地分布以余杭、安吉的苕溪两岸最为常见，外貌整齐，常有芽竹混生其中。

(2)水竹群系：该竹林广泛分布于全省河滩地、沟渠边、水库库尾及高山沼泽中，但通常呈小片状或条带状分布，群系面积较小，群落外貌较散乱，水竹竹秆密集。

(3)红竹群系*：在河滩湿地分布的红竹林主要见于苕溪流域，以安吉最为集中，该群系竹绿笋红，景观十分优美。

(4)浙江淡竹群系：该竹林主要分布于湖州(苕溪)、台州(椒江及支流)两市的河滩地上。

(5)篌竹群系：该竹林见于各地溪滩地及平原河沟边，以安吉最为集中，群落外貌整齐，立竹密度极高。

(6)石竹群系：该竹林主要分布于安吉河滩地上，立竹密度较高。

(7)早园竹群系*：该群系见于安吉、临安的河滩上。

(8)高节竹群系*：该竹林分布于临安、安吉、长兴、桐庐等地的河滩地。

(9)毛竹群系*：湿地中的毛竹林主要见于丽水、台州、温州等地的江、河滩地，泛洪时中下部可被短期淹没。

(10)芽竹群系：该竹林主要分布于安吉县苕溪两岸河滩地。

Ⅱ. 丛生竹亚型

(1)绿竹群系*：该丛生竹林主要分布于温州地区，尤以瑞安、苍南、文成、平阳的两岸河滩地最为常见。

(2)青皮竹群系*：该丛生竹林见于温州市的一些江河岸边及椒江流域两岸滩地。

(3)温州水竹群系*：该丛生竹林主要见于瓯江及支流楠溪江两岸滩地，其中尤以青田、文成最为集中，竹林外貌团簇状，景观特殊，十分优美。

2.2.3　灌丛湿地植被型组

灌丛湿地植被主要分布在高山沼泽上，其次在河滩、水塘沿岸、滨海滩涂、基岩海岸上也有少量分布。根据植被外貌景观不同分为 3 个植被型。落叶阔叶灌丛湿地植被型，面积约 301 公顷，以圆锥绣球群系、细叶水团花群系面积最大、分布最广，次为琉璃白檀群系、牡荆群系。常绿阔叶灌丛湿地植被型，面积约 4 公顷，仅芙蓉菊群系 1 个类型。盐生灌丛湿地植被型，面积约 45 公顷，以柽柳群系面积较大。

2.2.3.1　落叶阔叶灌丛湿地植被型

(1)细叶水团花群系：该群系见于全省各地溪滩中，生境通常为鹅卵石滩，是溪滩地群系演替的先锋树种之一，群落多呈稀疏状态。

(2)紫穗槐群系*：该群系分布于黄岩鉴洋湖养殖塘的塘埂上。

(3)白棠子树群系：该群系分布于临安、衢江等地河滩上，外貌呈绿紫色，斑块状散生在河滩沙地上，林木树冠呈球形。

(4)白前群系：该群系在青田县瓯江河漫滩上见有分布。

(5)柳叶白前群系：该群系在衢江乌溪江、仙居永安溪有分布。群落外貌稀疏，呈斑块状散生在河道旁的沙地上或河道中的淤泥滩上。

(6)江西绣球群系：该群系见于临安、龙游、景宁等地的高山沼泽中。

(7)圆锥绣球群系：该群系在山地沼泽中较常见，是本省高山沼泽中水干涸后的草本沼泽湿地向木本沼泽湿地演替的代表类型，多分布在林缘。

(8)小蜡群系：该群系在安吉、临安、衢州等地的河滩上常见。外貌呈草绿色，斑块状散生在河滩沙地上或河堤上。

(9)映山红群系：该群系在浙西南、浙南的山区溪沟两岸见有分布。

(10)乌桕矮生灌丛群系：该群系见于青田的河漫滩及建德的水库库尾。

(11)地桃花群系：该群落在浙东南及南部河漫滩上有分布，群落外貌较低矮。

(12)牡荆群系：该群系分布于浙西、浙西北的山区溪沟中，群落外貌呈土灰色。

2.2.3.2 常绿阔叶灌丛湿地植被型

(1)芙蓉菊群系：该群系分布于定海、洞头、椒江、嵊泗等地的远岛基岩海岸上。

2.2.3.3 盐生灌丛湿地植被型

(1)南方碱蓬群系：该群系分布于岱山、普陀、定海、三门、乐清、瓯海等地的围涂区低湿处或潮上带，群系外貌低矮，季相变化丰富，春夏季呈灰绿或暗绿色，入秋转为紫红或红褐色，景观独特，十分美丽。

(2)柽柳群系：柽柳在杭州湾、温岭、玉环、龙湾等地沿海围垦滩涂区均有分布，是典型的盐碱土指示植物。

(3)单叶蔓荆群系：该群系为滨海沙滩特有类型，广泛分布于嵊泗、岱山、普陀、象山、临海、温岭、洞头、平阳等地的海岛上，生于滨海风成沙地或潮上带与风成沙地交界处，在高潮或特大高潮时也可受海水间歇性浸渍，群落外貌灰绿色，夏季点缀以蓝紫色花朵，景观整齐而美丽。

2.2.4 草丛湿地植被型组

草本湿地植被在各个湿地型中均有分布，以泥质的、湿润生境中类型最为丰富，根据群落外貌、建群种的不同可分为4个植被型。莎草型湿地植被型，面积约1053公顷，以芒尖薹草群系面积最大、分布最广，其次为糙叶薹草群系、翼果薹草群系等。禾草型湿地植被型，面积约28470公顷，滨海湿地以互花米草群系面积最大、分布最广，内陆湿地以芦苇群系面积最大、分布最广，其次为大米草群系、斑茅群系、白茅群系、狗牙根群系等。杂类草湿地植被型，面积约5027公顷，以喜旱莲子草群系面积最大、分布最广，其次为各种蓼群系、飞蓬类群系、碱蓬类群系、水烛群系等。藤蔓型湿地植被型，面积约505公顷，以葎草群系面积最大、分布最广，其次为杠板归群系、野大豆群系等。

2.2.4.1 莎草型湿地植被型

Ⅰ. 高草莎草亚型

(1)垂穗薹草群系：该群系主要见于临安、富阳、衢江等地的江河滩地及水库消落区，群落外貌呈黄绿色，丛状，散生在河滩上，面积通常较小。

(2)糙叶薹草群系：该群系广泛分布于南北沿海各地的潮间带滩涂、围涂水沟中、堤岸边水湿地及海岸沙质湿地上，有时也见于海拔2~3米的沙滩潮上带。

(3)咸水草群系：该群系见于东南部、南部沿海各市县。多呈条带状分布于潮间带近潮上带地段，有时见于入海口江边水中或小海湾沼泽状的涂泥中，是南部沿海沼生植被代表之一。

(4)渐尖穗荸荠群系：该群系见于临安市青山湖库尾消落区内，生境每年周期性被淹没。

(5)华东藨草群系：该群系分布于淳安、临安、景宁、丽水、松阳的高山沼泽地中。

(6)扁秆藨草群系：该群系分布于普陀、定海、鹿城、玉环等地。

(7)百球藨草群系：该群系主要见于衢江乌溪江的河滩上。

(8)水葱群系*：零星分布于全省各地，生于湖泊、池塘边及水沟中，多为栽培，群系面积较小。

(9)茸球藨草群系：该群系见于临安、淳安等地的高山沼泽中，是本省高山沼泽中水干涸后的草本沼泽湿地向木本沼泽湿地演替的代表类型。

Ⅱ. 低草莎草亚型

(1)芒尖薹草群系：在浙江各地溪沟边、河滩地、水库消落区及山地沼泽等处常有分布；分布于山地沼泽中的芒尖薹草群系，仅见于安吉龙王山千亩田。

(2)砂钻薹草群系：该群系为海滨沙滩特有类型，分布于普陀区的朱家尖岛、桃花岛和普陀山以及平阳县的南麂列岛等地，通常见于滨海风成沙地中地势较高的沙丘上。

(3)翼果薹草群系：该群系分布于千岛湖库湾滩地。

(4)粉被薹草群系：该群系见于杭州、临安、天台、仙居等地，分布泥质河滩、湖泊沿岸、水库库尾等地的湿润地段。

(5)矮生薹草群系：该群系分布较广，主要见于嵊泗、岱山、普陀及平阳等地的潮上沙滩，呈条带状分布。

(6)大理薹草群系：该群系见于临安、淳安等地的高山沼泽及高山溪沟中。

(7)单性薹草群系：主要分布于杭州地区，通常生长于池塘边及库尾消落区等湿地中。

(8)滨海薹草群系：该群系见于温岭、平阳、象山、定海、普陀、岱山等地的基岩海岸的石缝中。

(9)异型莎草群系：该群系在浙北平原的养殖塘的塘埂、人工河岸处较常见。

(10)畦畔莎草群系：该群系见于东阳、景宁的高山湿地中。

(11)旋鳞莎草群系：该群系分布于杭州地区，生于空旷的湿地中，多见于水库消落区内，其中以千岛湖最为常见。群系外貌黄绿色，低矮，整齐，形同地毯，夏季果序呈金黄色或红褐色，景观极为美丽。

(12)香附子群系：该群系在全省湿地中较为常见。

(13)龙师草群系：该群系在浙江各地河滩、水库消落区及山地沼泽都常有分布。

(14)荸荠、荵草群系：该群系见于常山的荒废荸荠田中。

(15)牛毛毡群系：该群系见于临安、东阳、衢江等地的库尾消落区内，群系外貌绿色，十分密集，形如地毯。

(16)弱锈鳞飘拂草群系：该群系见于乐清、海宁、定海、三门等地的基岩海岸上，面积较小。

(17)绢毛飘拂草群系：该群系分布于定海、普陀等地的滨海沙滩上，群落散生在沙滩上，外貌低矮、稀疏，绿白色。

(18)水蜈蚣群系：该群系广布于全省，除滨海湿地外，各湿地类型的湿润地段均有分布。

(19)细叶刺子莞群系：该群系见于景宁、龙游等地的高山沼泽中。

(20)刺子莞群系：该群系在全省河漫滩上常见。

(21)海三棱藨草群系：该群系主要分布于平湖、海盐、绍兴、上虞、余姚、慈溪、镇海、三门等地，多生于潮间带的中、低潮区，或溪流入海口的滩涂及潮湿的沟渠边，群系外貌黄绿色，整齐，层次单一。

(22)水毛花群系：该群系见于景宁高山湿地。

(23)萤蔺群系。该群系在低海拔河漫滩及高山沼泽等处均有分布。

2.2.4.2 禾草型湿地植被型

Ⅰ. 高草禾草亚型

(1)野古草群系：该群系分布于丽水、临安、景宁等地的高山沼泽中及衢江河滩上，群落外貌深绿色，整齐。

(2)芦竹群系：该类型分布于全省各地的海堤、库坝、沟渠、河滩等处，多呈条带状分布。

(3)拂子茅群系：该群系在定海、三门等滨海滩涂及东阳、余姚等地的山地沼泽中可见。

(4)疏花野青茅群系：该群系除浙北平原外，全省广布，见于山谷河流的河岸上。

(5)长芒稗群系：该群系广布于全省，见于河滩、湖泊、库塘湿地及水田荒地。

(6)光头稗群系：该群系广布于全省，见于河滩、湖泊、库塘湿地及水田荒地。

(7)稗群系：该群系在江河滩地、荒芜水田、库区消落区或平原沟渠中均属常见。

(8)无芒稗群系：该群系广布于全省，见于河滩、湖泊、库塘湿地及水田荒地。

(9)假鼠妇草群系：该群系分布于临安市昌化镇的道场坪及顺溪镇的大明山千亩田等海拔1000～1280米的山地沼泽中，群系在夏秋时节，银白色花序白茫茫一片，景色殊为优美。

(10)白茅群系：白茅群系在浙江湿地中十分常见，在淡水湿地中多分布于江河滩地，通常生于沙质土中，在海岸湿地中则主要分布于海堤侧、海塘边、水沟旁、抛荒盐田、海岸潮上带等含盐量较低处。

(11)有芒鸭嘴草群系：该群系分布于景宁、东阳、龙游等地的高山沼泽中，群落外貌黄绿色，密集。

(12)鸭嘴草群系：该群系见于临海三江湿地滩涂潮上带地段，面积不大，群系外貌整齐，密集。

(13)柳叶箬群系：该群系分布于绍兴、常山等地的河滩上，群落外貌较杂。

(14)五节芒群系：该群系在衢江、文成、建德、平阳等地的河滩中有分布，多生于鹅卵石滩和清水沙中。

(15)荻群系：荻群系主要分布于河滩地、平原田沟水塘边及库尾消落区等处，群系外貌整齐、密集，春夏季鲜绿悦目，秋冬季节，叶色转黄褐色，银白色花(果)序整齐密集，微风轻拂，酷似雪花飞舞，十分优美。

(16)芒群系：该群系见于临安、景宁等山地沼泽中，群系外貌整齐，面积较大。

(17)沼原草群系：该群系主要分布于临安、景宁等地的高山沼泽中。

(18)铺地黍群系：该群系主要分布于玉环、温岭、乐清、温州、瑞安、平阳、苍南等地的海岸滩涂、围涂堤边、水沟边及入海口江边滩涂上；也见于平阳南麂列岛的大沙岙，分布于沙滩地的潮上带。

(19)丝毛雀稗群系：该群系见于文成瓯江河滩。

(20)狼尾草群系：该群系多见于海岸湿地中，其中以永嘉、乐清、三门、玉环、定海等地较多，多生于围涂堤岸。

(21)束尾草群系：该群系主要分布于瑞安、鹿城、椒江等地的滨海滩涂及河口入海口。

(22)虉草群系：该群系在浙西北的杭州市、湖州市等地十分常见，通常分布于河滩地、沟渠中、库尾消落区等处。

(23)芦苇群系。芦苇是浙江海岸湿地中分布最广、组成群系面积最大的植物之一，因生境不同分为：①盐沼生型，该类型广泛分布于沿海海岸平缓之滩涂、江河入海口处的潮间带上，涨潮时可被海水部分浸淹，有时也分布在围涂沼泽地上。②沙生型，该类型较少，分布于舟山群岛及平阳南麂列岛等地的风成沙地内缘，群系面积较小。③淡水生型，该类型在内陆各湿地均为常见，主要生于河岸、池沼、库塘、沟渠、高山沼泽等湿地。

(24)卡开芦群系：该群系见于临安、余杭、浦江等地的库尾消落区和河流两岸。

(25)鹅观草群系：该群系主要分布在河滩沙地上，群落结构紧密，春季开花，呈深绿色略带白色，夏初果熟，呈枯黄色。

(26)斑茅群系：该群系是浙江江河滩地上最重要、最常见的全省性分布的高草型湿地植被类型，斑茅在春夏季呈灰绿色，到秋冬时节，雪白硕大的花(果)序十分美丽，群体效果十分壮观，形成滩地特有的景观。

(27)甜根子草群系：该群系属滨海特有，分布于嵊泗、普陀、玉环、洞头、平阳等地，通常见于海滨潮上带的沙滩上。

(28)皱叶狗尾草群系：该群系分布于丽水、文成等地的山区河滩中，群落外貌整齐，青绿色。

(29)狗尾草群系：该群系广布在内陆河滩、库尾、塘岸等内陆湿地的以大狗尾草、狗尾草为主要建群种；群系分布在盐田周围、海塘堤坝上等地的海岸湿地，通常以金色狗尾草为主要建群种。

(30)苏丹草群系*：该群系在浙北地区的养殖塘的塘埂上有种植。

(31)互花米草群系*：该群系广布于浙江沿海，通常生于滩涂潮间带高、中滩地段或新围涂区内，群落外貌整齐，新叶嫩绿色，夏季黄绿色，入秋转金黄色，景观颇为美丽。

(32)大米草群系*：该群系分布于慈溪、象山等地潮间带高、中滩位。

(33)菰群系*：该群系广布于全省各地，多为人工栽培或逸生形成。生于水深1米以下的静水沟渠、池塘、水田、水库等处，有时也见于海拔1000米以上的山地沼泽中。

Ⅱ.低草禾草亚型

(1)野燕麦群系：该群系分布于椒江、黄岩、鹿城、洞头等地的滨海养殖塘上。

(2)茵草群系：该群系广泛分布于全省各地，生于水沟边、荒芜水田中、湿润滩地、水库消落区等处。

(3)狗牙根群系。该群系广布于全省各地，通常有下列三种类型：①盐生型，主要分布于围涂堤岸，呈条带状。②沙生型，主要分布于沙滩潮上带，有时也见于风成沙丘。③淡水型，狗牙根群系在浙江河滩地及库尾消落区及其他湿地中也十分常见。

(4)升马唐群系：该群系在浙江荒废水田、库尾、湖塘塘岸上比较常见。

(5)牛筋草群系：该群系分布于浙江荒废水田、库尾消落区及河漫滩上。

(6)假俭草群系：假俭草群系在浙江分布范围颇广，根据生境不同可分为：①内陆型：该群系主要分布于河滩地、田边、水库消落区等湿地中。②滨海型：该群类系仅见于普陀、嵊泗、温岭、平阳等地沙滩上，分布于风成沙地内侧平缓地带或迎风沙丘坡面，呈条带状或小块状分布。

(7)牛鞭草群系：该群系分布于杭州、淳安、衢江、湖州等地，通常生于田边、河滩、水库消落区等处。

(8)假稻群系：该群系广布于全省，见于湖泊、库塘湿地的水面上及有积水的水田荒地。

(9)秕壳草群系：该群系主要分布于杭州、嘉兴、湖州、宁波、绍兴一带，多见于水沟、池塘、抛荒水田及沼泽地中。

(10)柔枝莠竹群系：该群系在浙江河滩、荒废水田、水库库尾及高山沼泽中均见有分布。

(11)糠稷群系：该群系在浙江主要分布在杭州、宁波、绍兴一带的平原河网及湖塘上，均为小面积分布。

(12)双穗雀稗群系：该群系广泛分布于各地水沟、荒芜水田、江河滩地及水库消落区等处，群系面积大小悬殊。

(13)雀稗群系：该群系见于临安、建德、常山、文成等地的河滩和水库尾处。

(14)棒头草群系：该群系全省广布，主要分布在常年潮湿的废弃农田或农田旁水沟里，季相变化明显。

(15)鼠尾粟群系：该群系在浙江河滩中比较常见，但都呈小面积分布。

(16)盐地鼠尾粟群系：该群系是浙江海岸重要湿地植被类型之一，主要分布于定海、三门、玉环、瓯海及宁波市沿海各地，生于海岸潮间带的高、中滩及潮上带或围涂湿地，群系外貌整齐而低矮，黄绿色，入秋呈金黄色。

(17)结缕草群系：该群系全省广布，多生于海岸潮间带高、中滩地段。

(18)中华结缕草群系：该群系主要分布于岱山、普陀、定海、乐清、温岭等地，多见于围涂地堤岸、废弃盐田、滨海沙滩等处，也见于潮上带至潮间带，群系外貌浅绿色，呈丛状分布。

2.2.4.3 杂类草湿地植被型

Ⅰ. 高草杂类草亚型

(1)菖蒲群系：该群系广布于全省各地，生于湖泊、池塘、水库边及沟渠、沼泽和浅水洼地，也见于海拔1000米以上的山地沼泽中。

(2)合萌群系：该群系见于长兴、嘉兴、常山、建德等地的荒废水田、湖塘的塘岸上。

(3)窄叶泽泻群系：该群系在景宁、东阳等高山沼泽中有分布。

(4)黄花蒿群系。黄花蒿群系在浙江的分布范围较广，滨海、内陆均有分布，根据生境不同，可为两个类型：①滨海类型，该群系主要分布在洞头滨海养殖塘上。②内陆类型，该群系分布于淳安、常山、衢江等地的水田、库尾处。

(5)夏威夷紫菀群系：该群系在各地滩涂、湖塘边及河滩上均有分布，尤以滨海滩涂上的群系面积较大，群系外貌整齐，绿色至深绿色。

(6)钻形紫菀群系：该群系广布于全省，除高山沼泽外，各湿地型上均有分布。

(7)大狼把草群系：该群系广泛分布于浙江河滩、湖塘、库尾、荒废水田等处。

(8)海岛苎麻群系：该群系见于衢江、仙居、临安、景宁等地的山区河滩上。

(9)菜蕨群系：该群系见于奉化、平阳、丽水、仙居等地河滩上。

(10)青葙群系：该群系见于丽水、临安、建德等地的河滩、库尾处，群系夏季花期繁茂，十分美丽。

(11)狭叶尖头藜群系：该群系见于洞头的滨海沙滩上。

(12)藜群系：该群系广布于全省，见于河滩、湖泊、库塘湿地及水田荒地。

(13)小藜群系：该群系见于千岛湖库湾滩地，夏季外貌黄绿色，间杂有零星红叶，整齐而密集。

(14)白酒草群系：该群系在全省海岸湿地及河滩地均较常见，但面积通常较小，多生于围涂堤岸、路边、抛荒地中及河漫滩与江河泛洪区。

(15)甘野菊群系：该群系见于安吉、仙居等地的河滩湿地中。

(16)萱草群系：萱草在全省溪沟边较常见，但通常呈散生状或小片状分布，形成群系的不多见，而在高山沼泽里，则有大面积分布，群系外貌亮绿色，整齐，在6~8月时，萱草、玉蝉花的橘红色与紫色花朵同时盛开，红紫相间，形成十分优美的景观。

(17)泥胡菜群系：该群系见于衢江区河滩上，群落外貌随季相变化明显，春季花开时，绿叶托红花，景观效果良好。

(18)旋覆花群系：该群系见于钱塘江、临海三江等地的河口入海口的滩地上。

(19)玉蝉花群系：该群系见于安吉龙王山及临安的清凉峰与千顷塘等地的山地沼泽中，6~7月玉蝉花紫色花朵开放，景观十分优美。

(20)翅茎灯心草群系：该群系见于临安、衢江、富阳等地的河滩、湖塘、库尾的有积水的地段。

(21)灯心草群系*：该群系全省广布，野生或栽培，野生的面积较小，生于沟边、洼地、江河潮湿地或栽于水田中。

(22)马兰群系：该群系主要见于杭州、临海等地的河口入海口的滩地上。

(23)益母草群系：该群系主要分布在河滩上或抛荒地里。

(24)山梗菜群系：该群系见于临安、景宁等地的高山沼泽中，群落外貌较低矮，整齐，深绿红色。

(25)海滨珍珠菜群系：该群系见于定海、普陀、象山、温岭等地的基岩海岸的潮上带上。

(26)草木犀群系：该群系广泛分布于海岸湿地，但面积较小且零星，仅在岱山、定海、永嘉、洞头、乐清等地有条带状或小片状分布，多生于海堤、盐田边、养殖塘堤岸等处。

(27)小鱼仙草群系：该群系见于青田、文成等地的河滩上。

(28)莲群系*：浙江的莲群系多为人工栽培形成，广布于全省各地，生于湖塘池沼中。

(29)福建紫萁群系：该群系在浙江仅见于安吉县龙王山千亩田及开化县古田山古田庙边的山地沼泽中，面积较小。

(30)水蓼群系：该群系在浙江淡水湿地中较为常见，通常生于江河滩地、水库消落区及水田等处。

(31)蚕茧蓼群系：该群系多见于杭州、临海、诸暨、瑞安等地的河口入海口、湖塘等处。

(32)绵毛酸模叶蓼群系：该群系广泛分布于全省各地的河滩、水田、浅水沼泽、湖塘的塘岸及水库消落区。

(33)春蓼群系：该群系见于淳安千亩田的高山沼泽中。

(34)大箭叶蓼群系：该群系见于衢江、临安、仙居等地的山区河滩上。

(35)箭叶蓼群系：该群系见于丽水、松阳、文成、青田等地的河滩、水田处。

(36)戟叶蓼群系：该群系见于余杭、绍兴、镇海、安吉等地的河滩、库尾处。

(37)梭鱼草群系*：该群系在杭州、绍兴等地的湖塘旁有栽培，多呈块状分布。

(38)羊蹄群系：该群系广布于全省，见于河滩、湖泊、库塘湿地及水田荒地中。

(39)慈姑群系*：该群系在余杭、海盐等地的水田中有栽培。

(40)无翅猪毛菜群系：该群系见于象山、普陀、岱山等地的沙滩潮上带上。

(41)刺沙蓬群系：该群系见于岱山、普陀的滨海沙滩上。

(42)田菁群系：田菁系外来种，目前浙江的田菁群系多为逸生形成，以定海、普陀、永嘉、瓯海等地较常见，多分布于围垦区、潮上带至潮间带。

(43)加拿大一枝黄花群系：该群系主要分布在江干、慈溪、海盐、定海等地滨海围垦区内的塘岸、荒田上。

(44)黑三棱群系：浙江省黑三棱属共有2种，分别为曲轴黑三棱和黑三棱。其中曲轴黑三棱主要分布于杭州、湖州、衢州、台州、丽水等地，多生于山地沼泽、浅水池塘及河沟中；黑三棱主要分布于义乌、东阳、武义等地，常作药用植物栽培于水田、水池中。

(45)水苏群系：群落分布衢江的河滩上，群落外貌随季相变化明显，春季花开时节，绿叶红花相互交织，观赏效果最好。

(46)再力花群系*：该群系在杭州、绍兴、嘉兴等地的河道、湖泊边缘有大面积栽培。

(47)碱菀群系：该群系分布于海宁、岱山、定海、三门、温岭、洞头、瓯海等地沿海地区，既可生于潮湿的盐碱土上，亦见于稍干燥的滩涂、堤岸上，分布较广，但多为零星且呈条带状或小片状镶嵌于其他盐生植被之间。

(48)水烛群系：该群系广布于全省，生于浅水的湖泊、池塘、河沟、荒芜的水田或滨海堤内低盐水湿地中，起源为人工或逸生。

(49)苍耳群系：该群系主要分布在丽水、衢江、建德、临安等地的河漫滩上。

Ⅱ. 低草杂类草亚型

(1)石菖蒲群系：该群系在浙江山区河流湿地中比较常见，多生于较窄的溪沟岩缝中，面积较小。

(2)藿香蓟群系：该群系在莲都、文成、衢江、临海等地的河滩上均有分布。

(3)喜旱莲子草群系：该群系为全省广布。

(4)皱果苋群系：该群系见于长兴仙山湖的坝脚，群落外貌低矮、整齐。

(5)滨蒿群系：该群系见于象山、温岭、定海等地的潮间带至潮上带。

(6)肾叶打碗花群系：该群落见于普陀、岱山、象山、温岭等地的滨海沙滩上，群落外貌低矮，呈灰绿色，平铺生长在沙滩上。

(7)鸭跖草群系：该群系广布于全省，见于河滩、湖泊、库塘湿地及水田荒地。

(8)泽番椒群系：该群系仅见于衢江区的水田中，群系外貌低矮，结构紧密。

(9)鱼眼菊群系：该群系主要见于衢江乌溪江的河滩上。

(10)谷精草群系：该群系见于临安、衢江、龙游、丽水等地水库库尾、水田及山地沼泽中。

(11)泽漆群系：该群系广布于全省，见于河滩、湖泊、库塘湿地及水田荒地。

(12)珊瑚菜群系：由珊瑚菜组成的群系现仅见于舟山群岛、象山等地的少数沙滩上，分布于潮上沙滩或风成沙地。

(13)厚叶双花耳草群系：该群系见于平阳(南麂岛)、椒江(大陈岛)、普陀等地滨海岩石海岸，常呈条状分布在潮上带的石缝中。

(14)节节草群系：该群系在浙江各地河滩、湖塘岸上、库尾以及水田内均有分布。

(15)天胡荽群系：该群系见于全省河滩、水田、库尾、水沟中。

(16)地耳草群系：该群系见于临安、衢江、松阳、丽水等地河滩上、水田中。

(17)厚藤群系：该群系见于苍南、平阳等地的海湾沙滩上，群系季相变化较大，其中有部分种类叶绿花艳，在滨海沙滩上常形成优美景观。

(18)中华水韭群系：该群系分布于杭州、宁波、绍兴、丽水等地，生于海拔10~1220米的浅水池塘、荒芜水田及山沟沼泽地中。

(19)星花灯心草群系：该群系广泛分布于全省各地，生于水田、沟旁、沼泽地等处，通常见于长年有流水的沼泽状生境中。

(20)野灯心草群系：该群系在浙江较为常见，多生于水田、溪边及水库消落区湿地中。

(21)北美独行菜群系：该群系广布于全省，见于河滩、湖泊、库塘湿地及水田荒地。

(22)中华补血草群系：该群系见于苍南、象山、普陀、椒江、玉环等地的滨海滩涂上。

(23)半边莲群系：该群系在本省河滩、水田、库尾、湖岸等处常见。

(24)假柳叶菜群系：该群系广泛分布于全省水田、洼地等湿地中，有时形成群系，但面积通常较小。

(25)睡菜群系：该群系仅见于临安清凉峰自然保护区海拔1620米的山地沼泽中。

(26)砂引草群系。该群系仅见于舟山群岛，有下列2个群系类型：①盐生型，分布于定海大猫山的围涂海堤内侧。②沙生型，分布于嵊泗、普陀等地滨海沙滩潮上带的风成沙丘上。

(27)粟米草群系：该群系见于文成、临安、建德、桐庐、长兴等地的河滩、库尾处，多呈小块状或条带状分布。

(28)杭州荠苎群系：该群系见于泰顺氡泉自然保护区内的河滩上。

(29)粉绿狐尾藻群系*：该群系见于杭州、绍兴、苍南等地，栽培于河道中，用作美化河道及净化水质之用。

(30)西南水芹群系：该群系见于景宁高山沼泽中。

(31)蓼子草群系：该群系见于临安、淳安、丽水等地的水库消落区及河漫滩上。

(32)尼泊尔蓼群系：该群系见于淳安千亩田高山沼泽中。

(33)习见蓼群系：该群系主要分布于千岛湖库区和太湖湖畔，多见于淤积性潮土或沙石质滩地上。

(34)马齿苋群系：该群系见于长兴、临安、建德、杭州等地河滩中。

(35)蛇含群系：该群系见于衢江、建德、文成、临安等地的水田、河滩中。

(36)三叶朝天委陵菜群系：该群系仅见于千岛湖库区，生于滩地的中部地段。

(37)长刺酸模群系：该群系主要分布于杭州地区，生于水沟、田边及水库滩地等湿地中。

(38)裸柱菊群系：该群系见于临安、衢江、淳安等地的河滩上、库尾，象山的滨海围垦区内。

(39)盐地碱蓬群系：该群系在浙江北部与中部沿海较为常见，多呈条带状生长于含盐量较高且稍干燥的涂泥土上，亦可分布于新围垦区、盐田或养殖塘堤岸的地势稍高处。

(40)毛叶沼泽蕨群系：该群系见于淳安千亩田海拔1280米的沼泽地中。

(41)三腺金丝桃群系：该群系见于龙游、临安、淳安、景宁等地的高山沼泽中。

(42)挖耳草群系：该群系见于景宁、临安、东阳等地的高山沼泽中。

(43)庐山堇菜群系：该群系见于余杭、临安、衢江、景宁等地的山谷河滩上。

(44)二叶丁癸草群系：该群系见于青田瓯江河滩上。

2.2.4.4 藤蔓型湿地植被型

(1)乌蔹莓群系：该群系广布于全省，见于河滩、湖泊、库塘湿地。

(2)野大豆群系：该群系广布于省内低海拔内陆湿地与滨海围垦区。

(3)绞股蓝群系：该群系见于泰顺氡泉保护区溪滩及两岸。

(4)葎草群系：该群系广布于省内的河滩、水田、库尾、湖岸等处。

(5)火炭母群系：该群系见于文成、泰顺的河滩中。

(6)杠板归群系：该群系广泛分布于省内淡水湿地中，特别是浙北湖泊湿地中更为常见。

2.2.5 苔藓湿地植被型组

I. 苔藓湿地植被型

苔藓湿地植被型面积约3公顷，仅有泥炭藓群系1个类型。

(1)泥炭藓群系：该群系见于莲都、景宁、临安、龙游等地的高山沼泽中。

2.2.6 浅水植物湿地植被型组

浅水植物湿地植被主要分布于湖泊、库塘中，根据建群种的生活型不同可分3个植被型。漂浮植物型，面积约1370公顷，以凤眼莲群系面积最大，其次为浮萍群系、紫萍群系、满江红群系、水鳖群系等。浮叶植物型，面积约1333公顷，以菱群系面积最大、分布最广，其次为黄花水龙群系、芡实群系等。沉水植物型，面积约860公顷，以黑藻群系面积最大、分布最广，其次为金鱼藻群系、菹草群系、狐尾藻类群系等。

2.2.6.1 漂浮植物植被型

(1)满江红群系：该群系全省广泛分布。生于湖泊、池塘、沟渠、水田等水体中，密布水面，入秋叶呈紫红色，猩红一片，十分醒目。

(2)凤眼莲群系：该群系在全省湖泊、池塘、沟渠、库湾中均有分布，栽培或逸生。

(3)水鳖群系：该群系主要分布在平原地区，生于池塘、湖泊及沟渠等静水水域中，水深在1米以内。

(4)水禾群系：该群系见于桐乡市白荡漾内。

(5)浮萍群系：该群系见于全省各地湖泊、池塘、水田、水库、沟渠等水面。

(6)大薸群系*：该群系广泛分布于全省各地沟渠、池塘等静水中，为人工种植作饲料或逸生而成。

(7)槐叶苹群系：该群系广泛分布于全省各地静水沟渠、池塘、水田、湖泊等水体中。

(8)紫萍群系：该群系广布全省湖泊、水塘、水田中。

2.2.6.2　浮叶植物植被型

(1)莼菜群系：莼菜为浮叶型多年生植物，野生的见于景宁、泰顺、庆元、文成、瓯海等地，生于海拔600～700米的沟谷静水山塘中；在杭州、湖州市的池塘中，多属人工栽培或有人为经营痕迹。

(2)芡实群系：该群系见于宁波、长兴、嘉兴等地的富黏泥的池塘、湖泊中。

(3)黄花水龙群系：该群系广泛分布于嘉兴、杭州、舟山、台州、温州等市的江河滩地水潭、池塘、沟渠、库湾、河湾、小溪边及其他湿地中。

(4)苹群系：该群系广布于全省水田、浅水池塘及静水河湾，以水田中分布面积最大。

(5)睡莲群系：野生睡莲分布于杭州、湖州、金华、台州、温州等地的山区、半山区，生于山地水塘、池沼中，海拔可达900米，但甚为少见，群系面积通常较小。除野生睡莲外，尚有引种白睡莲、红睡莲、黄睡莲、香睡莲，主要栽培于池塘供观赏。

(6)荇菜群系：该群系广布于全省池塘、河湾及沟渠中，水深多在1米以下。

(7)小叶眼子菜群系：该群系为全省广布的浮叶型植物，生于池塘、湖泊、沟渠中或水库、山塘近岸处。

(8)眼子菜群系：该群系广布于全省，见于深水河湾，静水湖泊、水塘中。

(9)野菱群系：该群系广布于全省，见于深水河湾，静水湖泊、水塘中。

(10)菱群系：菱群系广泛分布于全省各地的池塘、沟渠、水田等水体中。

2.2.6.3　沉水植物植被型

(1)水盾草群系：该群系在杭州、嘉兴、湖州、宁波、绍兴等水网地区均有分布，主要生于水流缓慢、水位稳定的河道、沟渠、池塘中。

(2)金鱼藻群系：该群系广布于全省各地，生于静水或缓流的湖泊、池塘、沟渠、水田等水体中。

(3)黑藻群系：该群系广布于全省各地，生于海拔1300米以下的池塘、湖泊、河流、水库、沟渠中。

(4)穗花狐尾藻群系：该群系广布于全省各地，生于池塘、湖泊、沼泽、河沟、水田及海岸围涂沟渠中。

(5)轮叶狐尾藻群系：该群系广布于全省，见于静水湖泊、水塘中。

(6)小茨藻群系：该群系见于杭州、嘉兴、长兴等地的静水水体中。

(7)水车前群系：该群系见于临安、鄞州、长兴、临海、黄岩等地的湖塘、水田中。

(8)菹草群系：菹草群系广布于全省各地，生于湖泊、库湾、池塘、溪流、沟渠中。

(9)竹叶眼子菜群系：该群系全省广布，生于池塘、湖泊、沟渠中，静水或流水中均有，但喜生于流水中。

(10)篦齿眼子菜群系：该群系主要分布于绍兴、宁波、舟山、台州、衢州等地，生于河沟、池塘等生境中。

(11)川蔓藻群系：该群系分布于宁波、舟山、温州等地，多生于滨海具一定含盐量的围涂内侧水沟、池塘及水洼中。

(12)狸藻群系：该群系全省广布，生于浅水性的池塘、水田、水沟、水潭及水洼中。

(13)亚洲苦草群系：该群系广布于全省，见于深水河湾，静水湖泊、水塘中。

(14)密齿苦草群系：该群系广布于全省，见于深水河湾，静水湖泊、水塘中。

(15)角果藻群系：该群系见于龙湾区的滨海浅水沟渠中。

2.2.7 红树林湿地植被型组

红树林湿地植被见于东部、南部沿海的滩涂上、堤坝上，根据建群种的生物学特性不同，可分为 2 个植被型。红树林湿地植被型，面积约 30 公顷(含 8 公顷以下)，以秋茄树群系分布面积最大。半红树林湿地植被型，面积约 16 公顷(含 8 公顷以下)，以苦槛蓝群系分布面积最大。

2.2.7.1 红树林湿地植被型

(1)秋茄树群系*：温州市沿海地区自 20 世纪 50 年代至 90 年代曾多次引种，因种种原因目前仅在乐清西门岛、鹿城七都岛以及苍南的一些海湾生长尚好。

(2)无瓣海桑群系*：该群系目前在浙江温州灵昆岛的海滩上见有栽培试验。

2.2.7.2 半红树林湿地植被型

(1)海滨木槿群系*：海滨木槿在浙江仅分布于舟山定海和宁波镇海、象山等地，过去曾形成较大面积，但近些年的经济开发活动使得大部分植株被毁，现多以零星状态残留。温州、象山、椒江、定海等地已用海滨木槿造林。

(2)苦槛蓝群系*：该群系在浙江的玉环、洞头、瑞安、温岭等地的堤坝、海塘上有栽培。

2.3 植被分布

2.3.1 近海与海岸湿地

近海与海岸湿地有 9 个植被型，48 个群系。一般而言，近海与海岸湿地植物群系的种类组成通常比较单调，结构也较简单，群系中木本植物较为少见。这是因为滨海生境较为严酷，且有一定稳定性，能很好适应的植物不多。由于生境土壤均具一定含盐量，且局部地段为沙地，故种类多由耐盐植物或沙生植物组成。盐生植物通常呈现出肉质化或根茎发达等特征；沙生植物则往往表现为根系特别发达。在近海与海岸湿地植被建群种中有南北沿海广布性种类如芦苇、互花米草、糙叶薹草、盐地碱蓬等；也有一些南北不同的种类，如仅见于宁波、舟山等东部沿海的海滨木槿、砂引草、海三棱藨草、盐角草、无翅猪毛菜、刺沙蓬、珊瑚菜等；仅见于台州、温州等东南部、南部沿海的如咸水草、秋茄树、铺地黍、蟛蜞菊、甜根子草、厚藤、苦槛蓝等。这些种类中，如芦苇、海三棱藨草、柽柳、互花米草等可形成大面积群落，又如甜根子草、珊瑚菜、单叶蔓荆、砂引草、苦槛蓝、秋茄树等分布狭窄，相应组成的群落面积也较小。

2.3.2 河流湿地

河流湿地有 7 个植被型，91 个群系，主要群系为枫杨林、斑茅群系、芦竹群系、马尾松林等。相对来看，河流湿地植物群系的区系组成最为复杂，结构上往往形成明显层次，木本植物出现也较多，有的甚至为木本植物群系，既有广布性湿生种类，也有随遇性杂草，部分中生甚至旱生种类也可出现。这是因为这类生境每年均遭洪水短期淹没，但多数时间仍较干燥，能适应的植物较多之故。浙江省河流湿地中除最具优势的种类为枫杨、斑茅、水蓼等建群种外，在南北部不同地区河滩中建群种、伴生种上也各有特色。如在北部河流中建群种多为枫杨，而在中南部河流中除了枫杨外，还大面积分布有马尾松；在伴生种方面，中南部河流中分布有梵天花、肖梵天花、白前、二叶丁癸草等；湖州市的河滩地上分布有丰富的刚竹属竹林，具有一定的北部河滩特色；温州市河滩上分布的温州水竹群系，则具有一定的南部河滩的特色。

2.3.3 湖泊湿地

湖泊湿地有6个植被型，87个群系，由于静水、深水、水底有机质含量高等特质，是省内水生、沼生植被的主要聚居地。浙江省湖泊湿地较少，且往往因各种因素如旅游、围垦、基建、水产养殖等受人为干扰较为严重，湿地植被通常也呈支离破碎状态，大面积群系较为少见。由于水环境的极端性，群系类型和种类组成均较单一，以广布性的水生植物为主，通常为单优群系，如芦苇群系、野菱群系、水鳖群系、菰群系、苦草群系、金鱼藻群系等。局部湖泊也分布有一些狭域性群系，如太湖上的荇菜群系，德清的竹叶眼子菜群系、水蕨群系等。

2.3.4 沼泽湿地

浙江沼泽湿地按分布区不同，可分为山地沼泽湿地和平原沼泽湿地。因平原沼泽湿地植被类型与湖泊、库塘湿地植被类型较为相近，故在此主要对山地沼泽湿地被植类型作介绍。

山地沼泽湿地有8个植被型，41个群系，主要群系为沼原草群系、玉蝉花群系、芒群系、华东藨草群系、萱草群系等。山地沼泽由于地处偏远，远离人烟，人为干扰较少，分布着大量的特有、稀有群系，如景宁的江南桤木林、曲轴黑三棱群系、莼菜群系，临安清凉峰的睡菜群系、假鼠妇草群系，丽水的睡莲群系，淳安的毛叶沼泽蕨群系等，以及多种特有植物，如山梗菜、西南水芹、三腺金丝桃、龙塘山谷精草等。

山地沼泽植被类型既有复杂性又有特殊性，群系优势种多为多年生草本，也有灌木状散生竹种，有时还有乔木树种。组成群系的种类较丰富，层次分明，通常以沼生植物为主，但有时也会出现一些旱生种类，如黄山松、映山红等。这可能因沼泽地是一相对稳定的生境，分布在周围山坡上的树种大量下种到沼泽地中，最终有少量种子在突起的小土丘上发芽并逐渐适应其环境之故。

2.3.5 人工湿地

人工湿地有9个植被型，115个群系，主要群系为狗牙根群系、双穗雀稗群系、虉草群系、蓼子草群系、旋鳞莎草群系、习见蓼群系、三叶朝天委陵菜群系、黄花蒿群系、荻群系等，常见于库塘湿地中。

在水库消落区中距河口较远且地势较低处的植物群系组成通常较为简单，均为一年生植物或多年生宿根性的薹草类及禾草类植物，多成单优群系，伴生植物的种类及个体均较少，并且各库区的群系类型也大致相同。一年生植物群系通常呈低矮的单层型，平整划一，形如地毯；多年生植物群系通常较高，密集而整齐，如千岛湖库尾植被群落。湿地植物能很好适应水库消落区生境并形成优势的植物并不多，一年生植物主要有习见蓼、蓼子草、地耳草、旋鳞莎草、茵草、三叶朝天委陵菜等；宿根性草本主要有牛鞭草、芒尖薹草、单性薹草、垂穗薹草、翼果薹草、虉草等。

水塘湿地特点与湖泊有些相似，但面积较小。因分布区的生态环境多样，组成群系的种类也相对要复杂一些，各水塘间的群系优势种类也往往有一定差异。优势种类主要有喜旱莲子草、满江红、浮萍、紫萍、槐叶苹、菱、凤眼莲、大薸、秕壳草、水蓼、水盾草等。

水产养殖场湿地由于人为活动较为强烈，植被群落结构更为单一，即水面上往往无植被，偶见有小面积的浮萍群系、紫萍群系；塘坝上常见有升马唐群系、田菁群系、碎米莎草群系等，均以一年生的草本植物为主。

第二节 湿地脊椎动物

1 鱼 类

1.1 种类组成

浙江省海岸线绵长，内陆水域广阔，河道纵横交错，鱼塘星罗棋布，海洋和淡水鱼类资源十分丰富，共有鱼类699种(不含深海鱼类)，约占全国鱼类种数的16.40%，隶属38目169科。其中，近海与海岸湿地鱼类(近海鱼类)528种，以鲈形目229种占绝对优势，分别占浙江湿地鱼类种数的32.76%和近海与海岸湿地鱼类种数的43.37%；淡水鱼类171种，以鲤形目104种占绝对优势，分别占浙江湿地鱼类种数的14.88%和淡水鱼类种数的60.82%。

表3-10 湿地鱼类种类组成(个)

目	科	种			目	科	种		
		合 计	近海鱼类	淡水鱼类			合 计	近海鱼类	淡水鱼类
六鳃鲨目	1	1	1		鲇形目	7	30	3	27
虎鲨目	1	2	2		银汉鱼目	1	1	1	
鼠鲨目	3	3	3		颌针鱼目	3	16	16	
须鲨目	2	3	3		鳕形目	3	7	7	
真鲨目	4	13	13		鼬鳚目	1	2	2	
角鲨目	1	3	3		金眼鲷目	1	1	1	
扁鲨目	1	1	1		海鲂目	1	1	1	
锯鲨目	1	1	1		刺鱼目	3	11	11	
锯鳐目	1	1	1		鲻形目	3	12	12	
鳐形目	5	11	11		鲈形目	58	256	229	27
鲼形目	5	14	14		鲉形目	10	36	36	
电鳐目	1	2	2		鲽形目	6	39	39	
银鲛目	1	1	1		鲀形目	7	32	32	

（续）

目	科	种			目	科	种		
		合 计	近海鱼类	淡水鱼类			合 计	近海鱼类	淡水鱼类
鲟形目	2	3	2	1	海蛾鱼目	1	1	1	
海鲢目	3	3	3		鮟鱇目	3	5	5	
鲱形目	4	33	32	1	鲤形目	5	104		104
鼠鱚目	2	2	2		鳉形目	1	1		1
鲑形目	5	13	7	6	合鳃目	1	1		1
灯笼鱼目	3	7	7		合 计	169	699	528	171
鳗鲡目	8	26	23	3					

1.2 分布特征

1.2.1 近海与海岸湿地鱼类

由于地理位置和环境条件不同，生物生态习性和受季节变化的影响，浙江省各海区优势和主要种的分布，既具有多种鱼类相互重叠和互相交替出现的多样性特征，又具有各种鱼类自身的分布规律与差异。

(1)浙北海区：根据全省海岛调查资料可知，该海区全年出现主要鱼类31种，其中等深线10米以内的浅海水域出现24种。浅海水域春季鱼类主要种有鰕虎鱼类、梅童鱼、鲳鱼、龙头鱼、鳀鱼、孔鰕虎鱼、红狼牙鰕虎鱼、马鲛鱼等8种；夏季有鰕虎鱼类、梅童鱼、黄鲫、鲳鱼、小黄鱼、带鱼、鲻鱼、矛尾鰕虎鱼、叫姑鱼等9种；秋季有梅童鱼、黄鲫、带鱼、鰕虎鱼类、鲚鱼、青鳞鱼、叫姑鱼、斑鰶、七星鱼、小沙丁鱼等10种；冬季有鰕虎鱼类、鲚鱼、龙头鱼、梅童鱼、叫姑鱼、鮸鱼、孔鰕虎鱼、红狼牙鰕虎鱼、黄吻棱鳀、鳐等10种。

(2)浙中海区：该海区全年出现主要鱼类34种，其中等深线10米以内的浅海水域出现21种。浅海水域春季鱼类主要种有鲚鱼、鰕虎鱼类、鲀类、鳀鱼、舌鳎类、青鳞鱼、鳗类、梅童鱼、小公鱼等9种；夏季有鲀类、鳀鱼、小公鱼、鰕虎鱼类、带鱼、龙头鱼等6种；秋季有小公鱼、鰕虎鱼类、龙头鱼、棱鳀、鳗类、鲻鱼、鲐鲹、青鳞鱼、斑鰶等9种；冬季有龙头鱼、凤鲚、尖牙鰕虎鱼、带鱼、黄鲫、七星鱼、梅童鱼、鳀鱼、鰕虎鱼类等9种。

(3)浙南海区：该海区全年出现主要鱼类38种，其中等深线10米以内的浅海水域出现26种。浅海水域春季鱼类主要种有鳀鱼、棱鲻、小公鱼、红狼牙鰕虎鱼、七星鱼、赤鼻棱鳀、大黄鱼、凤鲚、矛尾鰕虎鱼、栉孔鰕虎鱼等10种；夏季有带鱼、龙头鱼、白姑鱼、凤鲚、梅童鱼、棱鲻、黑姑鱼、银鲳、黄鲫、中国鲳、中华小公鱼、棱鳀、马鲅、鰕虎鱼类、蓝子鱼等15种；秋季有龙头鱼、青鳞鱼、鲻鱼、凤鲚、中华小公鱼、黄鲫、梅童鱼、康氏小公鱼等8种；冬季有中颌棱鳀、龙头鱼、孔鰕虎鱼、梅童鱼、大黄鱼、红狼牙鰕虎鱼、赤鼻棱鳀等7种。

1.2.2 淡水鱼类

浙江淡水鱼类共有171种，隶属9目25科，其中在全省广泛分布的有66种，占38.60%。它们通常分布于各水系江、河、溪流及湖泊、水库、池塘等附属水体。常见种有棒花鱼、三角鲂、中华鳑鲏、高体鳑鲏、鲤鱼、鲫鱼、青鱼、草鱼、鳙鱼、鲢鱼、青鳉、翘嘴红鲌、戴氏红鲌、红鳍鲌、黑鳍鳈、华鳈、大眼华鳊、银鲴、嵊县胡鮈、似鮈、蛇鮈、银色颌须鱼、点纹颌须鱼、鲇、鳡鱼、宽鳍鱲、斑鳜、泥鳅、中华花鳅、刺鳅、黄鳝、鳗鲡、黄颡鱼、乌鳢、沙塘鳢、子陵栉鰕虎鱼等40种。

浙江主要水系除运河属人工河流，苕溪属长江水系外，其余均独流入海。由于山脉与海洋的阻隔等因素，使各水系淡水鱼类资源分布情况各具特色。各水系淡水鱼类种类分布情况见表3-11。

表3-11 八大水系淡水鱼类种类组成

分类单位	项 目	钱塘江水系	苕溪水系	甬江水系	椒江水系	瓯江水系	飞云江水系	鳌江水系	运河水系	全 省
目	数量(个)	8	8	7	7	8	7	7	7	9
	比例(%)	88.89	88.89	77.77	77.77	88.89	77.77	77.77	77.77	100.00
科	数量(个)	23	20	18	20	21	20	20	17	25
	比例(%)	92.00	80.00	72.00	80.00	84.00	80.00	80.00	68.00	100.00
种	数量(个)	136	105	95	93	104	82	82	85	171
	比例(%)	79.53	61.40	55.56	54.39	60.82	47.95	47.95	49.71	100.00

(1)钱塘江水系：该水系是浙江最大的水系，共有淡水鱼类136种，隶属8目23科。除全省广布性的种类外，常见种有暗鳜、白头鳜、鳊、波氏栉鰕虎鱼、喀氏栉鰕虎鱼、寡鳞飘鱼、鳜鱼、蒙古红鲌、台湾铲颌鱼、西湖颌须鱼、银飘等11种。

(2)苕溪水系：该水系共有淡水鱼类105种，隶属8目20科。除全省广布性的种类外，尚有常见种鳊、波氏栉鰕虎鱼、寡鳞飘鱼、鳜鱼、蒙古红鲌、彩石鲋、鳍鱼等7种，其中鳍鱼在浙江范围内目前仅见于该水系和运河水系。

(3)甬江水系：该水系共有淡水鱼类95种，隶属7目18科。除全省广布性的种类外，尚有常见种鳊、彩石鲋、寡鳞飘鱼、鳜鱼、蒙古红鲌等5种。

(4)椒江水系：该水系共有淡水鱼类93种，隶属7目20科。除全省广布性的种类外，尚有常见种波氏栉鰕虎鱼、寡鳞飘鱼、台湾铲颌鱼、褐栉鰕虎鱼等4种。

(5)瓯江水系：该水系是浙江第二大水系，共有淡水鱼类104种，隶属8目21科。除全省广布性的种类外，尚有常见种寡鳞飘鱼、褐栉鰕虎鱼、台湾铲颌鱼、暗鳜、白头鳜、戴氏栉鰕虎鱼、中华鳗鲡等7种。

(6)飞云江水系：该水系共有淡水鱼类82种，隶属7目20科。除全省广布性的种类外，尚有常见种波氏栉鰕虎鱼、褐栉鰕虎鱼、中华鳗鲡、台湾铲颌鱼等4种。

(7)鳌江水系：该水系共有淡水鱼类82种，隶属7目20科。常见种与飞云江水系基本一致。

(8)运河水系：该水系共有淡水鱼类85种，隶属7目17科。除全省广布性的种类外，尚有常见种鳜鱼、彩石鲋、鳍鱼、西湖颌须鱼等4种。

1.3　保护物种

浙江鱼类有国家重点保护的珍稀濒危鱼类 8 种。其中，国家Ⅰ级保护 3 种，国家Ⅱ级保护 5 种；浙江省特有种 11 种(表 3-12)。

中华鲟属国家Ⅰ级保护易危种，分布于钱塘江、瓯江河口及其江河中，也见于舟山群岛浅海海域，在近海生长，有溯河性。白鲟属国家Ⅰ级保护濒危种，分布于钱塘江河口及江河中。达氏鲟属国家Ⅰ级保护易危种，分布于温州市飞云江、瓯江，属淡水定居性鱼类，有溯河性。大海马属国家Ⅱ级保护种，仅分布于温州市南麂列岛浅海海藻丛中。黄唇鱼属国家Ⅱ级保护种，只见于温州市浅海水域底层。松江鲈鱼属国家Ⅱ级保护濒危种，分布于杭州、嘉兴、绍兴、宁波、温州沿岸浅海及钱塘江、甬江、鳌江河口区。花鳗鲡属国家Ⅱ级保护种，分布于瓯江、飞云江、鳌江、椒江水系，属河口性鱼类。香鱼属国家Ⅱ级保护易危种，分布于宁海凫溪、椒江、北雁荡、飞云江、鳌江等水系。

表 3-12　珍稀濒危鱼类种类与分布一览表

中　名	保护类别	浅海水域	钱塘江	苕　溪	甬　江	椒　江	瓯　江	飞云江	鳌　江	运　河
中华鲟	国家Ⅰ级	√	√				√			
白鲟	国家Ⅰ级		√							
达氏鲟	国家Ⅰ级						√	√		
大海马	国家Ⅱ级	√								
黄唇鱼	国家Ⅱ级	√								
松江鲈鱼	国家Ⅱ级	√	√		√				√	
花鳗鲡	国家Ⅱ级					√	√	√	√	
香鱼	国家Ⅱ级					√		√	√	
伍氏白鱼	浙江特有种		√							
金华拟鳘	浙江特有种		√	√			√			
少耙鳅鮀	浙江特有种		√				√			
长须鳅鮀	浙江特有种		√							
裸胸鳅鮀	浙江特有种		√							
斑条花鳅	浙江特有种		√		√		√			
天台薄鳅	浙江特有种					√				
原缨口鳅	浙江特有种		√	√	√	√	√	√	√	√
盎堂拟鲿	浙江特有种		√	√						
雀斑栉鰕虎鱼	浙江特有种					√			√	
密点栉鰕虎鱼	浙江特有种			√						
合　计		5	11	4	3	5	7	4	5	1

2 两栖类

2.1 种类组成

根据全省第二次湿地资源调查，并参考有关资料，两栖动物在湿地内均有分布，浙江共44种，隶属有尾目、无尾目2目9科。在9个科级水平上，蛙科的种类最多，有19种，占43.18%；蝾螈科次之，有5种，占11.36%。

2.2 区系成分

浙江湿地两栖动物区系以东洋界华中区为主，44种两栖动物中，东洋界成分38种，占86.36%，其中华中区23种，占东洋界成分的60.53%；华中华南区15种，占39.47%；分布于福建、江西的华南区系成分未渗入本省。古北界成分的仅6种，占13.64%(表3-13)。

与相邻省比较，浙江湿地两栖动物区系与福建最相近，其次为江西和安徽，而与江苏有明显差别。

表3-13 湿地两栖类种类组成、分布与区系

目	科(个)	种(个)	地理分布(种)					从属区系(种)		
			浙北平原	浙西丘陵盆地	浙东丘陵	浙南山区	海岛区	东洋界		古北界
								华中区	华中华南区	
有尾目	3	8	1	5	5	5	2	7		1
无尾目	6	36	15	24	18	33	14	16	15	5
合　计	9	44	16	29	23	38	16	23	15	6

2.3 分布特征

2.3.1 地理分布

根据湿地两栖动物的分布现状和浙江自然地理状况，全省分为5个地理区：

(1)浙北平原区：本区生态环境单调，种类稀少。已知湿地两栖动物16种，占全省种数36.36%，其中有尾目仅东方蝾螈1种，无尾目15种，无斑雨蛙、北方狭口蛙为本区特有种。

(2)浙东丘陵区：本区是典型的丘陵区，山间有少量平原，生境复杂。已知两栖动物23种，占全省种数52.27%，其中有尾目5种，无尾目18种，镇海棘螈为本区特有种。

(3)浙西丘陵盆地区：本区地面切割强烈，沟谷纵横交错，生境复杂。已知两栖动物29种，占全省种数65.91%，其中有尾目5种，无尾目24种，该区内分布的大绿臭蛙、竹叶蛙、武夷湍蛙、无斑肥螈、中国瘰螈为这些种的最北分布区，安吉小鲵为本区特有种。

(4)浙南山区：本区植被茂密，生境复杂，是本省动物区系最丰盛的地区。已知两栖动物38种，占全省种数86.36%，特有种类多，如黑斑肥螈、崇安髭蟾、鳖掌突蟾、大头蛙、崇安湍蛙、

华南雨蛙和粗皮姬蛙等，此区也是大鲵的主要分布区。

(5)海岛区：本区面积较小，生态环境严酷，动物种类稀少。已知两栖动物16种，占全省种数36.36%，无特有种。

2.3.2 生境分布

一般来说，各种淡水水域都是两栖动物栖息的场所。但不同类群的两栖类生活在不同的淡水水域环境中，这与两栖动物的生活习性及活动方式有一定关系。

从河流湿地类型上看，两栖动物一般鲜见于大江大河水域，而主要以常年流水的小河、山区溪流为栖息场所。这些两栖类物种在浙江省的种类主要有有尾目的小鲵属、大鲵属、肥螈属和瘰螈属，无尾目的锄足蟾科、蛙科的湍蛙属、棘胸蛙、花臭蛙等。这些种类的垂直分布范围虽较广，海拔100~1500米均有分布，但多数分布在海拔800米以下的山区。

从湖泊及库塘湿地类型上看，水体一般较深、表面宽阔，因而适于水蛙类型的物种栖息。在浙江省的两栖动物中，主要有弹琴水蛙、沼水蛙、阔褶水蛙等。这些种类的垂直分布范围也较广，海拔30~1500米均有分布，但大多数种类主要分布于海拔1000米以下的区域。

稻田湿地及沼泽湿地所栖息的两栖动物种类较多，主要有蟾蜍科种类，树蛙科种类，姬蛙科种类和蛙科中的泽陆蛙、黑斑侧褶蛙、金线侧褶蛙、镇海林蛙、虎纹蛙等。这些种类的垂直分布范围最广，几乎在海拔0~1800米均有分布，但大多数种类主要分布于海拔800米以下区域。

沼泽化草甸湿地所栖息的两栖动物种类相对较少，主要是一些分布于较高海拔地区的种类，在繁殖季节分布于该湿地进行产卵繁殖的类群，如安吉小鲵等。

2.4 保护物种

安吉小鲵、镇海棘螈为浙江省特有种。其中，安吉小鲵属极危种，仅分布在安吉龙王山自然保护区内，种群数量极少；镇海棘螈，国家Ⅱ级保护动物，属濒危种，分布于宁波北仑瑞岩寺林场周边，种群数量稀少。

大鲵、虎纹蛙为国家Ⅱ级保护动物，其中大鲵属极危种，种群数量较少。

崇安髭蟾、凹耳蛙、大树蛙属于浙江省重点保护物种，其中崇安髭蟾属于濒危种，凹耳蛙属易危种。

3 爬行类

3.1 种类组成

根据全省第二次湿地资源调查，并参考有关资料，浙江省湿地爬行类动物有54种，隶属4目14科，分别占全省爬行动物目、科、种的100%、93.33%、65.85%。其中，龟鳖目5科11种，蜥蜴目4科9种，蛇目4科33种，鳄目1科1种。在科级水平上，以游蛇科最大，共23种，占42.59%；蝰科次之，有5种，占9.26%(表3-14)。

表 3-14 湿地爬行类种类组成、分布与区系

<table>
<tr><td rowspan="3">目</td><td rowspan="3">科（个）</td><td rowspan="3">种（个）</td><td colspan="6">地理分布(种)</td><td colspan="5">从属区系(种)</td></tr>
<tr><td rowspan="2">浙北平原区</td><td rowspan="2">浙西丘陵盆地区</td><td rowspan="2">浙东丘陵区</td><td rowspan="2">浙南山区</td><td rowspan="2">海岛区</td><td rowspan="2">沿海近海区域</td><td colspan="4">东洋界</td><td rowspan="2">古北界东洋界</td></tr>
<tr><td>华南区</td><td>华中区</td><td>华中华南区</td><td>华中西南区</td></tr>
<tr><td>龟鳖目</td><td>5</td><td>11</td><td>6</td><td>6</td><td>5</td><td>6</td><td>3</td><td>5</td><td>1</td><td>1</td><td>6</td><td></td><td>3</td></tr>
<tr><td>蜥蜴目</td><td>4</td><td>9</td><td>9</td><td>8</td><td>9</td><td>9</td><td>9</td><td></td><td></td><td>5</td><td>3</td><td></td><td>1</td></tr>
<tr><td>蛇　目</td><td>4</td><td>33</td><td>26</td><td>26</td><td>26</td><td>23</td><td>14</td><td>3</td><td>2</td><td>4</td><td>20</td><td>1</td><td>6</td></tr>
<tr><td>鳄　目</td><td>1</td><td>1</td><td>1</td><td></td><td></td><td></td><td></td><td></td><td></td><td>1</td><td></td><td></td><td></td></tr>
<tr><td>合　计</td><td>14</td><td>54</td><td>42</td><td>41</td><td>40</td><td>38</td><td>26</td><td>8</td><td>3</td><td>11</td><td>29</td><td>1</td><td>10</td></tr>
</table>

3.2 区系成分

浙江湿地的爬行动物区系以东洋界的华中华南区为主。东洋界成分 44 种，占 81.48%，其中华南区 3 种，占东洋界成分的 6.82%；华中区 11 种，占东洋界成分的 25.00%；华中华南区 29 种，占东洋界成分的 65.91%，华中西南区 1 种，占东洋界成分的 2.27%。古北界东洋界 10 种，占 18.52%。

浙江湿地的 54 种爬行动物，与江苏省相同的有 34 种，占 62.96%；与安徽省相同的有 37 种，占 68.52%；与江西省相同的有 42 种，占 77.78%；与福建省相同的多达 51 种，占 94.44%。说明与福建省的种最相近，南、北两方的爬行动物均渗入本省。

3.3 分布特征

3.3.1 地理分布

根据湿地爬行动物的分布现状和浙江自然地理状况，全省分为 6 个地理区：

(1)浙北平原区：本区湿地已知爬行动物 42 种，占全省种数 77.78%。优势种有乌龟、中华鳖、石龙子、王锦蛇、红点锦蛇、赤链蛇、乌梢蛇、蝮蛇等，扬子鳄为本区特有种。

(2)浙东丘陵区：本区湿地已知爬行动物 40 种，占全省种数 74.07%。优势种有乌龟、中华鳖、石龙子、王锦蛇、灰鼠蛇、乌梢蛇、小头蛇、五步蛇、蝮蛇、竹叶青等。

(3)浙西丘陵盆地区：本区湿地已知爬行动物 41 种，占全省种数 75.93%。优势种有乌龟、中华鳖、石龙子、红点锦蛇、赤链蛇、乌梢蛇、小头蛇、五步蛇、竹叶青等。

(4)浙南山区：本区湿地已知爬行动物 38 种，占全省种数 70.37%。优势种有平胸龟、乌龟、北草蜥、水赤链游蛇、王锦蛇、灰鼠蛇、乌梢蛇、翠青蛇、小头蛇、五步蛇、眼镜蛇、竹叶青等，特有种类有挂墩后棱蛇、鼋等。

(5)海岛区：本区湿地已知爬行动物 26 种，占全省种数 48.15%，优势种有北草蜥、王锦蛇、乌梢蛇、眼镜蛇等。

(6)沿海近海区域：本区湿地已知爬行动物 8 种，占全省种数 14.81%，浙江沿海种群数量较小，均为本区特有种。

3.3.2　生境分布

(1)近海与海岸湿地：分布于该类湿地的爬行动物主要有海洋龟类和海蛇类，种类有蠵龟、海龟、玳瑁、丽龟、棱皮龟、青环海蛇、黑头海蛇、长吻海蛇等8种。

(2)河流湿地：生活在河流及其附近的爬行动物常见的蛇类有虎斑颈槽蛇、赤链华游蛇、华游蛇和山溪后棱蛇；在龟鳖类中，平胸龟、乌龟和中华鳖等为常见种。

(3)湖泊湿地：生活在该湿地类的常见的蛇类有红点锦蛇、灰鼠蛇等；在龟鳖类中，中华鳖和乌龟为常见种。

(4)沼泽湿地：该湿地类中常见的蛇类有华游蛇、草腹链蛇、赤链蛇、赤链华游蛇和虎斑颈槽蛇等；蜥蜴类中北草蜥、石龙子、蓝尾石龙子和蝘蜓等为常见种。

(5)人工湿地：该湿地类中常见的蛇类有华游蛇、草腹链蛇、赤链蛇、赤链华游蛇、虎斑颈槽蛇、乌梢蛇和蝮蛇等；蜥蜴类中常见的有北草蜥、石龙子和蓝尾石龙子等。

3.4　保护物种

鼋目前在瓯江已难觅其踪迹，扬子鳄野生种已被转移到固定场所加以保护，两者均属于国家Ⅰ级保护动物。海龟、玳瑁、丽龟、棱皮龟、蠵龟等5种海洋龟类均属于国家Ⅱ级保护动物，其中前4种目前已处于极危状态，蠵龟也正处濒危状态。脆蛇蜥、平胸龟、黑眉锦蛇、滑鼠蛇、眼镜蛇、赤峰锦蛇、五步蛇等7种被列为省级重点保护动物。

4　湿地鸟类

4.1　种类组成

根据全省第二次湿地资源调查，并参考有关资料，浙江省湿地鸟类276种，隶属18目58科，分别占全省鸟类目、科、种的94.74%、84.06%、59.48%。其中湿地水鸟186种，占全省湿地鸟类69.73%。

湿地鸟类中雀形目有64种，非雀形目鸟类212种。非雀形目湿地鸟类中以鸻形目最多56种，雁形目次之33种，鸥形目第三28种；其余依次为：鹳形目25种、鹤形目15种、隼形目14种、佛法僧目7种、鸮形目7种、鹱形目5种、鹈鹕目5种、鹈形目5种、鸽形目2种、鸡形目2种、鹃形目2种、鸳形目2种、潜鸟目2种、雨燕目2种(表3-15)。

表3-15　湿地鸟类种类组成

目	科		种	
	数量(种)	比例(%)	数量(种)	比例(%)
潜鸟目	1	1.72	2	0.72
鹈鹕目	1	1.72	5	1.81
鹱形目	3	5.17	5	1.81

（续）

目	科		种	
	数量(种)	比例(%)	数量(种)	比例(%)
鹈形目	4	6.90	5	1.81
鹳形目	3	5.17	25	9.06
雁形目	1	1.72	33	11.96
隼形目	2	3.45	14	5.07
鸡形目	1	1.72	2	0.72
鹤形目	3	5.17	15	5.44
鸻形目	7	12.07	56	20.29
鸥形目	4	6.90	28	10.15
鸽形目	1	1.72	2	0.73
鹃形目	1	1.72	2	0.73
鸮形目	2	3.45	7	2.55
雨燕目	1	1.72	2	0.73
佛法僧目	2	3.45	7	2.55
䴕形目	2	3.45	2	0.73
雀形目	19	32.76	64	23.19
合 计	58	100.00	276	100.00

4.2 居留型

浙江省湿地鸟类中以冬候鸟的种类最多105种，占38.04%；留鸟次之，68种，占24.64%；旅鸟和夏候鸟分别有52种和51种，各占18.84%和18.48%(表3-16)。

4.2.1 冬候鸟

冬候鸟105种，占38.04%，其中以鸻形目、鸥形目和雁形目最多，它们中又以古北界种类占据了绝大部分。这些鸟类高度依赖于湿地生境，以稻谷、藻类、鱼类、软体动物等为食。它们一般繁殖于我国的东北、华北及境外寒温带地区，秋冬季节沿着海岸线迁飞到长江中下游至华南一带越冬，有的可继续南飞至东南亚、澳大利亚和新西兰等地，翌年3～5月份返回繁殖地。常见的有鸬鹚、针尾鸭、白眉鸭、红头潜鸭、凤头潜鸭、骨顶鸡、红脚鹬和灰背鸥等。

4.2.2 夏候鸟

夏候鸟51种，占18.48%，以雀形目、鹳形目、鸥形目为主。夏候鸟中大部属分布于东洋界的鸟类，有36种，占夏候鸟69.23%。这些鸟类绝大部分在湿地上繁殖，如大白鹭、中白鹭、夜鹭、牛背鹭、绿鹭、黄斑苇鳽、白胸苦恶鸟、白额燕鸥和大凤头燕鸥等。

4.2.3 旅 鸟

旅鸟52种，占18.84%，以鸻形目占优势，其中绝大部分属分布于古北界的鸟类，有48种，占旅鸟的94.12%。这些鸟主要出现在春、秋两季，停留时间较短，其中秋季停歇的时间较春季稍长。其种群数量在该湿地极不稳定，据资料分析它们过境的数量和停歇的时间与天气情况密切相关。如果天气晴好，特别是在春季，它们在本湿地几乎不做停歇继续迁飞；如果遇上天气恶劣，则他们在本湿地停留的时间相对较长。较为常见有：金斑鸻、普通燕鸻、青脚滨鹬、中杓鹬、斑尾塍鹬、黑尾塍鹬和黑翅长脚鹬等。

4.2.4 留 鸟

留鸟68种，占24.64%，其中以雀形目为主。它们常年留居和繁殖在本省，较为常见的有：普通翠鸟、冠鱼狗、蓝翡翠、戴胜、珠颈斑鸠、白鹭、苍鹭、黑水鸡、黑尾鸥、小䴙䴘、白头鹎、鹊鸲、白鹡鸰、大山雀、画眉、鸢和斑头鸺鹠等。

4.3 地理型

浙江省地处动物地理区划东洋界中印亚界华中区东部丘陵和华南区闽广沿海亚区的交汇处。根据动物地理区划，浙江省湿地鸟类可分为3类，其中古北界种167种，占60.51%；其次是东洋界种89种，占32.25%；广布种最少仅20种，占7.24%(表3-16)。

表3-16 湿地鸟类居留型与地理型种类统计

目	种	居留型				地理型		
		冬候鸟	夏候鸟	留 鸟	旅 鸟	古 北	东 洋	广 布
潜鸟目	2	2					1	1
䴙䴘目	5	3		1	1	18	9	1
鹱形目	5		3		2	32	1	
鹈形目	5	3	1	1			1	1
鹳形目	25	5	14	3	3		2	3
雁形目	33	32	1				2	
隼形目	14	6	1	5	2	1	6	
鸡形目	2			2		7	6	1
鹤形目	15	7	5	2	1	3	1	1
鸻形目	56	19	1	1	35	11	13	1
鸥形目	28	15	9	2	2	54	2	
鸽形目	2			2		2		
鹃形目	2		2				1	1
鸮形目	7	1	1	5		1	5	1
雨燕目	2		2			26	31	7
佛法僧目	7		1	5	1	4		1
䴕形目	2			2		8	7	
雀形目	64	12	10	37	5		1	1
合 计	276	105	51	68	52	167	89	20

4.4 数量分析

浙江近海与海岸湿地面积较大，且类型多样，其特殊的气候和地理、地貌及广阔的滩涂为各种游禽、涉禽鸟类提供了良好的觅食、栖息场所。同时由于海岸湿地处于各路候鸟迁徙的路线上，旅鸟种类丰富。

根据第二次全国湿地资源调查记录，在近海与海岸湿地共观察记录到湿地鸟类100种，其中水鸟55种，隶属9目14科。白鹭、中白鹭、黄嘴白鹭、夜鹭、黑水鸡、白腰草鹬、须浮鸥、环颈鸻、鸬鹚、斑嘴鸭、绿翅鸭和绿头鸭等30种在内陆湿地也有发现。在近海与海岸湿地中记录到的55种水鸟中，以骨顶鸡、白鹭、环颈鸻、黑腹滨鹬、斑嘴鸭、牛背鹭和青脚鹬等8种的数量较大。

在内陆湿地共观察记录到湿地鸟类128种，其中水鸟48种，隶属8目14科。河流湿地常见的水鸟有苍鹭、池鹭、白鹭、夜鹭、绿翅鸭、绿头鸭、斑嘴鸭、白眉鸭、普通秋沙鸭、黑水鸡等。湖泊湿地常见的水鸟有夜鹭、绿头鸭、绿翅鸭、白眉鸭、斑嘴鸭、鸬鹚等，还有鸥科的若干种也较为常见；水库湿地常见的水鸟有小䴙䴘、鸬鹚、绿翅鸭、斑嘴鸭、白眉鸭、绿头鸭等。

由表3-17可知，白鹭无论在内陆湿地还是在近海与海岸湿地，出现种群数量最多，均在万只以上；在近海与海岸湿地中，骨顶鸡、环颈鸻、黑腹滨鹬等3种水鸟的记录数量也都在万只以上；内陆湿地中，牛背鹭、夜鹭的记录数量也有近万只。

表3-17 调查记录到水鸟数量排序前10名的种类

序 号	近海与海岸湿地		内陆湿地	
	种 名	记录数量	种 名	记录数量
1	骨顶鸡	+ + + +	白鹭	+ + + +
2	白鹭	+ + + +	牛背鹭	+ + +
3	环颈鸻	+ + + +	夜鹭	+ + +
4	黑腹滨鹬	+ + + +	池鹭	+ +
5	斑嘴鸭	+ + +	骨顶鸡	+ +
6	红头潜鸭	+ + +	须浮鸥	+ +
7	牛背鹭	+ +	黑水鸡	+ +
8	青脚鹬	+ +	斑嘴鸭	+ +
9	青头潜鸭	+ +	中白鹭	+
10	苍鹭	+	绿头鸭	+

注：+ + + + 表示数量大于10000只；+ + + 表示数量在5000～10000只；+ + 表示数量在2000～5000只；+ 表示数量在1000～2000只。

4.5　珍稀鸟类

浙江湿地不乏珍稀濒危鸟类，列入世界自然保护联盟(IUCN)濒危动物红色名录的鸟类有30种，列入《濒危野生动植物种国际贸易公约(CITES)》附录的鸟类有34种，列入《中国濒危动物红皮书》的鸟类有33种，列入《中国国家重点保护野生动物名录》的鸟类有48种，列入《浙江省重点保护陆生野生动物名录》的鸟类有21种，列入《中日候鸟保护协定》保护的鸟类有136种，列入《中澳候鸟保护协定》保护的鸟类有60种。

4.5.1　列入世界自然保护联盟(IUCN)濒危动物红色名录的鸟类

世界自然保护联盟濒危物种红色名录(或称IUCN红色名录)于1963年开始编制，是全球动植物物种保护现状最全面的名录，由世界自然保护联盟负责更新与维护。

列入IUCN红色名录(2013年更新)中濒危等级的鸟类有30种，其中极危(CR)物种4种，为白鹤、中华凤头燕鸥、青头潜鸭和勺嘴鹬；濒危(EN)物种7种，为栗头虎斑鳽、海南鳽、东方白鹳、朱鹮、黑脸琵鹭、中华秋沙鸭和小青脚鹬；易危(VU)物种11种，为卷羽鹈鹕、黄嘴白鹭、鸿雁、小白额雁、长尾鸭、白头鹤、白枕鹤、大杓鹬、大滨鹬、遗鸥和黑嘴鸥；近危(NT)物种8种，为黑脚信天翁、白鹮、罗纹鸭、白眼潜鸭、白腰杓鹬、黑尾塍鹬、半蹼鹬和白颈鸦。

4.5.2　列入《濒危野生动植物种国际贸易公约(CITES)》附录的鸟类

《濒危野生动植物种国际贸易公约》即《华盛顿公约》(CITES)，该公约将管制国际贸易物种归类成三项附录，附录Ⅰ的物种为若再进行国际贸易会导致灭绝的动植物，明确规定禁止国际性的交易；附录Ⅱ的物种为目前无灭绝危机，管制其贸易的物种，若面临贸易压力，种群数量继续下降，则将其升入附录Ⅰ；附录Ⅲ是各国视其国内需要，区域性管制国际贸易的物种。

列入CITES公约附录的物种有34种，其中附录Ⅰ有9种，为卷羽鹈鹕、东方白鹳、中华秋沙鸭、白鹤、白头鹤、白枕鹤、小青脚鹬、遗鸥和白尾海雕；附录Ⅱ有25种，为黑鹳、白琵鹭、花脸鸭、赤腹鹰、松雀鹰、鸢、鹗、红隼、燕隼、草鸮、雕鸮和画眉等。

4.5.3　列入《中国濒危动物红皮书》的鸟类

《中国濒危动物红皮书》是为了使政府部门、科学界和公众较为清楚地了解中国的动物物种现状，提高政府官员及公众对中国濒危物种的保护意识，针对我国实际情况，根据IUCN编写的世界濒危动物红色名录而编制的。

列入《中国濒危动物红皮书》的鸟类有33种，其中濒危(E)物种有8种，为黄嘴白鹭、海南鳽、东方白鹳、朱鹮、黑鹳、白鹤、白头鹤和黑脸琵鹭；易危(V)物种有12种，为褐鲣鸟、白琵鹭、鸳鸯、小天鹅、疣鼻天鹅、凤头蜂鹰、蛇雕、白枕鹤、黑嘴鸥、遗鸥、中华凤头燕鸥和扁嘴海雀；稀有(R)物种有10种，为斑头鸺鹠、岩鹭、棉凫、白鹮、中华秋沙鸭、鹗、灰胸秧鸡、半蹼鹬、毛脚鱼鸮和雕鸮；还有未定(I)物种3种，为黑尾塍鹬、小青脚鹬和白尾海雕。

4.5.4　列入《中国国家重点保护野生动物名录》的鸟类

《中国国家重点保护野生动物名录》由林业部、农业部于1989年根据《中华人民共和国野生动物保护法》(1988)发布实施的一个以保护濒危陆生、水生野生动物的名录。

列入《中国国家重点保护野生动物名录》的鸟类有48种，其中，国家Ⅰ级保护鸟类有8种，为东方白鹳、黑鹳、白鹤、白头鹤、朱鹮、中华秋沙鸭、遗鸥、白尾海雕；国家Ⅱ级保护鸟类有40种，为黄嘴白鹭、岩鹭、海南鳽、白琵鹭、黑脸琵鹭、鸳鸯、小天鹅、赤腹鹰、苍鹰、雀鹰、松雀鹰、普通鵟、鸢、凤头蜂鹰、蛇雕、红隼、燕隼、小杓鹬、小青脚鹬和中华凤头燕鸥等。

4.5.5 列入《浙江省重点保护陆生野生动物名录》的鸟类

《浙江省重点保护陆生野生动物名录》是浙江省为保护和拯救珍贵、濒危陆生野生动物，保护、发展和合理利用野生动物资源，维护生态环境，根据《中华人民共和国野生动物保护法》和有关法律、法规，结合浙江实际而编制的。

列入浙江省重点保护鸟类21种，为大白鹭、白鹭、中白鹭、夜鹭、黑尾鸥、黑嘴鸥、红翅凤头鹃、戴胜、棕背伯劳、虎纹伯劳、喜鹊、红嘴蓝鹊等。

4.5.6 列入候鸟保护协定的鸟类

我国鸟类中候鸟占42%以上，多种候鸟迁徙于中日和中澳之间，进行季节性栖息。为了更好保护这些候鸟，1981年，我国与日本国政府签订了《中日候鸟保护协定》，将红喉潜鸟、黑喉潜鸟等227种候鸟列为中日两国共同保护名录；1986年与澳大利亚政府签订了《中澳候鸟保护协定》，将白额鹱、灰鹱等81种候鸟列为中澳两国共同保护名录。

列入中日共同保护的候鸟有136种，较为常见的有：牛背鹭、中白鹭、夜鹭、针尾鸭、绿翅鸭、绿头鸭、红头潜鸭、普通秋沙鸭、黑水鸡、蛎鹬、金斑鸻、灰斑鸻、黑腹滨鹬、斑尾塍鹬、白腰杓鹬、中杓鹬、林鹬、矶鹬、青脚鹬、白腰草鹬、泽鹬、红脚鹬、黑翅长脚鹬、反嘴鹬、普通燕鸻、红嘴鸥、灰背鸥、凤头潜鸭和普通燕鸥等。

列入中澳共同保护的候鸟有60种，较为常见的有：牛背鹭、大白鹭、黄斑苇鳽、琵嘴鸭、水雉、金斑鸻、红腹滨鹬、斑尾塍鹬、黑尾塍鹬、白腰杓鹬、小杓鹬、中杓鹬、黑腹滨鹬、林鹬、矶鹬、青脚鹬、泽鹬、红脚鹬、普通燕鸻、白翅浮鸥、小凤头燕鸥和普通燕鸥等。

4.6 第一次湿地资源调查后新记录的鸟类

通过第一次全省湿地资源调查，省内水鸟资源已基本查明，但随后的进一步调查，仍有不少新发现。通过综合整理，2000年以后发现的水鸟新记录共有19种，隶属5目6科，其中国家Ⅰ级保护鸟类2种，Ⅱ级保护鸟类1种，“三有”保护动物15种(表3-18)。

表3-18 第一次湿地资源调查后新记录鸟类

目	科	种	拉丁名	保护等级	发现地点	数据来源
雁形目	鸭科	赤麻鸭	*Tadorna ferruginea*	“三有”动物	松阳	文献检索
		翘鼻麻鸭	*Tadorna tadorna*	“三有”动物	杭州、宁波、温州、绍兴	第二次湿地资源调查
		长尾鸭	*Clangula hyemalis*	“三有”动物	杭州	文献检索
鹤形目	鹤科	白头鹤	*Grus monacha*	国家Ⅰ级	杭州、温州、绍兴、衢州	第二次湿地资源调查

（续）

目	科	种	拉丁名	保护等级	发现地点	数据来源
鸻形目	鹬科	孤沙锥	*Gallinago solitaria*	“三有”动物	绍兴	第二次湿地资源调查
		半蹼鹬	*Limnodromus semipalmatus*	“三有”动物	杭州	文献检索
		长嘴半蹼鹬	*Limnodromus scolopaceus*	“三有”动物	温州	文献检索
		红腹滨鹬	*Calidris canutus*	“三有”动物	宁波、温州	第二次湿地资源调查
		长趾滨鹬	*Calidris subminuta*	“三有”动物	宁波	第二次湿地资源调查
		流苏鹬	*Philomachus pugnax*	“三有”动物	杭州	文献检索
		红颈瓣蹼鹬	*Phalaropus lobatus*	“三有”动物	杭州、宁波	第二次湿地资源调查
鸥形目	鸥科	小黑背银鸥	*Larus heuglini*	“三有”动物	杭州	文献检索
		渔鸥	*Larus ichthyaetus*	“三有”动物	宁波	文献检索
		棕头鸥	*Larus brunnicephalus*	“三有”动物	舟山	文献检索
		遗鸥	*Larus relictus*	国家Ⅰ级	宁波	第二次湿地资源调查
	燕鸥科	褐翅燕鸥	*Sterna annethet*	“三有”动物	宁波、温州、台州	第二次湿地资源调查
		小凤头燕鸥	*Thalasseus bengalensis*	“三有”动物	舟山	第二次湿地资源调查
		中华凤头燕鸥	*Thalasseus bernsteini*	国家Ⅱ级	宁波、舟山	第二次湿地资源调查
佛法僧目	翠鸟科	赤翡翠	*Halcyon coromanda*		宁波	文献检索

注：“三有”动物指国家保护的有益的或者有重要经济、科学研究价值的陆生野生动物。

5 湿地兽类

5.1 种类组成

根据全省第二次湿地资源调查，并参考有关资料，浙江省湿地兽类有34种，隶属7目18科，分别占全省哺乳动物目、科、种的70.00%、54.55%、34.34%。其中，食虫目2科5种，啮齿目2科7种，鲸目8科10种，食肉目3科9种，鳍脚目1科1种，偶蹄目1科1种，兔形目1科1种(表3-19)。在科级水平上，以鼬科最大，共6种，占17.65%。

5.2 区系成分

浙江湿地兽类区系古北界种类和东洋界种类虽混杂分布，但以东洋界种类占优势，共有21种，占总种数的61.76%；古北界种类共有13种，占38.24%。

表 3-19 湿地兽类种类组成、分布与区系

目	科	种	地理分布(种)					从属区系(种)	
			浙北平原区	浙西丘陵盆地区	浙东丘陵区	浙南山区	近海及岛屿区	东洋界	古北界
食虫目	2	5	3	5	3	5	1	2	3
啮齿目	2	7	6	7	7	6	5	4	3
鲸　目	8	10		1			9	8	2
食肉目	3	9	9	9	9	9	3	5	4
鳍脚目	1	1					1		1
偶蹄目	1	1	1	1	1		1	1	
兔形目	1	1	1	1	1	1		1	
合　计	18	34	20	24	21	21	20	21	13

5.3 分布特征

5.3.1 地理分布

根据湿地兽类的分布现状和浙江自然地理状况，全省分为 5 个地理区。

(1)浙北平原区：本区湿地已知兽类 20 种，占全省种数 58.52%。平原农田鼠类以黑线姬鼠与褐家鼠为主，食虫目有大麝鼩、臭鼩等，食肉目有黄鼬、貉、鼬獾等。

(2)浙东丘陵区：本区湿地已知兽类 21 种，占全省种数 61.76%。沿海平原以黄毛鼠较多，内地农田以黑线姬鼠为主，食肉目以貉、黄鼬、鼬獾较多。

(3)浙西丘陵盆地区：本区湿地已知兽类 24 种，占全省种数 70.59%。农田鼠类仍以黑线姬鼠与褐家鼠为主，食肉目有鼬獾、花面狸、食蟹獴，兔形目的华南兔。

(4)浙南山区：本区湿地已知兽类 21 种，占全省种数 61.76%。

(5)近海及岛屿区：本区湿地已知兽类 20 种，占全省种数 58.52%。

5.3.2 生境分布

(1)近海与海岸湿地：分布于该类湿地的兽类主要为鲸类与海豹，种类有灰鲸、小鳁鲸、抹香鲸、白鱀豚、真海豚、宽吻海豚、江豚、虎鲸、伪虎鲸、髯海豹 10 种，均为罕见种。

(2)河流、湖泊湿地：生活在河流、湖泊及其附近的兽类主要有鼬科的鼬獾、狗獾、水獭，灵猫科的食蟹獴，鹿科的獐等，均为少见种。

(3)沼泽湿地：生活在该湿地类的兽类主要有东北刺猬、华南兔以及一些鼠类，较为常见。

(4)人工湿地：生活在该湿地类的兽类主要有大麝鼩、黄鼬、黄腹鼬以及一些鼠类，较为常见。

5.4 保护物种

湿地兽类中珍稀濒危物种种类较多，白鱀豚属国家Ⅰ级保护动物；灰鲸、小鳁鲸、抹香鲸、真海豚、宽吻海豚、江豚、虎鲸、伪虎鲸、灰海豚、水獭、髯海豹和獐等 12 种属国家Ⅱ级保护动物，其中江豚、水獭分别属濒危、易危物种；貉、鼬獾、食蟹獴被列为浙江省重点保护动物。

第四章 湿地资源可持续利用

第一节 湿地资源利用状况

1 湿地生物资源利用

1.1 湿地植物利用

浙江湿地植物与植被资源丰富，水稻、莲等蔬粮植物，蔺草等纤维植物，海带等海藻类植物，木麻黄、水杉、水仙等绿化观赏植物的开发利用已取得了显著成效，在农业生产、人民生活和经济建设方面发挥着重要作用。

(1)粮食植物：水稻是浙江栽培历史最为悠久、栽培面积最大、最重要的粮食作物。在距今7000年前的余姚河姆渡新石器时代，浙江的先人已经种植水稻。据统计，2013年全省稻谷年栽培面积达82.9万公顷，年产稻谷580.20万吨。

(2)蔬食植物：主要有莲、菱、荸荠、芋、慈姑、菰(茭白)、莼菜等。莲主产金华、湖州，次为杭州、嘉兴、绍兴、丽水等地，以西湖藕粉、建德白莲、武义宣莲最负盛名。菱在浙江的栽培种类较多，有南湖菱、乌菱、二角菱、四角菱及若干地方品种，其中南湖菱已有5000多年历史，其栽培范围北起江苏平望，东至嘉善魏塘，西达桐乡石门，南到海盐半路，鼎盛时期种植面积达600公顷，产量3250吨，由于经济效益下降等原因，南湖菱的种植面积逐年减少，其产量下降幅度很大，但目前主产区仍然是嘉兴南湖及其附近。菰(茭白)是浙江省种植面积最广的水生蔬菜，主要有四季茭白、高山茭白和冷水茭白，产地集中在余姚、嘉兴、黄岩、缙云等地，年产茭白在50万吨以上，其中余姚的"古址"牌无公害茭白近几年盛销上海、杭州和宁波等城市，并少量出口到日本，已成为浙江省效益农业的一大亮点。莼菜历来为人们所珍爱，杭州西湖莼菜早在晋朝年间，就被当做珍贵食品；相传清乾隆皇帝巡视江南，每到杭州都必须以莼菜进餐。新中国成立前杭州西湖区农民多采野生的莼菜供食用，目前已有人工栽培，西湖周浦铜鉴湖、萧山湘湖为莼菜的主要产地。此外，紫萁、菜蕨、鱼腥草、虎杖、水芹、败酱类、蒿类、鼠麹草、革命菜、马兰、萱草等野生蔬菜类利用历史也十分悠久，目前仍有少量利用。其中水芹、败酱类、马兰、萱草等已有人工栽培。

(3)药用植物：浙江湿地中的药用植物十分丰富，主要有驴蹄草、珊瑚菜、中华补血草、活血丹、益母草、半枝莲、续断、半边莲、苍耳、黑三棱、香蒲、半夏、绶草等。薏米的颖果称米仁，营养价值丰富，并有特殊的薏仁酯，入药有健脾、利尿、清热、镇咳的功效。泰顺栽培薏米历史悠久，为当地中药材第一大品种。2010 年，泰顺薏米种植面积 6300 亩，产量突破 1000 吨，为省内最大薏米种植基地。黑三棱在《抱朴子》《开宝本草》《本草图经》等古籍中均有记载，块茎入药具破血行气、消积止痛的功效，目前在东阳、武义、义乌等地有种植，亩产值约 8000 元。此外，菰(茭白)的颖果称茭米，有很高的营养价值，入药可解烦热，清肠胃；珊瑚菜的根中药名“北沙参”，具清肺泻火、养阴止咳等功效。

(4)纤维植物：蔺草俗称席草，是浙江著名的经济特产，已有 2000 多年利用和栽培历史，主产于鄞州、黄岩、临海、瓯海、平阳、乐清、永康、东阳等县(市、区)。20 世纪 80 年代末栽培面积达 6000 公顷以上，约占全国的 1/3。宁波鄞州作为“中国蔺草之乡”，现有蔺草加工企业近 200 家，联系带动农户 4 万户以上，年出口额 7 亿元，内销 4 亿元，是全国最大的蔺草生产和出口基地，产品占全国总量的 85% 以上。黄古林草席编织技艺于 2009 年被列入浙江省非物质文化遗产。

(5)饲料植物：20 世纪 80 年代以前，紫云英、喜旱莲子草、凤眼莲、浮萍、紫萍、满江红、大薸等水生植物曾被大量栽培以用作猪饲料或绿肥。80 年代以后，猪饲料被混合饲料代替，该类植物失去了管控，其中喜旱莲子草、凤眼莲因繁殖力强而大量滋生，已成为水产养殖、水上交通的害草。

(6)海藻类植物：海带曾经是最大宗的养殖种类，目前由于价格较低，养殖面积减少，2013 年，海藻类养殖面积达 10007 公顷，产量 4.52 万吨。紫菜是目前养殖面积最大的种类，2013 年养殖面积 7782 公顷，产量 1.93 万吨；其他养殖种类尚有羊栖菜、裙带菜、海带等。

(7)绿化观赏与防护植物：木本植物中，柳树、柽柳、枫杨、乌桕、海滨木槿、绿竹、温州水竹、散生竹类、马尾松、香樟等木本植物在绿化、观赏、护岸固堤方面早有利用，目前仍然是主要栽培对象。新中国成立后引种的水杉、池杉、落羽杉，目前已广泛分布于全省平原地区，是营造平原农田防护林和沿海防护林的主栽树种。木麻黄则是台州湾以南沿海地区海岸防护林的骨干树种，由其为主构成的防护林网已成为玉环文旦、黄岩蜜橘等经济林和水稻、蔬菜基地抵御台风的重要屏障。秋茄在 20 世纪 50 年代末期开始引入浙江栽培，至今在乐清湾西门岛仍有小面积残存，由于它在消浪促淤、护岸保堤和绿化美化等方面的生态、社会效益显著，90 年代后期开始，瑞安、平阳、苍南、永嘉等县逐渐引种栽培，面积有些扩大。草本植物中，芦竹曾在全省主要江河沿岸、护岸、水库坝堤、海堤堤岸广泛栽培，现已成为部分流域湿地的优势植被类型。在沿海地区，芦竹亦不失为固堤护岸的优良植物。为了消浪促淤，20 世纪 80 年代玉环、瓯海、三门等县又引进了原产欧美海岸地区的互花米草，由于其适应性强，后迅速自然扩展到沿海各县(市、区)海滩，现已成为浙中南沿海滩涂的优势植被类型，给当地滩涂养殖带来了较大危害。

在观赏花卉方面，睡莲、莲、金鱼藻、菖蒲、萱草、马蹄金、蝴蝶花、文殊兰、水仙等草本花卉栽培利用历史同样悠久，目前依然是主要利用对象。“普陀水仙”是我国继福建漳州后的第二大品种，是我国十大名花之一，是舟山市的市花，种植面积曾达到 166.67 公顷，总产值约 1500

万元。近年来，普陀水仙产量急剧萎缩，曾经红极一时的"普陀水仙"渐渐被人淡忘。

1.2　湿地动物利用

利用湿地动物可追溯到远古人类，可以说，湿地动物作为食物和药物一直伴随着人类历史的发展。目前对动物的利用范围更加广泛，包括捕捞和养殖水产资源利用，是浙江湿地动物利用的重点和特色所在，渔业特别是远洋渔业是浙江沿海地区的传统优势产业。

1.2.1　水产资源利用状况

(1)海洋捕捞：浙江渔业以捕捞业为主，海洋捕捞的产量长期以来占全省水产品总产量的70%左右。2013年，全省共有捕捞专业劳动力14.85万人，拥有海洋机动渔船46667艘，总吨位279.57万吨，总动力458.42万千瓦，非机动渔船31759艘，总吨位36204吨，海洋捕捞产量达319.20万吨，其中鱼类210.81万吨(表4-1)。

表4-1　浙江近3年海洋捕捞主要种类产量(万吨)

种　类	2011年	2012年	2013年
渔获总量	303.02	316.02	319.20
鱼类	210.51	211.49	210.81
其中：带鱼	46.94	45.25	44.05
大黄鱼	0.06	0.06	0.04
小黄鱼	10.71	10.34	8.82
鲳鱼	11.51	10.36	8.53
海鳗	7.96	8.65	8.51
蓝圆鲹	11.85	10.99	10.09
梅童鱼	17.56	17.83	16.91
甲壳类	73.35	84.66	88.43
贝类	1.66	1.76	1.84
藻类	0.25	0.27	0.28
头足类	14.69	14.46	14.72
其他	2.56	3.38	3.12

(2)海水养殖：海水养殖是水产业的重要组成部分。浙江省海水养殖历史悠久，早在唐代，浙江已由养殖贝类的记载。近年来，浙江省海水养殖发展迅速，海带、紫菜、贻贝和对虾等主要经济品种的发展尤为突出，乐清的"蛏子"、宁海的"牡蛎"、奉化的"奉蚶"、三门的"锯缘青蟹"和舟山的"泥螺"等闻名遐迩，成为沿海县市的一大产业。2013年，全省海水养殖专业劳动力6.12万人，养殖面积8.94万公顷，总产量87.17万吨，主要养殖种类、面积与产量情况见表4-2。

表 4-2 2013 年海水养殖种类、面积与产量一览表

种 类	面积(公顷)	产量(万吨)
鱼 类	4423	2.95
甲壳类	30081	9.61
贝 类	44377	69.75
藻 类	10007	4.52
其他类	470	0.34
合 计	89358	87.17

(3)淡水养殖：浙江江河湖泊众多，素有“鱼米之乡”美称。全省可用于水产养殖的江河湖泊和水库面积达 20 多万公顷，新安江、富春江、钱塘江、甬江、瓯江和千岛湖等水系和湖泊交叉，适合发展名特优、高产高效和出口创汇品种，采用精养、混养以及“稻鱼共生”等生态循环养殖模式，慈溪的“鳗鱼”、青田的“田鱼”、千岛湖的“淳牌有机鱼”和余杭的“黑鱼”等特色品牌走销国内和世界。2013 年全省淡水养殖面积 28.84 万公顷(含稻田养殖面积 7.54 万公顷)，产量 98.05 万吨，其中鱼类产量 64.70 万吨，甲壳类产量 13.83 万吨，贝类产量 1.17 万吨，藻类产量 0.01 万吨，其他类产量 18.34 万吨。各类水域养殖面积产量见表 4-3。此外，2013 年全省淡水捕捞产量 9.58 万吨。

表 4-3 浙江 2013 年淡水养殖面积与产量

养殖水域	合 计	池 塘	湖 泊	水 库	河 沟	稻 田	其 他
养殖面积(公顷)	288415	72329	2800	95808	35779	75397	6302
产量(万吨)	98.05	42.80	0.56	8.73	8.00	30.24	7.72

1.2.2 其他动物资源利用状况

两栖类、鸟类、兽类的利用起步较晚，产业优势不强，目前主要体现在驯养繁殖利用方面。浙江省野生动物驯养繁殖利用大致经历了 3 个历史时期。第一阶段是利用野外资源为主的初步发展期。1988 年《中华人民共和国野生动物保护法》颁布实施，按照“加强资源保护，积极驯养繁殖，合理开发利用”方针，野生动物驯养繁殖逐渐在浙江兴起，一些蛇类、龟鳖类养殖单位如同雨后春笋般涌现。据统计，20 世纪 90 年代，蛇类养殖户就达 400 余家，但由于这些养殖户大多规模较小，利用的基本还是野外资源，并未实现真正意义上的驯养繁殖，因而产业维护时间不长。第二阶段是 2003 年后的选择淘汰期。2003 年“非典”流行，野生动物成为“SARS”病毒疑似携带者，人们对野生动物避而远之。国家林业局也随之对野生动物驯养繁殖利用进行引导。由于国家调控、市场需求减少，野外资源日渐匮乏等因素，一些蛇类、小型兽类养殖经营户纷纷倒闭，野生动物驯养繁殖进入选择淘汰期。第三阶段是近几年的恢复发展期。2010 年，浙江省林业厅制定出台了《关于加快发展野生动植物产业的若干意见》，大力鼓励发展国家林业局公布的商业性经营利用驯养繁殖技术成熟的陆生野生动物的养殖，并积极支持野鸭、野猪、河麂、梅花鹿等 33 种驯养繁殖技术成熟的陆生野生动物养殖。至此，浙江的野生动物驯养繁殖利用进入到恢复发展期，

并已从之前的蛇类养殖为主，转为包括兽类、鸟类等多方位养殖和利用。

目前，全省的野生动物驯养繁殖主导品种为鹿类、鳄鱼类、雁鸭类、鸟类、蛙类、兽类、蛇类、龟类等8大类，且具有明显的区域化特征，鳄鱼类和蛇类主要分布在湖州市，雁鸭类主要分布在宁波市、杭州市和嘉兴市，蛙类主要分布在丽水市、衢州市和温州市，兽类主要分布在宁波市和嘉兴市，龟类主要分布在湖州市和杭州市。2013年，全省野生动物驯养繁殖利用总产值53.93亿元，其中第一产业13.59亿元，第二产业21.70亿元，第三产业18.64亿元(表4-4)。

表4-4　2013年浙江野生动物养殖利用产业统计表

设区市	小计（万元）	第一产业				第二产业产值（万元）	第三产业产值（万元）
		产值（万元）	存栏数（万只）	从业人员（人）	带动农户（户）		
杭州市	82822.77	32382.96	1421521	2669	3146	11517.37	38922.44
宁波市	104941.07	14633.88	321917	1083	296	85995.10	4312.09
温州市	16643.39	10711.21	790243	708	714	3551.89	2380.29
嘉兴市	239218.54	11274.68	1939022	542	220	95296.41	132647.45
湖州市	47014.47	43732.22	14351950	1858	12699	2722.54	559.70
绍兴市	1005.96	463.10	7964	427	1066	16.00	526.86
金华市	20838.23	5611.86	279226	736	1816	13904.35	1322.03
衢州市	7022.19	4643.71	313381	657	406	1054.46	1324.03
舟山市	947.23	940.65	4698	358	10		6.58
台州市	9717.43	4607.77	1377214	1349	824	2369.85	2739.82
丽水市	9109.52	6923.36	1449695	968	873	524.82	1661.34
合　计	539280.79	135925.39	22256831	11355	22070	216952.78	186402.62

2　湿地非生物资源利用

2.1　水资源利用

2.1.1　水资源利用概况

2013年全省年总水资源量930.90亿立方米(表4-5)，人均水资源量1693.10立方米。人均生活年用水量50.80立方米(不含公共事务用水)，农田灌溉亩均年用水量346立方米，万元工业增加值用水量35.90立方米，全省水资源利用率24.10%。

2.1.2　供水量

2013年全省年总供水量224.75亿立方米，其中地表水源供水量221.07亿立方米，占98.36%；地下水源供水量2.52亿立方米，占1.12%；其他水源供水量1.17亿立方米，占

0.52%。在地表水源供水量(除环境供水外)中，蓄水工程供水量82.22亿立方米，占37.19%；引水工程供水量36.96亿立方米，占16.72%；提水工程供水量88.74亿立方米，占40.14%；调水工程供水量13.15亿立方米，占5.95%。

2.1.3 用水量

2013年全省总用水量224.75亿立方米，其中：农田灌溉用水75.79亿立方米，占33.72%；林牧渔畜用水16.16亿立方米，占7.19%；工业用水量58.75亿立方米，占26.14%；城镇公共用水量14.53亿立方米，占6.46%；居民生活用水量27.93亿立方米，占12.43%；生态环境用水量5.17亿立方米，占2.30%；环境配水量26.42亿立方米，占11.76%。

2.1.4 耗水量

2013年全省年总耗水量110.10亿立方米，平均耗水率55.50%。其中农田灌溉耗水量54.63亿立方米，占49.61%；林牧渔畜耗水量12.81亿立方米，占11.63%；工业耗水量20.02亿立方米，占18.18%；城镇公共耗水量6.04亿立方米，占5.49%；居民生活耗水量12.55亿立方米，占11.40%；生态环境耗水量4.06亿立方米，占3.69%。

表4-5 2013年浙江行政分区水资源利用情况(亿立方米)

设区市	合　计	杭州市	宁波市	温州市	嘉兴市	湖州市	绍兴市	金华市	衢州市	舟山市	台州市	丽水市
降水量	1647.45	251.12	151.47	220.57	49.57	70.98	126.12	154.55	130.84	14.91	166.28	311.03
总水资源量	930.90	141.15	81.03	138.08	21.70	30.19	67.04	81.66	72.18	5.69	99.79	192.40
用水量	224.75	57.77	22.32	22.83	20.24	18.07	21.10	18.78	14.09	1.49	19.25	8.82

表4-6 2013年浙江流域分区水资源利用比较(亿立方米)

设区市	合　计	鄱阳湖水系	太湖水系	钱塘江	浙东诸河	浙南诸河	闽东诸河	闽　江
降水量	1647.45	8.06	158.23	631.10	202.07	600.72	26.84	20.42
总水资源量	930.90	4.88	74.55	343.57	107.53	370.10	18.15	12.12
用水量	224.75	0.45	67.76	80.45	27.89	47.13	0.63	0.44

2.2 能源利用

2.2.1 陆域水能资源利用

1941年，浙江建成第一座水电站——丽水太平汛水电站，装机1台，容量14千瓦，后相继建成6座，至新中国成立时，仅存4座，总容量139千瓦。新中国成立后，水能利用从小水电起步，大中型水电也从无到有，1957年4月，中国第一座大型水电站——新安江水电站正式动工，建成后电站装机9台，总容量66.25万千瓦。至2013年年底，全省共有规模以上(装机容量500千瓦以上)水电站1419座，装机容量953.36万千瓦，其中大型水电站7座，装机容量543.50万千瓦；中型水电站6座，装机容量61.38万千瓦；小型水电站1406座，装机容量348.48万千瓦。此外，有规模以下水电站1792座，装机容量40.43万千瓦；乡村办水电站2943处。

2.2.2 海洋能资源利用

浙江对潮汐能的开发利用研究始于20世纪50年代后期，技术力量相对较雄厚。1972年建造了温岭江厦潮汐试验电站，原设计6台500千瓦机组，1980年5月第一台500千瓦机组投入运行，第二台为600千瓦，其余3台为700千瓦，1985年年底5台机组全部投产。2005年新型潮汐发电机组安装在原6号机坑处，2007年10月投入商业运行，至此江厦电站总装机达到3900千瓦。此外，始建于1972年的玉环海山潮汐电站目前仍在正常运行。

对潮流能的开发利用研究始于20世纪70年代末，发电试验最早是1978年浙江农民在舟山群岛西堠门潮流流速3米/秒条件下，发出了5.7千瓦的电力。2005年在舟山建成潮流能发电实验站及配套的“海上生明月”灯塔，成为亚洲第一、世界第二潮流能发电站。2005年12月“万向II”40千瓦潮流能发电站在岱山建成，并发电成功。

在波浪能的利用方面，则仅局限于为航标灯供电的十瓦级微型装置的规模。盐差能的研究目前还处于实验室水平，离示范应用尚有较长的距离。

2.3 港口航道利用

浙江省水运资源非常发达，位居全国前列。至2013年年底，全省沿海拥有港口泊位1065个，其中万吨级以上泊位185个，年综合通过能力达8.7亿吨。2013年全省沿海港口完成货物吞吐量10.06亿吨，完成集装箱吞吐量1933.2万标箱，其中宁波—舟山港完成货物吞吐量8.1亿吨，为全球首个8亿吨港，继续保持全球第一，完成集装箱吞吐量1732.68万标箱，位居全球第六位，并在全国铁矿石、石油、煤炭等大宗散货运输体系中占有举足轻重的地位。

全省现有杭州港、湖州港、嘉兴港、绍兴港、宁波港、金华兰溪港、丽水青田港等7个内河重点港口，综合通过能力3.8亿吨。2013年，内河港口完成货物吞吐量3.75亿吨。

全省水路船舶运力规模突破2200万载重吨，其中万吨级和特种船舶达到1700万载重吨。2013年完成水路客运量0.31亿人，周转量5.09亿人公里；完成水路货运量7.67亿吨，周转量7357亿吨公里。

2.4 土地资源利用

浙江湿地土地利用面积中，以耕地比重最大，其次为水域。各类土地的利用现状及发展趋势如下。

(1)耕地：水田是耕地中的主要地类，主要分布在水网平原(杭嘉湖平原、萧绍宁平原等)、滨海平原(温黄平原、温瑞平原等)和河谷平原以及大小盆地的底部及河谷地区，田块较为平缓，且具有良好蓄水条件，以种植双季稻为主，近年来改种单季稻或改种经济作物的面积增加，在有些地方甚至屡有水田抛荒现象。望天田主要以梯田的形式分布于山地丘陵，因灌溉条件差，产量不高不稳，部分已改为旱地或苗圃地，面积呈逐年减少趋势。

(2)园地：主要分布于各大水系河流两岸的河滩地，洪泛平原，种植种类较为多样，主要有柑橘、柚、梨、桃、李、茶、桑等，尤以衢江两侧的衢州椪柑、椒江下游的黄岩蜜橘、杭嘉湖平原的桑种植规模较大，经济效益尚可。园地纳入森林覆盖率统计范围，林业上属于经济林地。

(3)林地：主要分布于各大水系河流两岸的河滩地或洪泛平原上，树种多样，常见的有枫杨林、各种柳树林、马尾松林、温州水竹林、各种刚竹林和人工种植的水杉林、杨树林、木麻黄林、毛竹林、青皮竹林、雷竹林等。分水江和富春江流域的意杨林、永安溪流域的马尾松林、飞云江和鳌江流域的绿竹林、苕溪流域的各种刚竹林，不仅规模较大，经济效益显著，而且防护效益也十分巨大。

(4)内陆水域：内陆水域主要具有维持淡水资源、调节径流、均化洪水、航运、发电、灌溉、淡水养殖、旅游等功能。河流水域历史上曾是交通命脉，目前在杭嘉湖、萧绍宁、温黄、温瑞等平原地区和钱塘江、瓯江等大水系的干流下游河段仍具有重要的作用，其他地区由于现代陆路交通发达，加上航道淤塞、河床抬高等原因，该功能基本未能发挥或处于次要地位。河流还是最重要的水源，是城镇居民生活、工农业生产用水的主要来源。此外，河流水域还具有淡水养殖功能。水库、坑塘、湖泊目前主要用于蓄洪调蓄、灌溉供水、发电、航运、旅游、养殖等，对本省农、水、电各业发展起着重要作用，同时也是水鸟迁徙途经的重要“驿站”。

(5)滩涂：滩涂由海相或河海相沉积物沉积而成，类型较为简单，主要为光滩。采捕水产和在涂地进行水产品的增养殖，是沿海群众对滩涂土地利用的传统方式之一，主要采捕自然生长的一些水产品，如樱蛤、菲律宾蛤仔、泥螺、弹涂鱼、浒苔以及鱼、虾、蟹等；在涂地进行水产品增养殖的历史悠久，但直至20世纪80年代才获较快的发展，2013年全省用于养殖的涂地面积已达4.52万公顷，养殖的品种有缢蛏、泥蚶、牡蛎、文蛤、紫菜等，总产量达34.66万吨，约占全省海水养殖水产品的39.76%。

围涂也是湿地利用的传统方式之一。浙江沿海、沿江自新中国成立以来至2010年年底共围垦滩涂面积20.05万公顷，在围垦的土地上建设了诸如秦山核电厂、杭州萧山机场、温州机场、舟山机场、镇海炼化、北仑电厂、台州电厂、嘉兴电厂及杭州下沙、萧山大江东、绍兴滨海等国家级经济开发区，这一大批宏伟的建设项目，现已成为浙江经济社会发展战略的重点基础设施和工业基地。滩涂围垦为浙江经济的持续、快速发展作出了重大的贡献。

(6)牧草地、苇地、未利用地：牧草地、苇地、未利用地是湿地生态系统的重要组成部分，除一般性用途外，该类土地还是湿地动物特别是鸟类的栖息地和活动场所之一。

2.5　景观资源利用

“有山皆是园，无水不成景”，湿地景观资源在旅游资源中具有重要的地位。据调查，浙江省分布有水域风光类旅游资源单体1553个，占全省基本单体总量的7.35%，其中以湿地为主要景观的著名风景名胜区有西湖、西溪、千岛湖、嵊泗列岛、朱家尖、富春江、南麂列岛、东钱湖、下渚湖、乌镇等。各湿地景区景点目前已开展多项旅游项目，其中在海滨开展的主要有沙雕、冲浪、滑水、滑泥、游泳、海钓、沙滩浴、海水浴、沙滩运动、滨海度假、体验渔家生活、海洋科普教育等；在内陆湿地开展的主要有漂流、垂钓、游泳、荡舟、观潮、温泉浴、大网捕鱼等。2013年，全省实现旅游总收入5536亿元，其中，接待国内旅游者4.34亿人次，实现国内旅游收入5202亿元；接待入境旅游者866万人次，实现旅游外汇收入54亿美元。

第二节 可持续利用建议

1　探索湿地生物资源利用新途径

湿地生物资源开发利用渔业占有重要地位，对于渔业资源的利用，应加快渔业经济结构的战略性转型，重点发展浅海养殖，改造传统养殖方式，逐步推广生态养殖等科学合理的养殖模式；大力拓展远洋捕捞业，压缩近海捕捞能力，以降低近海捕捞强度。其他生物资源利用，重点是解决一些经济价值较高、社会需求量较大的物种的人工饲养繁殖难题，争取以较多的人工培育资源替代野生资源。以科技为先导，加强湿地动物产品的科技开发，发展适销对路低耗高值的产品，努力提高资源的综合利用水平，减少对野生资源压力。

2　制定科学的土地资源利用政策

制定各项建设规划时，必须严格按照《中华人民共和国土地管理法》的规定，精打细算，合理布局，尽量少占或不占湿地。实施规划时，必须按分阶段发展的要求，分期征用，集约用地。在湿地征占用审批时，应改变湿地是“闲杂地”或“未利用地”的概念；同时要研究出台占补平衡政策，采用经济措施和法制手段来调控湿地征占用并防止多占滥占。对于沿海滩涂湿地，在顾及浙江沿海地区经济社会发展的大局和全省土地资源紧缺客观实际的同时，本着生态优先、持续利用的原则，制定科学的围垦政策，实现围垦规模、速度、区域与滩涂的自然资源和承载力相适应。内陆湖泊等天然湿地不具有自然淤涨的特性，围垦利用应更严控制，杜绝随意侵占。

3　重视湿地旅游的可持续发展

湿地景观作为一种脆弱的自然资源，可逆性差，一旦被污染或破坏，很难得到恢复，有的甚至无法恢复。因此，湿地景观资源的开发与利用应在维护湿地生态平衡、保护湿地环境和生物多样性的前提下，开展适度的生态旅游。应端正旅游开发的指导思想，纠正“有资源就可开发”的错误观念，把开发和建设思想统一到与生态环境协调一致的可持续发展理念上来。要坚决避免重走“先污染后治理”的老路，旅游开发项目必须在得到充分论证并对社会和环境影响作出评估后，按照开发和保护相结合的要求，在保护的基础上进行适度开发。

4　积极倡导清洁生产和节约用水

大力推进“五水共治”行动，实施严格的陆源污染物入河、入海量总量控制；充分考虑河流、海洋的环境容量，着力削减工业废水、生活污水、禽兽养殖污染和城市面源污染等陆源污染排放量。坚持环境与发展综合决策，严格执行“三同时”制度和环保准入制度，积极发展循环经济，实行清洁生产，从源头上防治环境污染和生态破坏。同时，依靠科技进步，调整农业生产结构和种植模式，大力推广先进的农灌技术、节约灌溉用水；提高工业用水重复利用率，节约工业用水，提升水资源循环利用能力和水平。

5 树立湿地资源可持续利用示范

湿地资源是水资源、土地资源、生物资源、景观资源、矿产资源、能源资源等多种资源类别的集合体，涉及林业、农业、渔业、能源、矿产、水利、土地等多个部门，湿地资源合理利用必须充分发挥其各个组成资源类别的效益，只有实行科学利用才能产生持久的综合效益。湿地的功能、湿地的价值和作用、湿地保护管理的重要性目前尚未被公众广泛接受，各级政府应根据当地湿地的资源禀赋特点和优势，建立相适应的湿地可持续利用典型示范，如生态养殖、高效生态农业、农牧渔复合经营、退田还湖(水)、稻鱼(蟹)复合经营、滩涂生态养殖、近海与海岸风能利用、潮汐能利用等模式，在典型试验、总结经验的基础上加以推广，以点带面促进发展，为全省湿地资源可持续利用树立样板。

第五章 湿地资源评价

第一节 湿地生态状况

1 湿地水环境状况

根据 2013 年《浙江省环境状况公报》，全省内陆湿地水质总体较好，江河干流总体水质基本良好，部分支流和流经城镇的局部河段仍存在不同程度的污染，鳌江、京杭运河和平原河网污染仍然严重(图 5-1)；湖泊存在一定程度富营养化现象，水库以中营养为主。水体主要污染指标是总磷、氨氮、石油一类。大部分城市的主要饮用水源地水质良好。据全省 221 个省控断面监测结果统计，水质达到或优于地表水环境质量Ⅲ类标准的断面占 63.8%（其中Ⅰ类 9.1%、Ⅱ类 27.1%，Ⅲ类 27.6%），Ⅳ类占 15.4%，Ⅴ类和劣Ⅴ类占 20.8%（其中Ⅴ类 8.6%，劣Ⅴ类 12.2%）。

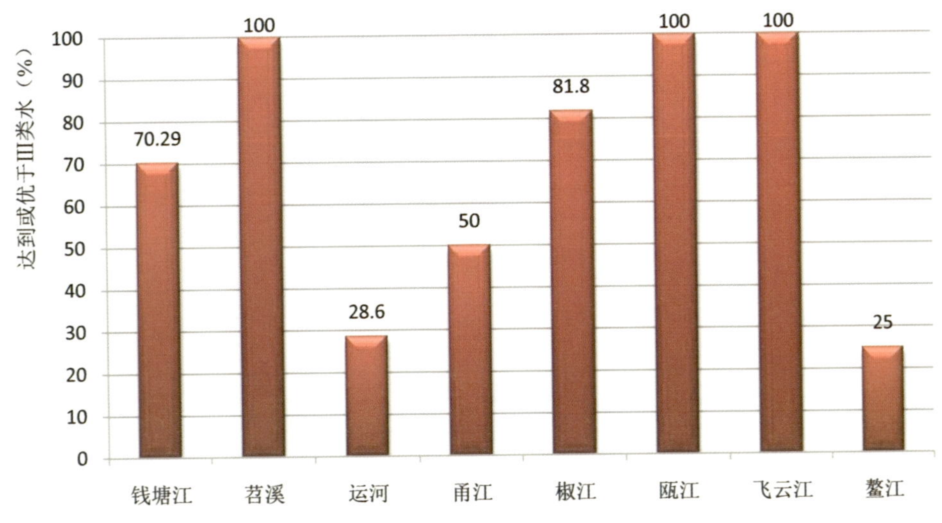

图 5-1　浙江江河水系水质达到或优于Ⅲ类标准情况

近海海域水质受无机氮、活性磷酸盐超标影响，海域水体呈中度富营养化状态，水质状况级别极差。嘉兴、舟山、宁波、台州和温州 5 个沿海城市近岸海域中，温州水质状况级别为差，一、二类海水比例小于 50%，劣四类海水占 11.3%，水体处于轻度富营养化状态；舟山、宁波、台州水质状况级别为极差，四类和劣四类海水比例在 50.7% ~58.5%，水体均处于中度富营养化状态；嘉兴近岸海域水质最差，全部为劣四类海水，水体处于严重富营养化状态。杭州湾、象山港、三门湾、乐清湾 4 个重要海湾全部为劣四类水质。其中，三门湾处于轻度富营养化状态，乐清湾处于中度富营养化状态、象山港处于重度富营养化状态，杭州湾水体处于严重富营养化状态。

2 湿地生态状况评价

2.1 评价方法

2.1.1 评价指标

湿地生态状况直接反映湿地生态系统的健康水平，也是评价湿地生态功能是否正常和满足人类需要的重要依据。依据全省第二次湿地资源调查成果数据，综合利用反映湿地生态状况的自然湿地面积、生物多样性、水环境，及湿地利用和威胁状况等方面指标(表 5-1)，选取部分重点调查湿地进行湿地生态状况的综合评价。

表 5-1 湿地生态状况评价指标体系一览表

一级指标	二级指标	三级指标	因子指标
自然指标	景观指标	自然湿地率	自然湿地面积/湿地总面积
		湿地密度	平均斑块面积/湿地总面积
		湿地斑块密度	湿地斑块数量/湿地总面积
	生物多样性指标	单位面积物种多度	物种数量/湿地面积
		植物覆盖度	植被面积/湿地面积
		外来物种入侵	有、无
	水环境指标	污染物	有、无
		富营养	贫、中、富
		水质级别	Ⅰ、Ⅱ、Ⅲ、Ⅳ、Ⅴ
人为干扰指标	社会指标	人口密度	人口数量/重点调查面积
		利用情况	工业(旅游)、农业、水利、未利用
	威胁指标	威胁因子数量	数量
		威胁程度	安全、轻、重

2.1.2 指标赋值

采用层次分析法(AHP)和德尔菲法，对评价指标进行分级和赋值，确定权重，各指标权重见表 5-2。采用统计学累计求和，计算每处重点湿地生态状况综合得分。

$$综合得分 = \sum 指标值 \times 指标权重$$

指标赋值方法如下：

①自然湿地率、湿地密度、湿地斑块密度、单位面积物种多度、植被覆盖度和人口密度6个指标根据大小分为五级，分别赋值1、3、5、7、9，指标值越高反映的生态状况越好。

②外来物种入侵和污染物2个指标分两个等级，“有”赋值2，“无”赋值8。

③营养状况指标分三级，“贫营养”赋值8，“中营养”赋值5，“富营养”赋值2。

④水质级别指标分五级，分别赋值9、7、5、3、1。

⑤利用情况指标分四级，“工业”(旅游)赋值3，“农业”(种植、牧业、林业)赋值5，“水源地”赋值7，“未利用”赋值9。

⑥威胁因子数量指标分为十级，采用“10－数量”来赋值。

⑦威胁程度指标分为三级，“安全”赋值8、“轻度”赋值5、“重度”赋值2。

表5-2　湿地生态状况评价指标权重表

一级指标		二级指标		三级指标	
指　标	权　重	指　标	权　重	指　标	权　重
自然指标	0.6	景观指标	0.06	自然湿地率	0.030
				湿地密度	0.012
				湿地斑块密度	0.018
		生物多样性指标	0.27	单位面积物种多度	0.108
				植物覆盖度	0.108
				外来物种入侵	0.054
		水环境指标	0.27	污染物	0.054
				富营养	0.081
				水质级别	0.135
人为干扰指标	0.4	社会指标	0.16	人口密度	0.064
				利用情况	0.096
		威胁指标	0.24	威胁因子数量	0.084
				威胁程度	0.156

然后，根据综合得分，对重点调查湿地的生态状况进行综合评定，再利用统计学自然断点法对重点调查湿地的生态状况综合得分进行划分，分为好、中、差3个等级。

2.2　各重点调查湿地生态状况评价结果

根据上述评价方法对全省44处重点调查湿地进行生态状况评价，由于泰顺雅阳热矿泉遗迹省级保护区、宁波镇海棘螈自然保护小区、绍兴兰亭大庙坞鹭鸟自然保护小区和丽水大山峰高山沼泽湿地这4处重点调查湿地面积较小，采用上述方法进行湿地生态状况评价效果不佳，故未对上述4处重点调查湿地进行生态状况评价。其他40处重点调查湿地评价为“好”的有12处，大部分为湿地保护区、国家湿地公园；“中”的有18处，主要以省级湿地公园为主；“差”的有10处，主要集中在海岸湿地，见表5-3。

表5-3 各重点调查湿地生态状况评价得分与等级一览表

序号	湿地名称	得分	评价
1	景宁望东垟高山湿地省级自然保护区	0.8934	好
2	淳安千亩田山地沼泽湿地自然保护小区	0.8468	好
3	韭山列岛国家级海洋生态自然保护区	0.8378	好
4	南麂列岛国家级海洋生态自然保护区	0.8187	好
5	开化钱江源省级湿地公园	0.8014	好
6	衢州乌溪江国家湿地公园	0.7978	好
7	定海五峙山鸟类栖息和繁殖省级自然保护区	0.7752	好
8	德清下渚湖国家湿地公园	0.7523	好
9	杭州西溪国家湿地公园	0.7514	好
10	长兴仙山湖国家湿地公园	0.7359	好
11	千岛湖湿地	0.7170	好
12	嘉兴石臼漾省级湿地公园	0.7168	好
13	宁波东钱湖湿地	0.6934	中
14	丽水九龙国家湿地公园	0.6920	中
15	龙游绿葱湖省级湿地公园	0.6860	中
16	东阳东白山省级湿地公园	0.6801	中
17	绍兴镜湖湿地	0.6657	中
18	玉环漩门湾国家湿地公园	0.6406	中
19	庵东沼泽区湿地	0.6300	中
20	长兴扬子鳄省级自然保护区	0.6184	中
21	西湖湿地	0.6038	中
22	台州鉴洋湖省级湿地公园	0.5874	中
23	临海三江国家城市湿地公园	0.5768	中
24	诸暨白塔湖国家湿地公园	0.5756	中
25	京杭古运河(浙江段)湿地	0.5703	中
26	岱山秀山岛省级自然保护区	0.5636	中
27	常山县同弓太公山鸟类自然保护区	0.5607	中
28	桐乡永秀白荡漾湿地生态自然保护区	0.5602	中
29	舟山群岛海岸湿地	0.5495	中
30	杭州湾海岸湿地	0.5271	中

（续）

序 号	湿地名称	得 分	评 价
31	安吉竹溪省级湿地公园	0.4843	差
32	青田鼋省级自然保护区	0.4798	差
33	象山港海岸湿地	0.4729	差
34	三门湾海岸湿地	0.4727	差
35	乐清湾海岸湿地	0.4710	差
36	温州湾海岸湿地	0.4708	差
37	嘉善汾湖湿地	0.4691	差
38	湖州双林漾湿地	0.4674	差
39	太湖湿地	0.4662	差
40	灵昆岛东滩湿地	0.4595	差

注：指标得分是经过归一化处理以后的结果。

第二节 湿地受威胁状况

1 湿地环境污染依然严重

水环境污染是浙江湿地面临的最严重威胁之一，湿地污染不仅使水质恶化，也对湿地的生物多样性造成严重危害。2013 年，浙江省近海海域水质受无机氮、活性磷酸盐超标的影响，海域水体呈中度富营养化状态，水质状况级别很差。杭州湾、象山港、三门湾和乐清湾等 4 个重要海湾全部为劣Ⅳ类水质，历史上自然形成的一些重要鸟类、海洋经济鱼、虾、蟹和贝藻类生物产卵场、育肥场或越冬场正逐渐消失。在农业生产中，全省每年的农药施用量达到 6.22 万吨，化肥施用量 92.43 万吨，并以年平均 2% 的速度增长，农业面源污染十分严重。此外，2013 年废水排放量达到 419120 万吨，并呈不断增长态势，部分天然湿地已成为工农业废水、生活污水的承泄区，严重威胁着湿地生态系统稳定。

2 滩涂过度围垦情况突出

滩涂围垦是造成潮间淤泥质海滩湿地逐渐减少的直接原因，对湿地资源构成了严重威胁。1950～1999 年，全省共围涂 14.35 万公顷，平均每年围垦 0.29 万公顷。进入 21 世纪后，随着经济发展和城市建设进程加快，为解决当前建设用地紧张的矛盾，不断加大、加快了对滩涂资源的围垦力度。2000～2010 年平均每年围涂面积约 0.52 万公顷，其速度已远超过岸滩自然淤涨的速度。根据浙江省围垦局规划，2011～2015 年计划围垦滩涂 29 片，总面积 2.51 万公顷，年平均围涂面积仍达 0.50 万公顷；2016～2020 年将新围垦滩涂 21 片，总面积 2.14 万公顷，年平均围涂面积0.43万公顷。长此以往，势必造成浅海与海岸湿地面积特别是潮间淤泥质海滩湿地面积连年减少，湿地植被、自然景观遭到破坏，湿地动物丧失家园，湿地生态系统失去平衡。

3 外来生物入侵危害加剧

生物入侵是某种生物从外地自然侵入或被人为引进，成为野生状态，并进一步繁殖、扩张，对本地生态系统造成一定危害的现象。对于湿地生态系统，入侵物种种类和危害程度正逐步加重。本次湿地资源调查中发现的主要入侵植物有凤眼莲、喜旱莲子草、加拿大一枝黄花、水盾草、互花米草等。凤眼莲、喜旱莲子草在内陆淡水水域疯狂扩张，繁殖力极强，不但造成河道阻塞，阻碍排灌和泄洪，对原生湿地生态系统造成毁灭性破坏，已经成为淡水湿地生态系统的公害，难以根除。20世纪80年代引种作为护堤植物互花米草，在东部沿海滩涂快速繁殖，虽然对促淤造陆和固定岸线有积极作用，但其大面积繁殖改变了沿海潮间带的地形，竞争并逐渐取代占据本土土著种的生态地位，改变大型底栖无脊椎生物群落的结构，影响了水鸟的栖息和觅食环境，严重威胁到沿海滩涂湿地的生物多样性和稳定性。此外，外来入侵动物克氏螯虾、福寿螺、巴西龟、牛蛙等，在湿地范围迅速扩散，已发展成为有害生物。

4 湿地生物资源利用过度

湿地生物资源过度利用，不仅使湿地动植物资源受到破坏，生物多样性下降，而且严重威胁到湿地生态平衡。酷渔滥捕，特别是滥捕亲鱼、幼鱼，严重影响了鱼类资源的自然补充，从而造成渔业资源逐渐衰退，经济鱼类年捕获数量明显下降，捕获结构呈低龄化、小型化、低值化。过度猎捕，同样是造成鸟类、两栖类、爬行类、哺乳类动物资源下降的重要原因。历史上像水獭、獐、虎纹蛙等资源非常丰富，但因过度捕捉，现已成为濒危动物。虽然，近年来保护野生动物执法力度大大加强，但捡拾鸟蛋、张网捕鸟、滥捕蛙类蛇类等现象至今也未能禁绝。有些湿地植物因具有较高的经济价值，人们为追求短期经济效益而无节制地进行采挖，造成资源趋于枯竭之境地，如明党参、珊瑚菜等。

第三节 湿地资源动态变化分析

1 两次调查技术口径比较

浙江省第一次湿地资源调查（以下简称"一调"），根据林业部《全国湿地资源调查与监测技术规程》(1997)、《有关湿地资源调查技术问题的说明》(1997)和浙江省林业厅《浙江省湿地资源调查及监测技术操作细则》(1997)规定执行，于1994~2000年完成。

浙江省第二次湿地资源调查（以下简称"二调"），按照国家林业局《全国湿地资源调查技术规程（试行）》(2010)和浙江省林业厅《浙江省湿地资源调查技术操作细则》(2011)规定执行，于2011~2013年完成。全省两次湿地资源调查在调查起始面积、技术标准和调查手段存在一定差异，见表5-4。

表5-4　浙江省两次调查技术口径比较

类　别		“一调”	“二调”
调查范围	起调面积	≥100 公顷	≥8 公顷
技术标准	浅海水域	低潮线与5米等深线之间的面积	低潮线与6米等深线之间的面积
	三角洲	指由沙岛、沙洲、沙嘴等发育而成的冲积低平原；含人工湿地，如稻田	河口系统四周，冲积的泥/沙滩、沙洲、沙岛，植被盖度<30%；不含稻田
	永久性河流	10公里长、10米宽以上	5公里长、10米宽以上
	洪泛平原湿地	河水泛滥淹没的河流两岸地势平坦地区(泻洪区)，包括河滩、泛滥的河谷、季节性泛滥的草地，也包括范围内的人工湿地，如稻田	河床至河流多年平均最高水位所淹没的河滩、河心洲、河谷、季节性泛滥的草地、内陆三角洲。不含稻田湿地
	运河/输水河	只调查京杭运河，未作统计	均作调查
	水产养殖场	未调查	均作调查
	盐田	未调查	均作调查
技术手段	调查底图	1:5万纸质地形图配以1998～1999年30米分辨率美国陆地资源卫星(LANDSAT－TM)数据	2009～2010年2.5米分辨率SPOT5；1:1万地形图基础矢量信息数据库
	湿地面积求算	河口湿地、河流湿地等湿地面积以手工量算长度乘以平均宽度；库塘湿地面积以资料引用为主	所有湿地斑块均应用计算机Arcgis软件求算

2　两次调查面积概况

“一调”调查起始面积为100公顷以上的近海与海岸湿地、湖泊、沼泽和人工湿地的库塘以及宽度大于10米、长度大于10公里的河流。调查结果为：湿地面积79.51万公顷，湿地率7.81%。其中，天然湿地面积68.88万公顷，人工湿地面积10.63万公顷。按湿地类型分，近海与海岸湿地57.43万公顷，占全省湿地面积72.23%；河流湿地11.14万公顷，占全省湿地面积14.01%；湖泊湿地0.30万公顷，占全省湿地面积0.38%；沼泽湿地0.01万公顷，占全省湿地面积0.01%；人工湿地10.63万公顷，占全省湿地面积13.37%(表5-5)。

“二调”调查起始面积为8公顷以上的近海与海岸湿地、湖泊、沼泽和人工湿地以及宽度大于10米、长度大于5公里的河流。调查结果为：湿地面积111.01万公顷，湿地率10.90%。其中，天然湿地面积84.33万公顷，人工湿地面积26.68万公顷。按湿地类型分，近海与海岸湿地69.25万公顷，占全省湿地面积62.38%；河流湿地14.12万公顷，占全省湿地面积12.72%；湖泊湿地0.88万公顷，占全省湿地面积0.79%；沼泽湿地0.07万公顷，占全省湿地面积0.07%；人工湿地26.68万公顷，占全省湿地面积24.04%(表5-5)。

表 5-5 两次调查湿地面积总体比较(公顷)

湿地类型	"一调"	"二调"
近海与海岸湿地	574254	692523.36
河流湿地	111405	141230.69
湖泊湿地	3020	8793.24
沼泽湿地	114	743.54
人工湿地	106267	266838.22
合 计	795060	1110129.05

3 同口径比较

由于两次湿地资源调查在调查范围、技术标准、技术手段和调查方法上均不尽相同，因此需通过技术处理将"二调"湿地面积按"一调"调查范围、技术标准与统计口径进行汇总，其湿地面积为77.71万公顷，较"一调"湿地面积79.51万公顷，减少了1.80万公顷，减少2.26%。其中，近海与海岸湿地面积增加1.36万公顷，增加2.38%；河流湿地面积减少3.01万公顷，减少27.01%；湖泊湿地面积增加0.10万公顷，增加32.60%；沼泽湿地面积增加0.02万公顷，增加136.83%；人工湿地面积减少0.27万公顷，减少2.52%。各湿地类型面积比较见表5-6、图5-2。

表 5-6 两次调查湿地面积同口径比较

湿地类型	"一调"面积(公顷)	"二调"按"一调"口径面积(公顷)	差值(公顷)	增减率(%)	备 注
	1	2	3 = 2 - 1	4	5
近海与海岸湿地	574254	587901.00	13647.00	2.38	
浅海水域	286453	302788.41	16335.41	5.70	"二调"结果剔除等深线5~6米之间浅海水域面积65055公顷；剔除外岛浅海水域湿地33530公顷
岩石海岸	6009		-6009.00	-100	
沙石海滩	628	2012.24	1384.24	220.42	
淤泥质海滩	145009	142913.82	-2095.18	-1.44	
潮间盐水沼泽	21024	16402.61	-4621.39	-21.98	
河口水域	78631	94394.86	15763.86	20.05	
三角洲	31341	23448.89	-7892.11	-25.18	"二调"结果增加范围内稻田湿地面积22907公顷
海岸性淡水湖	5159	5940.17	781.17	15.14	

（续）

湿地类型	"一调"面积（公顷）	"二调"按"一调"口径面积（公顷）	差值（公顷）	增减率（%）	备　注
	1	2	3=2-1	4	5
河流湿地	111405	81319.80	-30085.20	-27.01	
永久性河流	82503	62596.56	-19906.44	-24.13	
洪泛平原湿地	28902	18723.24	-10178.76	-35.22	"二调"结果增加范围内稻田湿地面积18185公顷
湖泊湿地	3020	4004.51	984.51	32.60	
永久性淡水湖	3020	4004.51	984.51	32.60	
沼泽湿地	114	269.99	155.99	136.83	
草本沼泽	114	269.99	155.99	136.83	
人工湿地	106267	103588.20	-2678.80	-2.52	
库塘	106267	103588.20	-2678.80	-2.52	
合　计	795060	777083.50	-17976.50	-2.26	

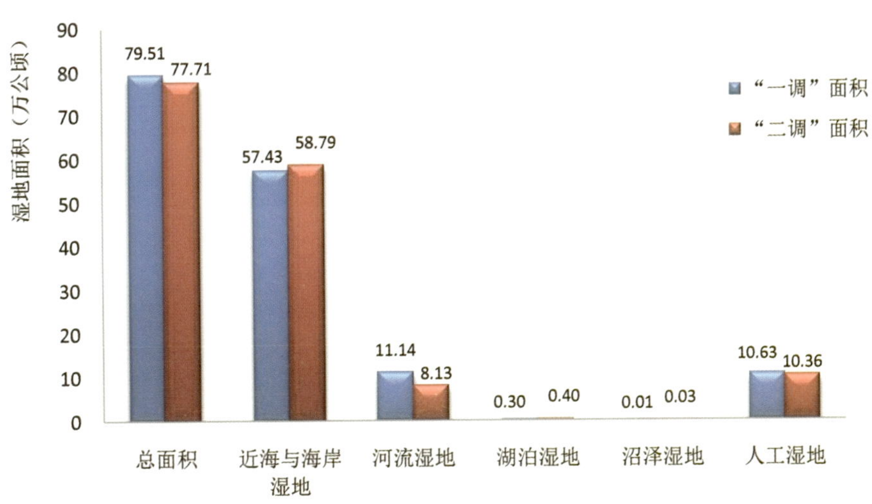

图 **5-2**　两次调查湿地面积同口径比较

4　原因分析

4.1　近海与海岸湿地

近海与海岸湿地面积增加1.36万公顷，主要是浅海水域和河口水域面积增加。

浅海水域湿地面积增加1.63万公顷。主要由于滩涂围垦，使大陆海岸线、新淤积滩涂往大海外移，同样低潮线也在外移，造成浙江省浅海湿地范围的扇面扩大，致使湿地面积增加。

岩石海岸湿地面积减少0.60万公顷。主要是近年来大面积的滩涂围垦，岩石海岸被人工海岸等类型切割的比较零散，连片面积100公顷以上的几乎不存在。

淤泥质海滩和潮间盐水沼泽湿地面积减少0.67万公顷。由于近年来加快了海涂的围垦，使其自然淤涨的速度跟不上围垦速度，导致其面积减少。

河口水域湿地面积增加1.58万公顷。原因有二，一是部分河口滩林现已不存在，增加了河口水域面积；二是“二调”使用调查底图比“一调”清晰，且面积求算方法较为先进准确。

三角洲湿地面积减少0.79万公顷。主要是该类湿地大部分已被垦殖利用或围堰挖塘进行水产养殖，导致面积减少。

4.2 河流湿地

河流湿地面积减少3.01万公顷，其中永久性河流湿地减少1.99万公顷，洪泛平原湿地减少1.02万公顷。

永久性河流湿地面积减少1.91万公顷。原因有二，一是部分河流上兴建了一批中小型水库，其湿地型改变为库塘；二是“二调”使用调查底图比“一调”清晰，且面积求算方法较为先进准确。

洪泛平原湿地面积减少1.02万公顷。原因为该类湿地大部分已被垦殖利用或围堰挖塘。

4.3 湖泊湿地

湖泊湿地面积增加0.10万公顷，资源基数少，主要是改进调查手段、提高调查精度所致。

4.4 沼泽湿地

沼泽湿地面积增加0.02万公顷，资源基数少，主要是改进调查手段、提高调查精度所致。

4.5 人工湿地(库塘)

近年来，虽然兴建了一批中小型水库，但其湿地面积仍减少了0.27万公顷。分析原因，主要一是“一调”直接引用库塘理论水面面积，并未对其范围内的现实非湿地面积进行扣除。二是围垦、围网养殖使部分库塘变为陆地或水产养殖场等。

第六章
湿地保护与管理

第一节
湿地保护管理状况

1 管理现状

1.1 有关政策法规

近二十年来，国家、省陆续颁布实施了一系列涉及自然资源和环境保护的法律、法规和政策制度，尤其是2012年颁布的《浙江省湿地保护条例》，标志着浙江省湿地保护管理工作从此步入法制化、规范化的管理轨道。

主要政策法规有：

——《中华人民共和国森林法》《中华人民共和国野生动物保护法》《中华人民共和国水法》《中华人民共和国海洋环境保护法》《中华人民共和国土地管理法》《中华人民共和国环境保护法》《中华人民共和国水土保持法》《中华人民共和国水污染防治法》《中华人民共和国陆生野生动物保护实施条例》《中华人民共和国野生植物保护条例》《中华人民共和国自然保护区条例》等国家法律法规。

——《浙江省湿地保护条例》《浙江省陆生野生动物保护条例》《浙江省森林管理条例》《浙江省水资源管理条例》《浙江省基本农田保护条例》《浙江省自然保护区管理办法》《浙江省野生植物保护办法》《浙江省钱塘江管理条例》等地方性法规。

——《湿地保护管理规定》《中国湿地保护行动计划》《全国湿地保护工程规划》《中国生物多样性保护行动计划》《浙江省湿地保护规划(2006～2020年)》《浙江省重点保护野生植物名录(第一批)》《浙江省重点保护陆生野生动物名录》《浙江省海洋功能区划》《浙江省水功能区、水环境功能区划方案》《浙江省生态环境建设规划》《浙江省水资源保护与开发利用总体规划》等规定规划。

1.2 保护管理组织机构

根据国务院规定，国家林业行政主管部门履行湿地保护的综合管理与组织协调职责，对外代表中国政府履行国际湿地公约，对内履行湿地综合管理工作。2005年5月，浙江省人民政府以浙政办发〔2005〕44 号文件明确规定，由浙江省林业厅负责全省湿地综合管理工作。2011 年浙江省人民政府成立了湿地保护工作领导小组；2014 年成立了浙江省绿化与湿地保护委员会，湿地保护办公室设在省林业厅。

浙江省林业厅下设野生动植物保护处，负责组织、协调、指导和监督湿地保护工作，组织开展湿地保护区(小区)、湿地公园等的建设和管理工作，指导监督湿地的合理利用，并承担生物多样性保护及其国际湿地公约的履约相关工作；在浙江省森林资源监测中心设立省湿地与野生动植物资源监测中心，承担全省性的湿地资源调查、监测及分析评价工作；在浙江省林业科学研究院设立省湿地保护研究中心，开展湿地基础性理论研究；在浙江省林学会设立湿地专业委员会，挂靠在中国林业科学研究院亚热带林业研究所。

全省各市、县大多已建立相应的管理机构，负责湿地与野生动植物保护管理工作。全省林业执法管理人员每年不定期地参加国家林业局、省、市举办的法律法规、野生动植物、湿地保护管理等的轮训班，大大提高了管理人员的业务素质，增强了执法队伍的战斗力。

此外，国土、水利、农业、海洋与渔业、环境保护等相关部门，根据各自的法律法规履行着湿地生态系统内的土地资源、水资源、海洋资源、渔业资源及其环境保护等管理工作。如水利厅下设水资源与水土保持处，负责组织水资源调查评价和发布全省水资源公报，指导水生态保护与修复工作等；海洋渔业局下设环境处，负责指导、监管全省海洋类型的自然保护区、特别保护区的工作；环境保护厅下设自然生态保护处协调和监督生物多样性保护工作。

1.3 保护管理工作

1.3.1 保护区与湿地公园建设

建立湿地保护区、湿地公园是保护湿地生态系统和湿地资源的有效途径。目前，全省已建有湿地及与湿地有关的自然保护区 11 个，其中国家级 2 个，省级 6 个，县级 3 个，分属海洋、林业、环保等部门。建立杭州西溪、德清下渚湖、长兴仙山湖、诸暨白塔湖、丽水九龙、衢州乌溪江、玉环漩门湾、慈溪杭州湾等 8 个国家湿地公园；龙游绿葱湖、嘉兴石臼漾、东阳东白山、安吉竹溪、开化钱江源、云和梯田、普陀桃花岛大深水、苍南山海、富春江咕噜咕噜岛、台州鉴洋湖、温岭龙门湖、秀洲莲泗荡、镇海九龙湖、磐安七仙湖等 14 个省级湿地公园。

1.3.2 水资源保护与管理

水是湿地的重要组成部分，党和政府历来重视水资源的保护和利用，采取积极措施解决水资源短缺和污染问题。特别是 2013 年年底浙江省部署的“五水共治”(治污水、防洪水、排涝水、保供水、抓节水)行动，为湿地生态改善和污染防控提供了难得机遇。

目前，全省共划分水功能区 1133 个，区划河长 15379.8 公里，涵盖了全省八大水系的主要河流、湖泊、水库。其中划分保护区 77 个，河流长度 2015.9 公里，分别占总功能区数的 6.80% 和 13.11% 。各流域水功能保护情况见表 6-1。

1.3.3 濒危物种保护拯救

濒危野生动植物大多是生态系统的关键物种、伞护种或指示种。2009 年，浙江省根据 35 种(湿地植物 4 种)极小种群野生植物的濒危现状、保护状况和致濒因子状况，决定采取针对性拯救保护措施，编制了《浙江省极小种群野生植物拯救保护规划》。2012 年 4 月，浙江省人民政府公布

表 6-1 各流域水功能保护区统计表

流 域	保护区(个)	河长(公里)
钱塘江	4	52.0
苕 溪	34	810.3
甬 江	6	160.2
椒 江	8	198.4
瓯 江	17	538.0
飞云江	4	174.7
鳌 江	4	82.3
合 计	77	2015.9

了省重点保护野生植物名录(第一批)，共有蕨类植物、裸子植物、被子植物63科139种。1998年，浙江省公布了省重点保护野生动物名录，共有两栖类、爬行类、鸟类、兽类36科70种。濒危野生动物保护工作取得了突破性进展，如扬子鳄，经过多年的技术攻关，突破了自然繁殖扬子鳄一代，子二代难关，数量从最初的11条野生扬子鳄发展到2013年年底的4398条；朱鹮2008年从陕西引进5对，2013年年底种群数量达到115只；安吉龙王山保护区进行适度的栖息地恢复改造等人工干预措施，有效地保障了安吉小鲵这一物种的生态安全；宁波镇海棘螈保护小区采取扩大保护范围、建立室内繁殖场所等措施，以保证镇海棘螈正常产卵、孵化和幼体发育，提高了种群数量。

1.3.4 湿地恢复与重建

近年来，浙江省在湿地恢复与重建方面做了许多工作，其经验值得国内借鉴。比较典型的有：西溪湿地原面积多达60平方公里，但近百年来，由于战争、动乱、人为过度干预、缺乏严格保护、工业化和城市化的推进，逐步走向衰落，成为周围环境的纳污场所，湿地质量每况愈下，生存遭遇严重危机。2003年，杭州市启动了西溪湿地综合保护工程，通过家居搬迁、河道清淤、植物复种、房屋整修等措施，对其水体、地貌、动植物资源、民俗风情、历史文化进行保护和恢复。2005年经国家林业局批准建立我国首个国家湿地公园。2009年，西溪湿地列入国际重要湿地名录。杭州湾湿地(慈溪)获得世界银行/GEF东亚海洋大生态系统污染削减投资基金500万美元资助，慈溪市政府据此进行湿地保护，为中国和东亚地区沿海湿地及其生物多样性的保护、恢复和可持续利用提供了示范样板。南麂列岛国家自然保护区参与了由全球环境基金(GEF)资助、联合国开发计划署(UNDP)执行、国家海洋局实施的中国南部沿海生物多样性管理项目(SCCBD)，成为中国入选该项目的五个示范区之一。

1.3.5 宣传教育

多年来，浙江省各级林业主管部门按照国家和省政府的要求，在当地政府和有关部门的配合支持下，坚持每年定期开展“世界湿地日”“爱鸟周”和“野生动物保护宣传月”等宣传教育活动，内容包括鸟类识别、大型鸟展、野生鸟放飞、法律与科普知识咨询、湿地知识竞赛等。同时，通过中国湿地博物馆、浙江自然博物馆等窗口对有关湿地和湿地保护与可持续利用等方面知识进行科普教育和宣传。通过形式多样、内容丰富的各种宣传教育活动，大大提高了公众的湿地和野生动物、植物的保护意识，产生了良好的社会效果。

2 面临的主要问题

2.1 相关部门多、协调难度大

湿地及其资源类型多样，开发利用与保护管理涉及水利、海洋、渔业、农业、国土、环保等多个部门。相关业务部门分别为管理湿地生态系统内部的一个资源主体，并均有相应的法规作为行政管理的依据。要素式、部门分割式管理模式体制与湿地生态系统本身的特性不相适应，割裂了管理的系统性，造成湿地保护与滩涂围垦、海洋开发利用、城市化进程、旅游开发、水利防洪设施建设、地下水开采、水资源调配等诸多冲突，在很大程度上制约了湿地保护工作的有效开展。

2.2 基础性研究与监测薄弱

湿地保护利用的基础性研究长期以来处于滞后状态，特别是对湿地的结构、功能、演替规律、效益评价等方面缺乏系统、深入的研究，对湿地的开发利用也缺乏评价机制。同时，湿地资源调查体系不完善，监测体系更不健全，工作时断时续，部门之间监测系统各自为政，信息不对称，导致对湿地生态、生物多样性的系统调查、动态监测与分析不足，缺乏系统和定量的研究，难以有效及时地为各级政府的湿地保护和利用决策提供科学依据。

2.3 湿地保护资金投入不足

长期以来人们从湿地索取多、投入少，保护资金不足是当前湿地保护管理工作面临的一个困境。目前，政府虽对湿地保护的认识有所提高，但对湿地保护工程投入仍然不足，且项目分散，缺乏大手笔的重点项目支持。在资源调查、保护区及示范区建设、湿地监测、湿地研究、人员培训、执法能力与队伍建设等方面缺乏专项资金支持，影响到了现有湿地保护管理工作的正常开展。

2.4 湿地保护体系不完善

浙江省虽已相继批建了一些湿地保护区，但多数属地方级湿地保护区，管理力量薄弱，基础建设滞后等情况仍较突出，覆盖全省的湿地保护网络体系尚未形成，与国家林业局提出自然湿地保护率达到55%的要求有一定差距，湿地保护区建设工作远远没有达到应有的要求。

2.5 湿地保护意识较为淡薄

近年来，公众的环境保护意识有了很大提高，环保理念越来越深入人心。但就湿地保护意识而言，无论是一般民众还是政府部门相对滞后，不同地区、不同群体间的湿地保护意识存在着明显的差异，公众参与湿地保护的机制仍不健全，宣传教育的手段和形式不大丰富，公众较高的权益意识与较低的责任意识之间存在明显的反差，这都对推动湿地生态保护工作、改善湿地环境状况非常不利。

第二节
保护管理对策建议

1　严格按照《浙江省湿地保护条例》依法管理

2012年5月30日，浙江省颁布了《浙江省湿地保护条例》，以法规的形式确立了湿地保护及可持续利用的方针、原则和行为规范，明确了各职能部门的管理分工，以及违法行为的处理方式和程序等，为从事湿地资源管理者、利用者规范了基本的行为准则，实现了湿地保护利用工作有法可依。为此，应严格按照《浙江省湿地保护条例》要求，确定并公布湿地保护名录，科学划定湿地保护红线，进一步完善湿地保护委员会工作机制，充分发挥其综合协调、解决重大问题的职能。各级政府和林业主管部门应成立湿地管理机构、组建管理队伍、制定相关的湿地管理办法，加强湿地管理执法，实现湿地资源可持续利用。

2　加强湿地自然保护区、湿地公园建设

湿地自然保护区和湿地公园共同构成湿地保护群网，在维护和保持湿地生态系统的完整性、稳定性，保护湿地的生物多样性及水鸟的繁殖和越冬栖息地等方面发挥着不可替代的作用。应按照《浙江省湿地保护规划(2006～2020年)》要求，对建设条件较好的长兴扬子鳄自然保护区、景宁县望东垟高山湿地自然保护区等6个自然保护区进行升级保护；规划新建象山港海岸湿地自然保护区、千岛湖水生生态自然保护区、温州湾滩涂水鸟湿地自然保护区等10个自然保护区，其中拟建国家级自然保护区4个，省级自然保护区6个。规划建设16个省级以上湿地公园示范工程，新建宁波东钱湖、嘉善汾湖、桐乡乌镇等10处省级湿地公园；推荐申报定海五峙山鸟类栖息和繁殖保护区加入国际重要湿地名录。通过湿地保护区、湿地公园建设，不断扩大湿地保护面积，完善浙江省湿地保护体系。

3　积极开展水源地生态保护与修复

水源保护是确保饮用水安全的根本所在，在全面推进“五水共治”行动，严格实施“河长制”的同时，积极探索湿地农业、渔业、水利等合理利用示范区建设，有效控制藻类及氮、磷污染，提高水源地生态自净功能。大力开展生态清洁型小流域建设、水源地源头水源涵养林和水土保持林建设，面向湖库坡度25°以上的山体应实施退耕还林。严格控制水源地上游及周边地区的开发活动，依法查处未经规划许可乱砍滥伐、毁林开垦、私挖滥采等破坏生态环境的违法行为，切实加强溪源湿地的保护。

4　尽快出台湿地生态补偿制度

积极实行合理的湿地补偿制度，促进湿地资源权益的统一，补偿措施可采取财政补贴、税收减免、资源优先准入等方法，补偿因保护给相关利益者造成的损失。以国家开展生态补偿试点为

契机，探索建立湿地生态效益补偿机制，实现湿地生态效益补偿的制度化、常态化。

5 广泛开展多种形式的交流合作

浙江湿地是我国湿地生物多样性的重要区域。有关部门要积极争取国际组织和相关机构的支持与帮助，通过国际、国内、政府、民间、双边、多边、单学科、多学科等合作形式，广泛开展合作研究，拓展合作领域，创新合作模式，努力借鉴国内外先进、适用技术；同时，要充分发挥湿地保护区、湿地公园、学会、协会、研究机构、志愿者等方面的力量，搭建信息交流平台，提升浙江省湿地保护管理水平。

6 研建湿地资源常态化综合监测体系

湿地资源综合监测能全面、及时、准确地掌握湿地资源现状和消长变化情况，预测湿地资源的发展趋势，分析变化原因，定期提供动态监测数据，从而为湿地保护与可持续利用提供科学依据。要利用现有的湿地资源数据库和“3S”技术，建立覆盖全省湿地的监测网络，开展湿地资源动态监测。同时，要编制湿地监测规划，建立湿地监测制度，加强对监测技术人员的专业培训，整合各类湿地资源监测机构，建立湿地资源信息、数据共享机制，构建适合浙江省实际的湿地资源综合监测评价体系。

7 加强湿地基础应用技术研究

浙江省湿地类型多、面积大、结构复杂、功能多样，但湿地基础性研究工作十分薄弱。应加强对湿地保护科学研究工作的重视和支持，借助科研机构、高等院校的科研力量，结合全省湿地资源保护与利用工作的要求，开展湿地基础研究与应用技术研究，主要包括湿地发生学、演化规律、湿地对环境的调节功能与生物多样性价值、外来物种安全评价、湿地生态系统结构与功能、退化湿地恢复与重建技术、湿地资源可持续利用与管理技术、湿地效益评价体系等研究。坚持以生态经济学、系统生态学和生物工程学等理论与方法为指导，研究湿地资源开发利用的最佳模式，在保护优先的前提下充分发挥湿地资源的生态、社会与经济价值。

8 加强公众参与促进社区共管

湿地可持续利用必须依靠公众的支持与参与，公众参与方式和参与程度将影响到可持续发展目标实现的进程。为此，湿地管理部门应采取多种媒体形式进行大规模、多角度、深层次宣传湿地功能与保护意义，为湿地保护管理营造良好的舆论氛围。其次，通过湿地保护区、湿地公园建设、湿地保护与恢复项目实施，树立典型样板，充分展示湿地的功能和价值，增强公众的湿地保护意识。此外，要加大对湿地保护管理工作中成绩显著的单位和个人的表彰力度，鼓励当地居民和社区共同参与湿地保护工作，不断提高公众保护湿地的积极性。

附录1 浙江湿地调查区域植物名录

序号	科	属	种	
			中文名	拉丁名
		一、苔藓植物		
1	角苔科	角苔属	角苔	*Anthoceros punctus*
2	羽苔科	羽苔属	长叶羽苔	*Plagiochila flexuosa*
3	耳叶苔科	耳叶苔属	列胞耳叶苔	*Frullania moniliata*
4	绿片苔科	绿片苔属	绿片苔	*Aneura pinguis*
5		片叶苔属	波叶片叶苔	*Riccardia chamaedryfolia*
6			宽片叶苔	*Riccardia latifrons*
7			羽枝片叶苔	*Riccardia multifida*
8			掌状片叶苔	*Riccardia palmata*
9			纤细片叶苔	*Riccardia pusilla*
10	叉苔科	毛叉苔属	毛叉苔	*Apometzgeria pubescens*
11		叉苔属	细肋叉苔	*Metzgeria leptoneura*
12	蛇苔科	蛇苔属	大蛇苔	*Conocephalum conicum*
13			小蛇苔	*Conocephalum japonicum*
14	石地钱科	紫背苔属	无纹紫背苔	*Plagiochasma intermedium*
15		石地钱属	石地钱	*Reboulia hemisphaerica*
16	地钱科	地钱属	风兜地钱	*Marchantia paleacea* var. *diptera*
17			地钱	*Marchantia polymorpha*
18	钱苔科	钱苔属	叉钱苔	*Riccia fluitans*
19			钱苔	*Riccia glauca*
20		浮苔属	浮苔	*Ricciocarpus natans*
21	泥炭藓科	泥炭藓属	拟尖叶泥炭藓	*Sphagnum acutifolioides*
22			暖地泥炭藓	*Sphagnum junghunianum*
23			尖叶泥炭藓	*Sphagnum nemoreum*
24			卵叶泥炭藓	*Sphagnum ovatum*
25			泥炭藓	*Sphagnum palustre*
26			粗叶泥炭藓	*Sphagnum squarrosum*

（续）

序号	科	属	种	
			中文名	拉丁名
27	牛毛藓科	牛毛藓属	黄牛毛藓	*Ditrichum pallidum*
28	凤尾藓科	凤尾藓属	南京凤尾藓	*Fissidens adelphinus*
29			蕨叶凤尾藓	*Fissidens adianthoides*
30			小凤尾藓	*Fissidens bryoides*
31			粗厚凤尾藓	*Fissidens crassipes*
32			卷叶凤尾藓	*Fissidens cristatus*
33			二形凤尾藓	*Fissidens geminiflorus*
34			广东凤尾藓	*Fissidens guangdongensis*
35			裸萼凤尾藓	*Fissidens gymnogynus*
36			粗肋凤尾藓	*Fissidens laxus*
37			大凤尾藓	*Fissidens nobilis*
38			欧洲凤尾藓	*Fissidens osmundoides*
39			疣凤尾藓	*Fissidens papillosus*
40			延叶凤尾藓	*Fissidens perdecurrens*
41			羽叶凤尾藓	*Fissidens plagiochiloides*
42			鳞叶凤尾藓	*Fissidens taxifolium*
43			拟小凤尾藓	*Fissidens tosaensis*
44			惠氏凤尾藓	*Fissidens wichurae*
45			黄叶凤尾藓	*Fissidens zippelianus*
46			车氏凤尾藓	*Fissidens zollingeri*
47	葫芦藓科	立碗藓属	江岸立碗藓	*Physcomitrium courtoisi*
48			红蒴立碗藓	*Physcomitrium eurystomum*
49			黄边立碗藓	*Physcomitrium limbatulum*
50			立碗藓	*Physcomitrium sphaericum*
51	真藓科	真藓属	沼生真藓	*Bryum knowltonii*
52	提灯藓科	提灯藓属	异叶提灯藓	*Mnium heterophyllum*
53			平肋提灯藓	*Mnium laevinerve*
54			刺叶提灯藓	*Mnium spinosum*
55		匐灯藓属	侧枝匐灯藓	*Plagiomnium maximoviczii*
56		毛灯藓属	毛灯藓	*Rhizomnium punctatum*
57	桧藓科	桧藓属	大桧藓	*Rhizogonium dozyanum*
58	珠藓科	泽藓属	泽藓	*Philonotis fontana*
59			细叶泽藓	*Philonotis thwaitesii*
60			东亚泽藓	*Philonotis turneriana*
61	卷柏藓科	卷柏藓属	毛尖卷柏藓	*Racopilum aristatum*

（续）

序号	科	属	种	
			中文名	拉丁名
62	万年藓科	万年藓属	东亚万年藓	*Climacium japonicum*
63	柳叶藓科	柳叶藓属	岸边柳叶藓	*Amblystegium riparium*
64			柳叶藓	*Amblystegium serpens*
65		水灰藓属	纽叶水灰藓	*Hygrohypnum eugyrium*
66			水灰藓	*Hygrohypnum luridium*
67			褐黄水灰藓	*Hygrohypnum ochraceum*
68			钝叶水灰藓	*Hygrohypnum smithii*
69	青藓科	青藓属	台湾青藓	*Brachythecium formosanum*
70			羽枝青藓	*Brachythecium plumosum*
71			短肋青藓	*Brachythecium wichurae*
72		尖喙藓属	疏网尖喙藓	*Oxyrrhynchium laxirete*
73	绢藓科	绢藓属	深绿绢藓	*Entodon luridulus*
74	灰藓科	梳藓属	毛叶梳藓	*Ctenidium capillifolium*
75		长灰藓属	沼生长灰藓	*Herzogiella turfacea*
76		灰藓属	大灰藓	*Hypnum plumaeforme*
77	金发藓科	小金发藓属	东亚小金发藓	*Pogonatum inflexum*
78		拟金发藓属	拟金发藓	*Polytrichastrum formosum*
79		金发藓属	大金发藓	*Polytrichum commune*
二、维管束植物				
（一）蕨类植物				
1	石松科	石松属	石松	*Lycopodium japonicum*
2		灯笼草属	灯笼草	*Palhinhaea cernua*
3	卷柏科	卷柏属	深绿卷柏	*Selaginella doederleinii*
4			异穗卷柏	*Selaginella heterostachys*
5			伏地卷柏	*Selaginella nipponica*
6	水韭科	水韭属	东方水韭	*Isoetes orientalis*
7			中华水韭	*Isoetes sinensis*
8	木贼科	问荆属	问荆	*Equisetum arvense*
9		木贼属	笔管草	*Hippochaete debilis*
10			节节草	*Hippochaete ramosissima*
11	阴地蕨科	阴地蕨属	阴地蕨	*Scepteridium ternatum*
12	瓶尔小草科	瓶尔小草属	瓶尔小草	*Ophioglossum vulgatum*
13	紫萁科	紫萁属	福建紫萁	*Osmunda cinnamomea* var. *fokiense*
14			紫萁	*Osmunda japonica*

（续）

序号	科	属	种	
			中文名	拉丁名
15	海金沙科	海金沙属	狭叶海金沙	*Lygodium microstachyum*
16			海金沙	*Lygodium japonicum*
17			小叶海金沙	*Lygodium scandens*
18	鳞始蕨科	鳞始蕨属	卵叶鳞始蕨	*Lindsaea intertexta*
19		乌蕨属	乌蕨	*Sphenomeris chinensis*
20	姬蕨科	姬蕨属	姬蕨	*Hypolepis punctata*
21	蕨科	蕨属	蕨	*Pteridium aquilinum*
22	凤尾蕨科	凤尾蕨属	蜈蚣草	*Eremochloa ciliaris*
23			井栏边草	*Pteris multifida*
24			泰顺凤尾蕨	*Pteris natiensis*
25	中国蕨科	粉背蕨属	银粉背蕨	*Aleuritopteris argentea*
26		碎米蕨属	毛轴碎米蕨	*Cheilosoria chusana*
27	铁线蕨科	铁线蕨属	铁线蕨	*Adiantum capillus – veneris*
28	水蕨科	水蕨属	水蕨	*Ceratopteris thalictroides*
29	裸子蕨科	凤丫蕨属	凤丫蕨	*Conigramme japonica*
30	蹄盖蕨科	蹄盖蕨属	湿生蹄盖蕨	*Athyrium devolii*
31			修株蹄盖蕨	*Athyrium giganteum*
32			华东蹄盖蕨	*Athyrium niponicum*
33			尖头蹄盖蕨	*Athyrium vidalii*
34		菜蕨属	菜蕨	*Callipteris esculenta*
35		角蕨属	角蕨	*Cornopteris decurrenti – alata*
36			尖羽角蕨	*Cornopteris hakonensis*
37	金星蕨科	毛蕨属	渐尖毛蕨	*Cyclosorus acuminatus*
38			齿牙毛蕨	*Cyclosorus dentatus*
39			华南毛蕨	*Cyclosorus parasiticus*
40			短尖毛蕨	*Cyclosorus subacutus*
41		金星蕨属	钝角金星蕨	*Parathelypteris angulariloba*
42			狭叶金星蕨	*Parathelypteris angustifrons*
43			金星蕨	*Parathelypteris glanduligera*
44			日本金星蕨	*Parathelypteris japonica*
45		卵果蕨属	延羽卵果蕨	*Phegopteris decursive – pinnata*
46		假毛蕨属	镰片假毛蕨	*Pseudocyclosorus falcilobus*
47			普通假毛蕨	*Pseudocyclosorus subochthodes*
48		紫柄蕨属	耳状紫柄蕨	*Pseudophegopteris aurita*
49			星毛紫柄蕨	*Pseudophegopteris levingei*
50			紫柄蕨	*Pseudophegopteris pyrrhorachis*
51		沼泽蕨属	毛叶沼泽蕨	*Thelypteris palustris*
52	铁角蕨科	铁角蕨属	虎尾铁角蕨	*Asplenium incisum*

（续）

序号	科	属	种	
			中文名	拉丁名
53	球子蕨科	荚果蕨属	东方荚果蕨	*Matteuccia orientalis*
54	乌毛蕨科	乌毛蕨属	乌毛蕨	*Blechnum orientale*
55		狗脊属	狗脊	*Woodwardia japonica*
56			胎生狗脊	*Woodwardia prolifera*
57	鳞毛蕨科	贯众属	全缘贯众	*Cyrtomium falcatum*
58			粗齿贯众	*Cyrtomium falcatum* f. *dentatum*
59			贯众	*Cyrtomium fortunei*
60		鳞毛蕨属	东京鳞毛蕨	*Dryopteris tokyoensis*
61	肾蕨科	肾蕨属	肾蕨	*Nephrolepis auriculata*
62	水龙骨科	瓦韦属	瓦韦	*Lepisorus thunbergianus*
63	槲蕨科	槲蕨属	槲蕨	*Drynaria fortunei*
64	苹科	苹属	苹	*Marsilea quadrifolia*
65	槐叶苹科	槐叶苹属	槐叶苹	*Salrinia natans*
66	满江红科	满江红属	蕨状满江红	*Azolla filiculoides*
67			满江红	*Azolla imbricata*
（二）裸子植物				
1	松科	松属	湿地松	*Pinus elliottii*
2			马尾松	*Pinus massoniana*
3			黄山松	*Pinus taiwanensis*
4	杉科	水松属	水松	*Glyptostrobus pensilis*
5		水杉属	水杉	*Metasequoia glyptostroboides*
6		落羽杉属	池杉	*Taxodium ascendens* var. *imbricarium*
7			落羽杉	*Taxodium distichum*
（三）被子植物				
1	木麻黄科	木麻黄属	细枝木麻黄	*Casuarina cunninghamiana*
2			木麻黄	*Casuarina equisetifolia*
3			粗枝木麻黄	*Casuarina glauca*
4	三白草科	蕺菜属	鱼腥草	*Houttuynia cordata*
5		三白草属	三白草	*Saururus chinensis*
6	金粟兰科	金粟兰属	丝穗金粟兰	*Chloranthus fortunei*
7	杨柳科	杨属	意杨	*Populus x*
8		柳属	垂柳	*Salix babylonica*
9			浙江柳	*Salix chekiangensis*
10			银叶柳	*Salix chienii*
11			长柄柳	*Salix dunnii*
12			旱柳	*Salix matsudana*
13			粤柳	*Salix mesnyi*
14			南川柳	*Salix rosthornii*
15			竹柳	*Salix* sp.

（续）

序号	科	属	种	
			中文名	拉丁名
16	杨柳科	柳属	簸箕柳	*Salix suchowensis*
17			日本三蕊柳	*Salix triandra* var. *nipponica*
18	胡桃科	枫杨属	枫杨	*Pterocarya stenoptera*
19	桦木科	桤木属	江南桤木	*Alnus trabeculosa*
20	榆科	朴属	朴树	*Celtis sinensis*
21		榆属	榔榆	*Ulmus parvifolia*
22	桑科	构属	藤葡蟠	*Broussonetia kaempferi*
23			小构树	*Broussonetia kazinoki*
24			构树	*Broussonetia papyrifera*
25		柘属	柘	*Cudrania tricuspidata*
26		桑草属	桑草	*Fatoua pilosa*
27		榕属	天仙果	*Ficus erecta*
28			琴叶榕	*Ficus pandurata*
29			条叶榕	*Ficus pandurata* var. *angustifolia*
30			全叶榕	*Ficus pandurata* var. *holophylla*
31			薜荔	*Ficus pumila*
32		葎草属	葎草	*Humulus scandens*
33		桑属	桑	*Morus alba*
34			鲁桑	*Morus alba* var. *multicaulis*
35			鸡桑	*Morus australis*
36	荨麻科	苎麻属	海岛苎麻	*Boehmeria formosana*
37			细野麻	*Boehmeria gracilis*
38			大叶苎麻	*Boehmeria longispica*
39			洞头水苎麻	*Boehmeria macrophylla* var. *dongtouensis*
40			野苎麻	*Boehmeria nivea*
41			青叶苎麻	*Boehmeria nivea* var. *tenacissima*
42			小赤麻	*Boehmeria spicata*
43			伏毛苎麻	*Boehmeria strigosifolia*
44			悬铃木叶苎麻	*Boehmeria tricuspis*
45		糯米团属	糯米团	*Gonostegia hirta*
46		花点草属	毛花点草	*Nanocnide lobata*
47		紫麻属	紫麻	*Oreocnide frutescens*
48		赤车属	蔓赤车	*Pellionia scabra*
49		冷水花属	小叶冷水花	*Pilea microphylla*
50			矮冷水花	*Pilea peploides*
51			透茎冷水花	*Pilea pumila*
52			粗齿冷水花	*Pilea sinofasciata*
53		雾水葛属	雾水葛	*Pouzolzia zeylanica*

（续）

序号	科	属	种	
			中文名	拉丁名
54	桑寄生科	桑寄生属	锈毛钝果寄生	*Taxillus levinei*
55	马兜铃科	马兜铃属	马兜铃	*Aristolochia debilis*
56		细辛属	杜衡	*Asarum forbesii*
57	蓼科	金线草属	金线草	*Antenoron filiforme*
58			短毛金线草	*Antenoron neofiliforme*
59		荞麦属	野荞麦	*Fagopyrum dibotrys*
60		蓼属	何首乌	*Fallopia multiflora*
61			萹蓄	*Polygonum aviculare*
62			火炭母草	*Polygonum chinense*
63			显花蓼	*Polygonum conspicuum*
64			蓼子草	*Polygonum criopolitanum*
65			虎杖	*Polygonum cuspidatum*
66			稀花蓼	*Polygonum dissitiflorum*
67			戟叶箭蓼	*Polygonum hastato – sagittatum*
68			水蓼	*Polygonum hydropiper*
69			蚕茧蓼	*Polygonum japonicum*
70			愉悦蓼	*Polygonum jucundum*
71			酸模叶蓼	*Polygonum lapathifolium*
72			绵毛酸模叶蓼	*Polygonum lapathifolium* var. *salicifolium*
73			马蓼	*Polygonum longisetum*
74			圆基马蓼	*Polygonum longisetum* var. *rotundatum*
75			长戟叶蓼	*Polygonum maackianum*
76			长花蓼	*Polygonum macranthum*
77			短序小蓼	*Polygonum minus* ssp. *micranthus*
78			小花蓼	*Polygonum muricatum*
79			尼泊尔蓼	*Polygonum nepalense*
80			荭草	*Polygonum orientale*
81			杠板归	*Polygonum perfoliatum*
82			春蓼	*Polygonum persicaria*
83			习见蓼	*Polygonum plebeium*
84			丛枝蓼	*Polygonum posumbu*
85			疏花蓼	*Polygonum praetermissum*
86			无辣蓼	*Polygonum pubescens*
87			大箭叶蓼	*Polygonum sagittifolium*
88			刺蓼	*Polygonum senticosum*
89			箭叶蓼	*Polygonum sieboldii*
90			细叶蓼	*Polygonum taquetii*
91			戟叶蓼	*Polygonum thunbergii*
92			粘液蓼	*Polygonum viscoferum*
93			粗壮粘液蓼	*Polygonum viscoferum* var. *robustum*

（续）

序号	科	属	种	
			中文名	拉丁名
94	蓼科	蓼属	粘毛蓼	*Polygonum viscosum*
95		酸模属	酸模	*Rumex acetosa*
96			皱叶酸模	*Rumex crispus*
97			齿果酸模	*Rumex dentatus*
98			羊蹄	*Rumex japonicus*
99			长刺酸模	*Rumex trisetifer*
100	藜科	藜属	狭叶尖头叶藜	*Chenopodium acuminatum* ssp. *virgatum*
101			藜	*Chenopodium album*
102			红心藜	*Chenopodium album* var. *centrorubrum*
103			土荆芥	*Chenopodium ambrosioides*
104			灰绿藜	*Chenopodium glaucum*
105			小藜	*Chenopodium serotinum*
106		地肤属	地肤	*Kochia scoparia*
107			扫帚菜	*Kochia scoparia* f. *trichophylla*
108		盐角草属	盐角草	*Salicornia europaea*
109		猪毛菜属	无翅猪毛菜	*Salsola komarovii*
110			刺沙蓬	*Salsola ruthenica*
111		碱蓬属	南方碱蓬	*Suaeda australis*
112			碱蓬	*Suaeda glauca*
113			平卧碱蓬	*Suaeda prostrata*
114			盐地碱蓬	*Suaeda salsa*
115	苋科	牛膝属	土牛膝	*Achyranthes aspera*
116			牛膝	*Achyranthes bidentata*
117			柳叶牛膝	*Achyranthes longifolia*
118			红柳叶牛膝	*Achyranthes longifolia* f. *rubra*
119		莲子草属	狭叶莲子草	*Alternanthera nodiflora*
120			空心莲子草	*Alternanthera philoxeroides*
121			莲子草	*Alternanthera sessilis*
122		苋属	凹头苋	*Amaranthus lividus*
123			繁穗苋	*Amaranthus paniculatus*
124			大序绿穗苋	*Amaranthus patulus*
125			刺苋	*Amaranthus spinosus*
126			皱果苋	*Amaranthus viridis*
127		青葙属	青葙	*Celosia argentea*
128	商陆科	商陆属	美洲商陆	*Phytolacca americana*
129	番杏科	粟米草属	粟米草	*Mollugo pentaphylla*
130		番杏属	番杏	*Tetragonia tetragonioides*

（续）

序号	科	属	种	
			中文名	拉丁名
131	马齿苋科	马齿苋属	马齿苋	*Portulaca oleracea*
132		土人参属	土人参	*Talinum paniculatum*
133	石竹科	蚤缀属	蚤缀	*Arenaria serpyllifolia*
134		卷耳属	簇生卷耳	*Cerastium caespitosum*
135			球序卷耳	*Cerastium glomeratum*
136		狗筋蔓属	狗筋蔓	*Cucbalus baccifer*
137		石竹属	石竹	*Dianthus chinensis*
138			瞿麦	*Dianthus superbus*
139		牛繁缕属	牛繁缕	*Malachium aquaticum*
140		漆姑草属	漆姑草	*Sagina japonica*
141		蝇子草属	女娄菜	*Silene aprica*
142			蝇子草	*Silene fortunei*
143			西欧蝇子草	*Silene gallica*
144		拟漆姑属	拟漆姑	*Spergularia marina*
145			闭花拟漆姑	*Spergularia marina* var. *cleistogama*
146		繁缕属	雀舌草	*Stellaria alsine*
147			无瓣繁缕	*Stellaria apetala*
148			翻白繁缕	*Stellaria discolor*
149			繁缕	*Stellaria media*
150			鹅肠繁缕	*Stellaria neglecta*
151	睡莲科	莼属	莼菜	*Brasenia schreberi*
152		水盾草属	水盾草	*Cabomba caroliniana*
153		芡属	芡	*Euryale ferox*
154		莲属	莲	*Nelumbo nucifera*
155		萍蓬草属	萍蓬草	*Nuphar pumilum*
156			中华萍蓬草	*Nuphar sinensis*
157		睡莲属	白睡莲	*Nymphaea alba*
158			红睡莲	*Nymphaea alba* var. *rubra*
159			黄睡莲	*Nymphaea mexicana*
160			香睡莲	*Nymphaea odorata*
161			睡莲	*Nymphaea tetragona*
162	金鱼藻科	金鱼藻属	金鱼藻	*Ceratophyllum demersum*
163			五刺金鱼藻	*Ceratophyllum oryzetorum*
164	毛茛科	银莲花属	鹅掌草	*Anemone flaccida*
165		驴蹄草属	驴蹄草	*Caltha palustris*
166			华东驴蹄草	*Caltha palustris* var. *orientali – sinensis*

（续）

序号	科	属	种	
			中文名	拉丁名
167	毛茛科	铁线莲属	女萎	*Clematis apiifolia*
168			短柱铁线莲	*Clematis cadmia*
169			吴兴铁线莲	*Clematis huchouensis*
170		翠雀属	还亮草	*Delphinium anthriscifolium*
171		毛茛属	禺毛茛	*Ranunculus cantoniensis*
172			茴茴蒜	*Ranunculus chinensis*
173			毛茛	*Ranunculus japonicus*
174			刺果毛茛	*Ranunculus muricatus*
175			肉根毛茛	*Ranunculus polii*
176			石龙芮	*Ranunculus sceleratus*
177			扬子毛茛	*Ranunculus sieboldii*
178			猫爪草	*Ranunculus ternatus*
179		天葵属	天葵	*Semiaquilegia adoxoides*
180	木通科	木通属	三叶木通	*Akebia trifoliata*
181	防己科	木防己属	木防己	*Cocculus orbiculatus*
182		千金藤属	金线吊乌龟	*Stephania cepharantha*
183		防己属	千金藤	*Stephania japonica*
184	樟科	樟属	香樟	*Cinnamomum camphora*
185		山胡椒属	红果钓樟	*Lindera erythrocarpa*
186			山橿	*Lindera reflexa*
187			狭叶山胡椒	*Lindera angustifolia*
188		木姜子属	山鸡椒	*Litsea cubeba* var. *formosana*
189	罂粟科	紫堇属	台湾黄堇	*Corydalis balansae*
190			伏生紫堇	*Corydalis decumbens*
191			紫堇	*Corydalis edulis*
192			海滨黄堇	*Corydalis heterocarpa*
193			刻叶紫堇	*Corydalis incisa*
194			黄堇	*Corydalis pallida*
195			小花黄堇	*Corydalis racemosa*
196			珠芽尖距紫堇	*Corydalis sheareri* var. *bulbillifera*
197		博落回属	博落回	*Macleaya cordata*
198	白花菜科	白花菜属	黄花草	*Cleome viscosa*
199	十字花科	荠属	荠	*Capsella bursa－pastoris*
200		碎米荠属	弯曲碎米荠	*Cardamine flexuosa*
201			假弯曲碎米荠	*Cardamine flexuosa* var. *fallax*
202			碎米荠	*Cardamine hirsuta*

（续）

序号	科	属	种	
			中文名	拉丁名
203	十字花科	碎米荠属	弹裂碎米荠	*Cardamine impatiens*
204			毛果碎米荠	*Cardamine impatiens* var. *dasycarpa*
205			白花碎米荠	*Cardamine leucantha*
206			水田碎米荠	*Cardamine lyrata*
207			浙江碎米荠	*Cardamine zhejiangensis*
208		臭荠属	臭荠	*Coronopus didymus*
209		播娘蒿属	播娘蒿	*Descurainia sophia*
210		独行菜属	独行菜	*Lepidium apetalum*
211			北美独行菜	*Lepidium virginicum*
212		豆瓣菜属	豆瓣菜	*Nasturtium officinale*
213		诸葛菜属	诸葛菜	*Orychophrapmus violaceus*
214		萝卜属	蓝花子	*Raphanus sativus* var. *raphanistroides*
215		蔊菜属	广州蔊菜	*Rorippa cantoniensis*
216			无瓣蔊菜	*Rorippa dubia*
217			球果蔊菜	*Rorippa globosa*
218			蔊菜	*Rorippa indica*
219		菥蓂属	菥蓂	*Thlaspi arvense*
220	茅膏菜科	茅膏菜属	光萼茅膏菜	*Drosera peltata* var. *glabrata*
221			圆叶茅膏菜	*Drosera rotundifolia*
222			叉梗茅膏菜	*Drosera rotundifolia* var. *furcata*
223			匙叶茅膏菜	*Drosera spathulata*
224	景天科	景天属	东南景天	*Sedum alfredii*
225			珠芽景天	*Sedum bulbiferum*
226			凹叶景天	*Sedum emarginatum*
227			垂盆草	*Sedum sarmentosum*
228			狭叶垂盆草	*Sedum sarmentosum* var. *angustifolia*
229	虎耳草科	落新妇属	落新妇	*Astilbe chinensis*
230		金腰属	日本金腰	*Chrysosplenium japonicum*
231			中华金腰	*Chrysosplenium sinicum*
232		溲疏属	宁波溲疏	*Deutzia ningpoensis*
233		绣球属	中国绣球	*Hydrangea chinensis*
234			江西绣球	*Hydrangea jiangxiensis*
235			圆锥绣球	*Hydrangea paniculata*
236			泽绣球	*Hydrangea serrata*
237			腊莲绣球	*Hydrangea strigosa*
238		梅花草属	白耳菜	*Parnassia foliosa*
239		扯根菜属	扯根菜	*Penthorum chinense*
240		虎耳草属	虎耳草	*Saxifraga stolonifera*
241		黄水枝属	黄水枝	*Tiarella polyphylla*

（续）

序号	科	属	种	
			中文名	拉丁名
242	金缕梅科	蚊母树属	小叶蚊母树	*Distylium buxifolium*
243			圆头蚊母树	*Distylium buxsfolium* var. *rotundum*
244	蔷薇科	龙牙草属	龙牙草	*Agrimonia pilosa*
245		唐棣属	东亚唐棣	*Amelanchier asiatica*
246		李属	沼生矮樱	*Cerasus jingningensis*
247		山楂属	野山楂	*Crataegus cuneata*
248		蛇莓属	皱果蛇莓	*Duchesnea chrysantha*
249			蛇莓	*Duchesnea indica*
250		路边青属	柔毛水杨梅	*Geum japonicum* var. *chinense*
251	蔷薇科	石楠属	中华石楠	*Photinia beauverdiana*
252			伞花石楠	*Photinia subumbellata*
253		委陵菜属	三叶委陵菜	*Potentilla freyniana*
254			蛇含	*Potentilla kleiniana*
255			朝天委陵菜	*Potentilla supina*
256			三叶朝天委陵菜	*Potentilla supine* var. *ternata*
257		火棘属	火棘	*Pyracantha fortuneana*
258		蔷薇属	硕苞蔷薇	*Rosa bracteata*
259			月季	*Rosa chinensis*
260			小果蔷薇	*Rosa cymosa*
261			软条七蔷薇	*Rosa henryi*
262			金樱子	*Rosa laevigata*
263			野蔷薇	*Rosa multiflora*
264			单花合柱蔷薇	*Rosa uniflora*
265		悬钩子属	周毛悬钩子	*Rubus amphidasys*
266			掌叶覆盆子	*Rubus chingii*
267			山莓	*Rubus corchorifolius*
268			插田泡	*Rubus coreanus*
269			光果悬钩子	*Rubus glabricarpus*
270			蓬蘽	*Rubus hirsutus*
271			灰毛泡	*Rubus irenaeus*
272			高粱泡	*Rubus lambertianus*
273			茅莓	*Rubus parvifolius*
274			三花悬钩子	*Rubus trianthus*
275			东南悬钩子	*Rubus tsangorum*
276		地榆属	地榆	*Sanguisorba officinalis*
277		绣线菊属	粉花绣线菊	*Spiraea japonica*
278		红果树属	波叶红果树	*Stranvaesia davidiana* var. *undulata*
279	豆科	田皂角属	合萌	*Aeschynomene indica*
280		合欢属	山合欢	*Albizia kalkora*
281		紫穗槐属	紫穗槐	*Amorpha fruiticosa*

（续）

序号	科	属	种	
			中文名	拉丁名
282	豆科	土圞儿属	土圞儿	*Apios fortunei*
283		黄芪属	紫云英	*Astragalus sinicus*
284		杭子梢属	杭子梢	*Campylotropis macrocarpa*
285		刀豆属	海刀豆	*Canavalia lineata*
286		决明属	决明	*Cassia tora*
287		山蚂蝗属	小槐花	*Desmodium caudatum*
288			假地豆	*Desmodium heterocarpon*
289			小叶三点金	*Desmodium microphyllum*
290		野扁豆属	毛野扁豆	*Dunbaria villosa*
291		大豆属	大豆	*Glycine max*
292			野大豆	*Glycine soja*
293		长柄山蚂蝗属	宽卵叶山蚂蝗	*Hylodesmum podocarpium*
294		木蓝属	庭藤	*Indigofera decora*
295			马棘	*Indigofera pseudotinctoria*
296		鸡眼草属	长萼鸡眼草	*Kummerowia stipulacea*
297			鸡眼草	*Kummerowia striata*
298		香豌豆属	海滨山黧豆	*Lathyrus japonicus*
299			毛海滨山黧豆	*Lathyrus japonicus* f. *pubescens*
300		胡枝子属	胡枝子	*Lespedeza bicolor*
301			截叶铁扫帚	*Lespedeza cuneata*
302			美丽胡枝子	*Lespedeza formosa*
303			铁马鞭	*Lespedeza pilosa*
304			细梗胡枝子	*Lespedeza virgata*
305		苜蓿属	天蓝苜蓿	*Medicago lupulina*
306			南苜蓿	*Medicago polymorpha*
307		草木樨属	草木樨	*Melilotus officinalis*
308		崖豆藤属	香花崖豆藤	*Millettia dielsiana*
309		紫藤属	网络崖豆藤	*Millettia reticulata*
310		葛属	野葛	*Pueraria lobata*
311			三裂叶野葛	*Pueraria phaseoloides*
312		刺槐属	刺槐	*Robinia pseudoacacia*
313		田菁属	田菁	*Sesbania cannabina*
314		黄华属	小叶野决明	*Thermopsis chinensis*
315		车轴草属	白三叶	*Trifolium repens*
316		野豌豆属	广布野豌豆	*Vicia cracca*
317			小巢菜	*Vicia hirsuta*
318			大巢菜	*Vicia sativa*
319			四籽野豌豆	*Vicia tetrasperma*
320		豇豆属	山绿豆	*Vigna minima*
321			野豇豆	*Vigna vexillata*
322		丁癸草属	二叶丁癸草	*Zornia cantoniensis*

（续）

序号	科	属	种	
			中文名	拉丁名
323	酢浆草科	酢浆草属	酢浆草	*Oxalis corniculata*
324	牻牛儿苗科	老鹳草属	野老鹳草	*Geranium carolinianum*
325			东亚老鹳草	*Geranium nepalense* var. *thunbergii*
326			老鹳草	*Geranium wilfordii*
327	古柯科	古柯属	东方古柯	*Erythroxylum kunthianum*
328	蒺藜科	蒺藜属	蒺藜	*Tribulus terrestris*
329	楝科	楝属	楝树	*Melia azedarach*
330		香椿属	毛红椿	*Toona ciliata*
331			香椿	*Toona sinensis*
332	远志科	远志属	瓜子金	*Polygala japonica*
333	大戟科	铁苋菜属	铁苋菜	*Acalypha australis*
334		重阳木属	重阳木	*Bischofia javanica*
335		大戟属	细齿大戟	*Euphorbia bifida*
336			泽漆	*Euphorbia helioscopia*
337			飞扬草	*Euphorbia hirta*
338			地锦草	*Euphorbia humifusa*
339			湖北大戟	*Euphorbia hylonoma*
340			斑地锦	*Euphorbia supina*
341			千根草	*Euphorbia thymifolia*
342		一叶萩属	一叶萩	*Flueggea suffruticosa*
343		算盘子属	算盘子	*Glochidion puberum*
344		野桐属	白背叶	*Mallotus apelta*
345			石岩枫	*Mallotus repandus* var. *scabrifolius*
346		叶下珠属	蜜柑草	*Phyllanthus matsumurae*
347			叶下珠	*Phyllanthus urinaria*
348		蓖麻属	蓖麻	*Ricinus communis*
349		乌桕属	乌桕	*Sapium sebiferum*
350	交让木科	交让木属	交让木	*Daphniphyllum macropodum*
351	水马齿科	水马齿属	粟苔	*Callitriche japonica*
352			沼生水马齿	*Callitriche palustris*
353	漆树科	盐肤木属	盐肤木	*Rhus chinensis*
354	冬青科	冬青属	钝齿冬青	*Ilex crenata*
355			硬毛冬青	*Ilex serrata*
356			尾叶冬青	*Ilex wilsonii*
357	卫矛科	卫矛属	白杜	*Euonymus bungeanus*

（续）

序号	科	属	种	
			中文名	拉丁名
358	省沽油科	野鸦椿属	野鸦椿	*Euscaphis japonica*
359	凤仙花科	凤仙花属	凤仙花	*Impatiens balsamina*
360			浙江凤仙花	*Impatiens chekiangensis*
361			华凤仙	*Impatiens chinensis*
362			淡黄绿凤仙花	*Impatiens chlcroxantha*
363			鸭跖草状凤仙花	*Impatiens commellinoides*
364	鼠李科	勾儿茶属	牯岭勾儿茶	*Berchemia kulingensis*
365		鼠李属	长叶鼠李	*Rhamnus crenata*
366		雀梅藤属	雀梅藤	*Sageretia thea*
367	葡萄科	蛇葡萄属	异叶蛇葡萄	*Ampelopsis heterophylla*
368			锈毛蛇葡萄	*Ampelopsis heterophylla* var. *vestita*
369		乌蔹莓属	乌蔹莓	*Cayratia japonica*
370			大叶乌蔹莓	*Cayratia oligocarpa*
371		爬山虎属	绿爬山虎	*Parthenocissus laetivirens*
372			爬山虎	*Parthenocissus tricuspidata*
373		葡萄属	华东葡萄	*Vitis pseudoreticulata*
374			小叶葡萄	*Vitis sinocinerea*
375	椴树科	田麻属	田麻	*Corchoropsis tomentosa*
376		甜麻属	甜麻	*Corchorus aestuans*
377	锦葵科	苘麻属	苘麻	*Abutilon theophrasti*
378		木槿属	海滨木槿	*Hibiscus hamabo*
379			木槿	*Hibiscus syriacus*
380			野西瓜苗	*Hibiscus trionum*
381		黄花稔属	白背黄花稔	*Sida rhombifolia*
382		梵天花属	肖梵天花	*Urena lobata*
383			粗叶地桃花	*Urena lobata* var. *scabriuscula*
384			梵天花	*Urena procumbens*
385			小叶梵天花	*Urena procumbens* var. *microphylla*
386	梧桐科	马松子属	马松子	*Melochia corchorifolia*
387	猕猴桃科	猕猴桃属	异色猕猴桃	*Actinidia callosa*
388			小叶猕猴桃	*Actinidia lanceolata*
389	山茶科	山茶属	红山茶	*Camellia japonica*
390			闪光红山茶	*Camellia lucidissima*
391		柃木属	翅柃	*Eurya alata*

（续）

序号	科	属	种	
			中文名	拉丁名
392	藤黄科	金丝桃属	湖南连翘	*Hypericum ascyron*
393			小连翘	*Hypericum erectum*
394			地耳草	*Hypericum japonicum*
395			金丝梅	*Hypericum patulum*
396			元宝草	*Hypericum sampsonii*
397			密腺小连翘	*Hypericum seniawinii*
398		红花金丝桃属	三腺金丝桃	*Triadenum breviflorum*
399	沟繁缕科	沟繁缕属	三蕊沟繁缕	*Elatine triandra*
400	柽柳科	柽柳属	柽柳	*Tamarix chinensis*
401	堇菜科	堇菜属	戟叶堇菜	*Viola betonicifolia*
402			南山堇菜	*Viola chaerophylloides*
403			蔓茎堇菜	*Viola diffusa*
404			紫花堇菜	*Viola grypoceras*
405			犁头草	*Viola japonica*
406			长萼堇菜	*Viola inconspicua*
407			白花堇菜	*Viola lactiflora*
408			亮毛堇菜	*Viola lucens*
409			紫花地丁	*Viola philippica*
410			柔毛堇菜	*Viola principis*
411			庐山堇菜	*Viola stewardiana*
412			心叶蔓茎堇菜	*Viola tenuis*
413			堇菜	*Viola verecunda*
414	旌节花科	旌节花属	中国旌节花	*Stachyurus chinensis*
415			西域旌节花	*Stachyurus himalaicus*
416	瑞香科	结香属	结香	*Edgeworthia chrysantha*
417	胡颓子科	胡颓子属	蔓胡颓子	*Elaeagnus glabra*
418			牛奶子	*Elaeagnus umbellata*
419	千屈菜科	水苋菜属	耳基水苋	*Ammannia auriculata*
420			水苋菜	*Ammannia baccifera*
421			多花水苋	*Ammannia multiflora*
422		千屈菜属	千屈菜	*Lythrum salicaria*
423		节节菜属	节节菜	*Rotala indica*
424			轮叶节节菜	*Rotala mexicana*
425			圆叶节节菜	*Rotala rotundifolia*
426	海桑科	海桑属	无瓣海桑	*Sonneratia apetala*

（续）

序号	科	属	种	
			中文名	拉丁名
427	红树科	秋茄树属	秋茄树	*Kandelia candel*
428	蓝果树科	喜树属	喜树	*Camptotheca acuminata*
429	桃金娘科	蒲桃属	轮叶蒲桃	*Syzygium grijsii*
430	野牡丹科	野海棠属	方枝野海棠	*Bredia quadrangularis*
431		异药花属	肥肉草	*Fordiophyton fordii*
432		野牡丹属	地菍	*Melastoma dodecandrum*
433	菱科	菱属	南湖菱	*Trapa acornis*
434			乌菱	*Trapa bicornis*
435			二角菱	*Trapa bispinosa*
436			野菱	*Trapa incisa*
437			四瘤菱	*Trapa mammillifera*
438			细果野菱	*Trapa maximowiczii*
439			四角菱	*Trapa natans*
440			格菱	*Trapa pseudoincisa*
441			耳菱	*Trapa potaninii*
442	柳叶菜科	柳叶菜属	光华柳叶菜	*Epilobium amurense*
443			柳叶菜	*Epilobium hirsutum*
444			长籽柳叶菜	*Epilobium pyrricholophum*
445		丁香蓼属	水龙	*Ludwigia adscendens*
446			假柳叶菜	*Ludwigia epilobioides*
447			细果草龙	*Ludwigia leptocarpa*
448			草龙	*Ludwigia octovalvis*
449			卵叶丁香蓼	*Ludwigia ovalis*
450			黄花水龙	*Ludwigia peploides*
451		月见草属	盐地月见草	*Oenothera oakesiana*
452	小二仙草科	小二仙草属	小二仙草	*Haloragis micrantha*
453		狐尾藻属	粉绿狐尾藻	*Myriophyllum aquaticum*
454			穗花狐尾藻	*Myriophyllum spicatum*
455			轮叶狐尾藻	*Myriophyllum verticillatum*
456	五加科	五加属	五加	*Acanthopanax gracilistylus*
457		楤木属	楤木	*Aralia chinensis*
458		常春藤属	中华常春藤	*Hedera nepalensis*
459	伞形科	当归属	紫花前胡	*Angelica decursiva*
460			滨当归	*Angelica hirsutiflora*
461			天目当归	*Angelica tianmuensis*
462		峨参属	峨参	*Anthriscus sylvestris*
463		芹属	细叶旱芹	*Apium leptophyllum*
464		积雪草属	积雪草	*Centella saiatica*
465		明党参属	明党参	*Changium smyrnioides*
466		蛇床属	滨蛇床	*Cnidium japonicum*
467			蛇床	*Cnidium monnieri*

（续）

序号	科	属	种	
			中文名	拉丁名
468	伞形科	胡萝卜属	野胡萝卜	*Daucus carota*
469		珊瑚菜属	珊瑚菜	*Glehnia littoralis*
470		天胡荽属	红马蹄草	*Hydrocotyle nepalensis*
471			长梗天胡荽	*Hydrocotyle ramiflora*
472			天胡荽	*Hydrocotyle sibthorpioides*
473			破铜钱	*Hydrocotyle sibthorpioides*
474			香菇草	*Hydrocotyle vulgaris*
475			肾叶天胡荽	*Hydrocotyle wilfordi*
476		藁本属	藁本	*Ligusticum sinense*
477		水芹属	短辐水芹	*Oenanthe benghalensis*
478			西南水芹	*Oenanthe dielsii*
479			细叶水芹	*Oenanthe dielsii* var. *stenophylla*
480			水芹	*Oenanthe javanica*
481			中华水芹	*Oenanthe sinensis*
482		山芹属	隔山香	*Ostericum citriodora*
483		前胡属	滨海前胡	*Peucedanum japonicum*
484		茴芹属	异叶茴芹	*Pimpinella diversifolia*
485			锯边茴芹	*Pimpinella serra*
486		变豆菜属	变豆菜	*Sanicula chinensis*
487			薄片变豆菜	*Sanicula lamelligera*
488			直刺变豆菜	*Sanicula orthacantha*
489		泽芹属	泽芹	*Sium suave*
490		窃衣属	小窃衣	*Torilis japonica*
491			窃衣	*Torilis scabra*
492	山茱萸科	梾木属	灯台树	*Bothrocaryum controversum*
493	杜鹃花科	杜鹃花属	黄山杜鹃	*Rhododendron anhweiense*
494			天目杜鹃	*Rhododendron fortunei*
495			映山红	*Rhododendron simsii*
496	报春花科	琉璃繁缕属	琉璃繁缕	*Anagallis arvensis*
497			蓝花琉璃繁缕	*Anagallis arvensis* f. *coerulea*
498		点地梅属	点地梅	*Androsace umbellata*
499		珍珠菜属	泽珍珠菜	*Lysimachia candida*
500			细梗香草	*Lysimachia capillipes*
501			过路黄	*Lysimachia christinae*
502			聚花过路黄	*Lysimachia congestiflora*

（续）

序号	科	属	种	
			中文名	拉丁名
503	报春花科	珍珠菜属	黄连花	*Lysimachia davurica*
504			星宿菜	*Lysimachia fortunei*
505			金爪儿	*Lysimachia grammica*
506			点腺过路黄	*Lysimachia hemsleyana*
507			黑腺珍珠菜	*Lysimachia heterogenea*
508			江西珍珠菜	*Lysimachia jiangxiensis*
509			小茄	*Lysimachia japonica*
510			海滨珍珠菜	*Lysimachia mauritiana*
511			小叶珍珠菜	*Lysimachia parvifolia*
512			狭叶珍珠菜	*Lysimachia pentapetala*
513			显苞过路黄	*Lysimachia rubiginosa*
514			腺药珍珠菜	*Lysimachia stenosepala*
515		假婆婆纳属	假婆婆纳	*Stimpsonia chamaedryoides*
516	白花丹科	补血草属	中华补血草	*Limonium sinense*
517	山矾科	山矾属	薄叶山矾	*Symplocos anomala*
518			华山矾	*Symplocos chinensis*
519			朝鲜白檀	*Symplocos coreana*
520			白檀	*Symplocos paniculata*
521	安息香科	安息香属	野茉莉	*Styrax japonicus*
522	木犀科	连翘属	金钟花	*Forsythia viridissima*
523		梣属	苦枥木	*Fraxinus insularis*
524		女贞属	小叶蜡子树	*Ligustrum ibota* var. *microphyllum*
525			蜡子树	*Ligustrum molliculum*
526			小蜡	*Ligustrum sinense*
527	马钱科	醉鱼草属	驳骨丹	*Buddleja asiatica*
528			醉鱼草	*Buddleja lindleyana*
529		蓬莱葛属	蓬莱葛	*Gardneria multiflora*
530	龙胆科	百金花属	日本百金花	*Centaurium japonicum*
531			百金花	*Centaurium pulchellum* var. *altaicum*
532		龙胆属	五岭龙胆	*Gentiana davidii*
533			龙胆	*Gentiana scabra*
534		睡菜属	睡菜	*Menyanthes trifoliata*
535		荇菜属	小荇菜	*Nymphoides coreana*
536			金银莲花	*Nymphoides indica*
537			荇菜	*Nymphoides peltata*
538		獐牙菜属	獐牙菜	*Swertia bimaculata*
539		双蝴蝶属	华双蝴蝶	*Tripterospermum chinense*

（续）

序号	科	属	种	
			中文名	拉丁名
540	夹竹桃科	络石属	温州络石	*Trachelospermum cathayanum*
541			络石	*Trachelospermum jasminoides*
542	萝藦科	鹅绒藤属	鹅绒藤	*Cynanchum chinense*
543			白前	*Cynanchum glaucescens*
544			柳叶白前	*Cynanchum stauntonii*
545		萝藦属	萝藦	*Metaplexis japonica*
546	旋花科	心萼薯属	心萼薯	*Aniseia biflora*
547		打碗花属	打碗花	*Calystegia hederacea*
548			旋花	*Calystegia sepium*
549			肾叶打碗花	*Calystegia soldanella*
550		菟丝子属	南方菟丝子	*Cuscuta australis*
551			菟丝子	*Cuscuta chinensis*
552			金灯藤	*Cuscuta japonica*
553		马蹄金属	马蹄金	*Dichondra repens*
554		甘薯属	空心菜	*Ipomoea aquatica*
555			甘薯	*Ipomoea batatas*
556			毛果甘薯	*Ipomoea cordatotriloba*
557			瘤梗甘薯	*Ipomoea lacunosa*
558			三裂叶甘薯	*Ipomoea triloba*
559		番薯属	厚藤	*Ipomoea pes – caprae*
560		鱼黄草属	鱼黄草	*Merremia hederacea*
561		牵牛属	牵牛	*Pharbitis nil*
562			圆叶牵牛	*Pharbitis purpurea*
563		茑萝属	茑萝	*Quamoclit pennata*
564	紫草科	斑种草属	柔弱斑种草	*Bothriospermum tenellum*
565		琉璃草属	小花琉璃草	*Cynoglossum lanceolatum*
566		紫草属	麦家公	*Lithospermum arvense*
567		砂引草属	砂引草	*Messerschmidia sibirica*
568			细叶砂引草	*Messerschmidia sibirica* var. *angustior*
569		皿果草属	皿果草	*Omphalotrigonotis cupulifera*
570		聚合草属	聚合草	*Symphytum officinale*
571		盾果草属	盾果草	*Thyrocarpus sampsonii*
572		附地菜属	附地菜	*Trigonotis peduncularis*
573	马鞭草科	紫珠属	白棠子树	*Callicarpa dichotoma*
574		莸属	单花莸	*Caryopteris nepetaefolia*

（续）

序号	科	属	种	
			中文名	拉丁名
575	马鞭草科	大青属	大青	*Clerodendrum cyrtophyllum*
576			海州常山	*Clerodendrum trichotomum*
577		过江藤属	过江藤	*Phyla nodiflora*
578		豆腐柴属	豆腐柴	*Premma microphylla*
579		马鞭草属	马鞭草	*Verbena officinalis*
580		牡荆属	牡荆	*Vitex negundo* var. *cannabifolia*
581			白花牡荆	*Vitex negundo* var. *cannabifolia* f. *alba*
582			广东牡荆	*Vitex sampsoni*
583			单叶蔓荆	*Vitex trifolia* var. *simplicifolia*
584	唇形科	筋骨草属	金疮小草	*Ajuga decumbens*
585			紫背金盘	*Ajuga nipponensis*
586		风轮菜属	光风轮	*Clinopodium confine*
587			细风轮菜	*Clinopodium gracile*
588			风轮菜	*Clinopodium umbrosum*
589			风车草	*Clinopodium urticifolium*
590		水蜡烛属	水虎尾	*Dysophylla stellata*
591			水蜡烛	*Dysophylla yatabeana*
592		小野芝麻属	小野芝麻	*Galeobdolon chinense*
593		活血丹属	活血丹	*Glechoma longituba*
594		香茶菜属	显脉香茶菜	*Isodon nervosus*
595			溪黄草	*Isodon serra*
596		野芝麻属	宝盖草	*Lamium amplexicaule*
597			野芝麻	*Lamium barbatum*
598		益母草属	益母草	*Leonurus japonicus*
599			白花益母草	*Leonurus japonicus* f. *niveus*
600		绣球防风属	海滨白绒草	*Leucas chinensis*
601		地笋属	小叶地笋	*Lycopus cavaleriei*
602			地笋	*Lycopus lucidus*
603			硬毛地笋	*Lycopus lucidus* var. *hirtus*
604		薄荷属	薄荷	*Mentha canadensis*
605			皱叶留兰香	*Mentha crispata*
606		荠苧属	华荠苧	*Mosla chinensis*
607			小花荠苧	*Mosla cavaleriei*
608			小鱼仙草	*Mosla dianthera*
609			杭州荠苧	*Mosla hangchouensis*
610			长苞荠苧	*Mosla longibracteata*
611			石荠苧	*Mosla scabra*
612			苏州荠苧	*Mosla soochowensis*
613		牛至属	牛至	*Origanum vulgare*

（续）

序号	科	属	种	
			中文名	拉丁名
614	唇形科	紫苏属	紫苏	*Perilla frutescens*
615			野紫苏	*Perilla frutescens* var. *purpurascens*
616		夏枯草属	夏枯草	*Prunella vulgaris*
617		鼠尾草属	鼠尾草	*Salvia japonica*
618			荔枝草	*Salvia plebeia*
619		黄芩属	半枝莲	*Scutellaria barbata*
620			韩信草	*Scutellaria indica*
621			京黄芩	*Scutellaria pekinensis*
622			柔弱黄芩	*Scutellaria tenera*
623		水苏属	田野水苏	*Stachys arvensis*
624			水苏	*Stachys japonica*
625			针筒菜	*Stachys oblongifolia*
626		香科科属	长毛香科科	*Teucrium japonicum* var. *pilosum*
627			庐山香科科	*Teucrium pernyi*
628			血见愁	*Teucrium viscidum*
629	茄科	枸杞属	枸杞	*Lycium chinense*
630		假酸浆属	假酸浆	*Nicandra physaloides*
631		酸浆属	苦萌	*Physalis angulata*
632			毛苦萌	*Physalis angulata* var. *villosa*
633		茄属	北美水茄	*Solanum carolinense*
634			野海茄	*Solanum japonense*
635			白英	*Solanum lyratum*
636			龙葵	*Solanum nigrum*
637	玄参科	胡麻草属	胡麻草	*Centranthera cochinchinensis*
638		泽番椒属	有腺泽番椒	*Deinostema adenocaula*
639			泽番椒	*Deinostema violaceum*
640		虻眼属	虻眼	*Dopatium junceum*
641		石龙尾属	石龙尾	*Limnophila sessiliflora*
642		母草属	长蒴母草	*Lindernia anagallis*
643			狭叶母草	*Lindernia angustifolia*
644			泥花草	*Lindernia antipoda*
645			短梗母草	*Lindernia brevipedunculata*
646			母草	*Lindernia crustacea*
647			九华山母草	*Lindernia jiuhuanica*
648			宽叶母草	*Lindernia nummularifolia*
649			陌上菜	*Lindernia procumbens*
650			刺毛母草	*Lindernia setulosa*
651		通泉草属	早落通泉草	*Mazus caducifer*
652			纤细通泉草	*Mazus gracilis*
653			匍茎通泉草	*Mazus miquelii*
654			通泉草	*Mazus pumilus*
655			弹刀子菜	*Mazus stachydifolius*

（续）

序号	科	属	种	
			中文名	拉丁名
656	玄参科	小果草属	小果草	*Microcarpaea minima*
657		泡桐属	白花泡桐	*Paulownia fortunei*
658			毛泡桐	*Paulownia tomentosa*
659		马先蒿属	江西马先蒿	*Pedicularis kiangsiensis*
660			返顾马先蒿	*Pedicularis resupinata*
661		短冠草属	毛果短冠草	*Sopubia lasiocarpa*
662		蝴蝶草属	毛叶蝴蝶草	*Torenia benthamiana*
663			光叶蝴蝶草	*Torenia glabra*
664			紫萼蝴蝶草	*Torenia violacea*
665		婆婆纳属	直立婆婆纳	*Veronica arvensis*
666			婆婆纳	*Veronica didyma*
667			多枝婆婆纳	*Veronica javanica*
668			水蔓青	*Veronica lineariifolia*
669			蚊母草	*Veronica peregrina*
670			阿拉伯婆婆纳	*Veronica persica*
671			朝鲜婆婆纳	*Veronica rotunda* var. *coreana*
672			水苦荬	*Veronica undulata*
673		腹水草属	硬毛腹水草	*Veronicastrum villosulum* var. *hirsutum*
674	胡麻科	芝麻属	芝麻	*Sesamum indicum*
675		茶菱属	茶菱	*Trapella sinensis*
676	列当科	野菰属	野菰	*Aeginetia indica*
677			中国野菰	*Aeginetia sinensis*
678	苦苣苔科	粗筒苣苔属	浙皖粗筒苣苔	*Briggsia chienii*
679	狸藻科	狸藻属	黄花狸藻	*Utricularia aurea*
680			南方狸藻	*Utricularia australis*
681			挖耳草	*Utricularia bifida*
682			短梗挖耳草	*Utricularia caerulea*
683			少花狸藻	*Utricularia exoleta*
684			圆叶挖耳草	*Utricularia striatula*
685	爵床科	白接骨属	白接骨	*Asystasiella chinensis*
686		水蓑衣属	水蓑衣	*Hygrophila salicifolia*
687		山蓝属	九头狮子草	*Peristrophe japonica*
688		爵床属	爵床	*Rostellularia procumbens*
689			白花爵床	*Rostellularia procumbens* f. *albiflora*
690		孩儿草属	密花孩儿草	*Rungia densiflora*

（续）

序号	科	属	种	
			中文名	拉丁名
691	苦槛蓝科	苦槛蓝属	苦槛蓝	*Myoporum bontioides*
692	车前科	车前属	车前	*Plantago asiatica*
693			大车前	*Plantago major*
694			北美毛车前	*Plantago virginica*
695	茜草科	水团花属	水团花	*Adina pilulifera*
696			细叶水团花	*Adina rubella*
697		拉拉藤属	猪殃殃	*Galium aparine* var. *echinospermon*
698			四叶葎	*Galium bungei*
699			阔叶四叶葎	*Galium trachyspermum*
700			小叶猪殃殃	*Galium trifidum*
701		栀子属	水栀子	*Gardenia jasminoides*
702		耳草属	厚叶双花耳草	*Hedyotis biflora* var. *parvifolia*
703			金毛耳草	*Hedyotis chrysotricha*
704			伞房花耳草	*Hedyotis corymbosa*
705			白花蛇舌草	*Hedyotis diffusa*
706			剑叶耳草	*Hedyotis lancea*
707			纤花耳草	*Hedyotis tenelliflora*
708		玉叶金花属	大叶白纸扇	*Mussaenda esquirolii*
709		假耳草属	黄细心状假耳草	*Neanotis boerhaavioides*
710			薄叶假耳草	*Neanotis hirsuta*
711			假耳草	*Neanotis ingrata*
712		蛇根草属	蛇根草	*Ophiorrhiza japonica*
713		鸡屎藤属	长序鸡屎藤	*Paederia cavaleriei*
714			鸡矢藤	*Paederia scandens*
715			滨海鸡矢藤	*Paederia scandens* var. *maritime*
716			毛鸡矢藤	*Paederia scandens* var. *tomentosa*
717		茜草属	茜草	*Rubia argyi*
718		六月雪属	白马骨	*Serissa serissoides*
719		风箱树属	风箱树	*Cephalanthus tetrandra*
720	忍冬科	忍冬属	忍冬	*Lonicera japonica*
721			下江忍冬	*Lonicera modesta*
722		接骨木属	接骨草	*Sambucus chinensis*
723		荚蒾属	荚蒾	*Viburnum dilatatum*
724			宜昌荚蒾	*Viburnum erosum*
725			饭汤子	*Viburnum setigerum*
726		锦带花属	水马桑	*Weigela japonica*

（续）

序号	科	属	种	
			中文名	拉丁名
727	败酱科	败酱属	窄叶败酱	*Patrinia heterophylla*
728			斑花败酱	*Patrinia punctiflora*
729			败酱	*Patrinia scabiosaefolia*
730			白花败酱	*Patrinia villosa*
731		缬草属	柔垂缬草	*Valeriana flaccidissima*
732			缬草	*Valeriana officinalis*
733	川续断科	川续断属	续断	*Dipsacus japonicus*
734	葫芦科	合子草属	合子草	*Actinostemma tenerum*
735		绞股蓝属	绞股蓝	*Gynostemma pentaphyllum*
736		马瓞儿属	马瓞儿	*Melothria indica*
737		赤瓟属	南赤瓟	*Thladiantha nudiflora*
738		栝楼属	王瓜	*Trichosanthes cucumeroides*
739			栝楼	*Trichosanthes kirilowii*
740	桔梗科	党参属	羊乳	*Codonopsis lanceolata*
741		半边莲属	半边莲	*Lobelia chinensis*
742			江南山梗菜	*Lobelia davidii*
743			山梗菜	*Lobelia sessilifolia*
744		铜锤玉带草属	铜锤玉带草	*Pratia nummularia*
745		异檐花属	异檐花	*Triodanis perfoliata*
746		兰花参属	兰花参	*Wahlenbergia marginata*
747	菊科	和尚菜属	腺梗菜	*Adenocaulon himalaicum*
748		下田菊属	下田菊	*Adenostemma lavenia*
749			宽叶下田菊	*Adenostemma lavenia* var. *latifolium*
750		藿香蓟属	藿香蓟	*Ageratum conyzoides*
751			熊耳草	*Ageratum houstonianum*
752		豚草属	豚草	*Ambrosia artemisiifolia*
753			三裂叶豚草	*Ambrosia trifida*
754		蒿属	黄花蒿	*Artemisia annua*
755			深绿蒿	*Artemisia atrovirens*
756			茵陈蒿	*Artemisia capillaris*
757			青蒿	*Artemisia caruifolia*
758			滨蒿	*Artemisia fukudo*
759			印度蒿	*Artemisia indica*
760			牡蒿	*Artemisia japonica*
761			白苞蒿	*Artemisia lactiflora*

（续）

序号	科	属	种	
			中文名	拉丁名
762	菊科	蒿属	矮蒿	*Artemisia lancea*
763			野艾蒿	*Artemisia lavandulaefolia*
764			猪毛蒿	*Artemisia scoparia*
765			蒌蒿	*Artemisia selengensis*
766			阴地蒿	*Artemisia sylvatica*
767		紫菀属	三脉紫菀	*Aster ageratoides*
768			微糙三脉紫菀	*Aster ageratoides* var. *scaberulus*
769			长叶紫菀	*Aster dolichophyllus*
770			夏威夷紫菀	*Aster sandwicensis*
771			匙叶紫菀	*Aster spathulifolius*
772			钻形紫菀	*Aster subulatus*
773		鬼针草属	婆婆针	*Bidens bipinnata*
774			金盏银盘	*Bidens biternata*
775			大狼把草	*Bidens frondosa*
776			鬼针草	*Bidens pilosa*
777			白花鬼针草	*Bidens pilosa* var. *radiate*
778			狼把草	*Bidens tripartita*
779		天名精属	烟管头草	*Carpesium cernuum*
780			天名精	*Carpesium abrotanoides*
781		石胡荽属	石胡荽	*Centipeda minima*
782		厚肋苦荬菜属	沙苦荬	*Chorisis repens*
783		蓟属	蓟	*Cirsium japonicum*
784			刺儿菜	*Cirsium setosum*
785		白酒草属	野塘蒿	*Conyza bonariensis*
786			加拿大蓬	*Conyza canadensis*
787			白酒草	*Conyza japonica*
788			苏门白酒草	*Conyza sumatrensis*
789		木耳菜属	革命菜	*Crassocephalum crepidioides*
790		假还阳参属	滨海假还阳参	*Crepidiastrum lanceolatum*
791		芙蓉菊属	芙蓉菊	*Crossstephium chinense*
792		菊属	野菊	*Dendranthema indica*
793			甘野菊	*Dendranthema lavandulifolia*
794		鱼眼草属	鱼眼草	*Dichrocephala integrifolia*
795		东风菜属	东风菜	*Doellingeria scabra*
796		鳢肠属	鳢肠	*Eclipta prostrata*

（续）

序号	科	属	种	
			中文名	拉丁名
797	菊科	一点红属	细红背叶	*Emilia prenanthoides*
798	菊科	一点红属	一点红	*Emilia sonchifolia*
799	菊科	菊芹属	梁子菜	*Erechtites hieracifolia*
800	菊科	飞蓬属	一年蓬	*Erigeron annuus*
801	菊科	飞蓬属	费城飞蓬	*Erigeron philadephicus*
802	菊科	泽兰属	华泽兰	*Eupatorium chinense*
803	菊科	泽兰属	泽兰	*Eupatorium japonicum*
804	菊科	泽兰属	裂叶泽兰	*Eupatorium japonicum* var. *tripartitium*
805	菊科	泽兰属	林泽兰	*Eupatorium lindleyanum*
806	菊科	牛膝菊属	睫毛牛膝菊	*Galinsoga ciliata*
807	菊科	鼠麹草属	鼠麹草	*Gnaphalium affine*
808	菊科	鼠麹草属	白背鼠麹草	*Gnaphalium japonicum*
809	菊科	鼠麹草属	匙叶鼠麹草	*Gnaphalium pensylvanicum*
810	菊科	鼠麹草属	多茎鼠麹草	*Gnaphalium polycaulon*
811	菊科	裸冠菊属	裸冠菊	*Gymnocoronis spilanthoides*
812	菊科	向日葵属	菊芋	*Helianthus tuberosus*
813	菊科	泥胡菜属	泥胡菜	*Hemistepta lyrata*
814	菊科	狗哇花属	普陀狗哇花	*Heteropappus arenarius*
815	菊科	旋覆花属	旋覆花	*Inula japonica*
816	菊科	旋覆花属	线叶旋覆花	*Inula lineariifolia*
817	菊科	小苦荬属	中华小苦荬	*Ixeridium chinensis*
818	菊科	小苦荬属	齿缘小苦荬	*Ixeridium dentatum*
819	菊科	小苦荬属	褐冠小苦荬	*Ixeridium laevigatum*
820	菊科	苦荬菜属	深裂苦荬菜	*Ixeris dissecta*
821	菊科	苦荬菜属	剪刀股	*Ixeris japonica*
822	菊科	苦荬菜属	多头苦荬菜	*Ixeris polycephala*
823	菊科	苦荬菜属	抱茎苦荬菜	*Ixeris sonchifolia*
824	菊科	苦荬菜属	小剪刀股	*Ixeris stolonifera*
825	菊科	马兰属	马兰	*Kalimeris indica*
826	菊科	马兰属	多型马兰	*Kalimeris indica* var. *polymorpha*
827	菊科	马兰属	毡毛马兰	*Kalimeris shimadae*
828	菊科	稻槎菜属	稻槎菜	*Lapsana apogonoides*
829	菊科	稻槎菜属	矮小稻槎菜	*Lapsana humilis*
830	菊科	橐吾属	齿叶橐吾	*Ligularia dentata*
831	菊科	橐吾属	蹄叶橐吾	*Ligularia fischeri*
832	菊科	橐吾属	大头橐吾	*Ligularia japonica*
833	菊科	裸菀属	窄叶裸菀	*Miyamayomena angustifolia*
834	菊科	黄瓜菜属	黄瓜菜	*Paraixeris denticulata*
835	菊科	假福王草属	假福王草	*Paraprenanthes sororia*

（续）

序号	科	属	种	
			中文名	拉丁名
836	菊科	帚菊属	心叶帚菊	*Pertya cordifolia*
837		翅果菊属	高大翅果菊	*Pterocypsela elata*
838			台湾翅果菊	*Pterocypsela formosana*
839			翅果菊	*Pterocypsela indica*
840			多裂翅果菊	*Pterocysela laciniata*
841		千里光属	林荫千里光	*Senecio nemorensis*
842			千里光	*Senecio scandens*
843		虾须草属	虾须草	*Sheareria nana*
844		豨莶属	毛梗豨莶	*Siegesbeckia glabrescens*
845			豨莶	*Siegesbeckia orientalis*
846			腺梗豨莶	*Siegesbeckia pubescens*
847			无腺腺梗豨莶	*Siegesbeckia pubescens* f. *eglandulosa*
848		华千里光属	蒲儿根	*Sinosenecio oldhamianus*
849		一枝黄花属	加拿大一枝黄花	*Solidago canadensis*
850		裸柱菊属	裸柱菊	*Soliva anthemifolia*
851		苦苣菜属	苣荬菜	*Sonchus arvensis*
852			续断菊	*Sonchus asper*
853			苦苣菜	*Sonchus oleraceus*
854			短裂苦苣菜	*Sonchus uliginosus*
855		蒲公英属	蒲公英	*Taraxacum mongolicum*
856		碱菀属	碱菀	*Tripolium vulgare*
857		斑鸠菊属	夜香牛	*Vernonia cinerea*
858		蟛蜞菊属	蟛蜞菊	*Wedelia chinensis*
859			卤地菊	*Wedelia prostrata*
860		苍耳属	加拿大苍耳	*Xanthium canadense*
861			苍耳	*Xanthium sibiricum*
862		黄鹌菜属	异叶黄鹌菜	*Youngia heterophylla*
863			黄鹌菜	*Youngia japonica*
864	香蒲科	香蒲属	水烛	*Typha angustifolia*
865			大卫香蒲	*Typha davidiana*
866			宽叶香蒲	*Typha latifolia*
867			香蒲	*Typha orientalis*
868	黑三棱科	黑三棱属	曲轴黑三棱	*Sparganium fallax*
869			黑三棱	*Sparganium stoloniferum*

（续）

序号	科	属	种	
			中文名	拉丁名
870	眼子菜科	眼子菜属	菹草	*Potamogeton crispus*
871			小叶眼子菜	*Potamogeton cristatus*
872			眼子菜	*Potamogeton distinctus*
873			微齿眼子菜	*Potamogeton maackianus*
874			竹叶眼子菜	*Potamogeton malaianus*
875			钝脊眼子菜	*Potamogeton octandrus* var. *miduhikimo*
876			尖叶眼子菜	*Potamogeton oxyphyllus*
877			篦齿眼子菜	*Potamogeton pectinatus*
878			小眼子菜	*Potamogeton pusillus*
879		川蔓藻属	川蔓藻	*Ruppia maritima*
880		角果藻属	角果藻	*Zannichellia palustris*
881	茨藻科	茨藻属	钩果茨藻	*Najas ancistrocarpa*
882			纤细茨藻	*Najas gracillima*
883			弯果草茨藻	*Najas graminea* var. *recurvata*
884			大茨藻	*Najas marina*
885			小茨藻	*Najas minor*
886	水蕹科	水蕹属	水蕹	*Aponogeton lakhonensis*
887	泽泻科	泽泻属	窄叶泽泻	*Alisma canaliculatum*
888			东方泽泻	*Alisma orientale*
889		泽薹草属	泽薹草	*Caldesia reniformis*
890		毛茛泽泻属	毛茛泽泻	*Ranalisma rostratum*
891		慈姑属	冠果草	*Sagittaria guayanensis*
892			利川慈姑	*Sagittaria lichuanensis*
893			小叶慈姑	*Sagittaria potamogetifolia*
894			矮慈姑	*Sagittaria pygmaea*
895			野慈姑	*Sagittaria trifolia*
896			长瓣慈姑	*Sagittaria trifolia* f. *longiloba*
897			慈姑	*Sagittaria trifolia* var. *edulis*
898	水鳖科	水筛属	无尾水筛	*Blyxa aubertii*
899			齿缘水筛	*Blyxa ceratosperma*
900			有尾水筛	*Blyxa echinosperma*
901			水筛	*Blyxa japonica*
902		黑藻属	黑藻	*Hydrilla verticillata*
903		水鳖属	水鳖	*Hydrocharis dubia*
904		水车前属	水车前	*Ottelia alismoides*
905		苦草属	亚洲苦草	*Vallisneria asiatica*
906			密齿苦草	*Vallisneria denseserrulata*
907			刺苦草	*Vallisneria spinulosa*

（续）

序号	科	属	种	
			中文名	拉丁名
908	禾本科	剪股颖属	剪股颖	*Agrostis clavata*
909			巨序剪股颖	*Agrostis gigantea*
910			台湾剪股颖	*Agrostis rigidula* var. *formosana*
911		看麦娘属	看麦娘	*Alopecurus aequalis*
912			日本看麦娘	*Alopecurus japonicus*
913		荩草属	荩草	*Arthraxon hispidus*
914			中亚荩草	*Arthraxon hispidus* var. *centrasiaticus*
915			匿芒荩草	*Arthraxon hispidus* var. *cryptatherus*
916		野古草属	野古草	*Arundinella anomala*
917		芦竹属	花叶芦竹	*Arundo donax*
918			芦竹	*Arundo donax* var. *versicolor*
919		燕麦属	野燕麦	*Avena fatua*
920			无毛野燕麦	*Avena fatua* var. *glabrata*
921		簕竹属	米筛竹	*Bambusa pachinensis*
922			长毛米筛竹	*Bambusa pachinensis* var. *hirsutissima*
923			青皮竹	*Bambusa textilis*
924			绿竹	*Bambusa atrovirens*
925		簕竹属	孝顺竹	*Bambusa multiplex*
926		茵草属	茵草	*Beckmannia syzigachne*
927		孔颖草属	白羊草	*Bothriochloa ischaemum*
928		臂形草属	毛臂形草	*Brachiaria villosa*
929		雀麦属	雀麦	*Bromus japonicus*
930			疏花雀麦	*Bromus remotiflorus*
931			扁穗雀麦	*Bromus unioloides*
932		拂子茅属	拂子茅	*Calamagrostis epigejos*
933			密花拂子茅	*Calamagrostis epigejos* var. *densiflora*
934		蒺藜草属	蒺藜草	*Cenchrus echinatus*
935		薏苡属	薏米	*Coix chinensis*
936			薏苡	*Coix lacryma – jobi*
937		蒲苇属	蒲苇	*Cortaderia selloana*
938		香茅属	橘草	*Cymbopogon goeringii*
939		狗牙根属	狗牙根	*Cynodon dactylon*
940			双花狗牙根	*Cynodon dactylon* var. *biflorus*
941		龙爪茅属	龙爪茅	*Dactyloctenium aegyptium*

（续）

序号	科	属	种	
			中文名	拉丁名
942	禾本科	野青茅属	疏花野青茅	*Deyeuxia arundinacea* var. *laxiflora*
943			箱根野青茅	*Deyeuxia hakonensis*
944		马唐属	毛马唐	*Digitaria chrysoblephara*
945			升马唐	*Digitaria ciliaris*
946			止血马唐	*Digitaria ischaemum*
947			短叶马唐	*Digitaria radicosa*
948		觿茅属	觿茅	*Dimeria ornithopoda*
949		双稃草属	双稃草	*Diplachne fusca*
950		稗属	长芒稗	*Echinochloa caudata*
951			光头稗	*Echinochloa colonum*
952			稗	*Echinochloa crus – galli*
953			小旱稗	*Echinochloa crus – galli* var. *austro – japonensis*
954			无芒稗	*Echinochloa crus – galli* var. *mitis*
955			西来稗	*Echinochloa crus – galli* var. *zelayensis*
956			孔雀稗	*Echinochloa crus – pavonis*
957			硬稃稗	*Echinochloa glabrescens*
958			旱稗	*Echinochloa hispidula*
959		䅟属	牛筋草	*Eleusine indica*
960		画眉草属	珠芽画眉草	*Eragrostis bulbillifera*
961			知风草	*Eragrostis ferruginea*
962			乱草	*Eragrostis japonica*
963			小画眉草	*Eragrostis minor*
964			宿根画眉草	*Eragrostis perennans*
965			画眉草	*Eragrostis pilosa*
966			长画眉草	*Eragrostis zeylanica*
967		蜈蚣草属	假俭草	*Eremochloa ophiuroides*
968		野黍属	野黍	*Eriochloa villosa*
969		羊茅属	小颖羊茅	*Festuca parvigluma*
970		甜茅属	甜茅	*Glyceria acutiflora* ssp. *japonica*
971			假鼠妇草	*Glyceria leptolepis*
972		球穗草属	球穗草	*Hackelochloa granularis*
973		牛鞭草属	牛鞭草	*Hemarthria altissima*
974			扁穗牛鞭草	*Hemarthria compressa*
975		茅香属	光稃香草	*Hierochloe glabra*
976		水禾属	水禾	*Hygroryza aristata*

（续）

序号	科	属	种	
			中文名	拉丁名
977	禾本科	距花黍属	距花黍	*Ichnanthus vicinus*
978		白茅属	白茅	*Imperata cylindrical* var. *major*
979		柳叶箬属	柳叶箬	*Isachne globosa*
980			浙江柳叶箬	*Isachne hoi*
981			平颖柳叶箬	*Isachne truncata*
982		鸭嘴草属	鸭嘴草	*Ischaemum crassipes*
983			有芒鸭嘴草	*Ischaemum hondae*
984			细毛鸭嘴草	*Ischaemum indicum*
985		假稻属	假稻	*Leersia hexandra* var. *japonica*
986			秕壳草	*Leersia sayanuka*
987		千金子属	千金子	*Leptochloa chinensis*
988			虮子草	*Leptochloa panicea*
989		黑麦草属	多花黑麦草	*Lolium multiflorum*
990			黑麦草	*Lolium perenne*
991			毒麦	*Lolium temulentum*
992		臭草属	大花臭草	*Melica grandiflora*
993		莠竹属	柔枝莠竹	*Microstegium vimineum*
994			莠竹	*Microstegium vimineum* var. *imberbe*
995		芒属	五节芒	*Miscanthus floridulus*
996			荻	*Miscanthus sacchariflorus*
997			芒	*Miscanthus sinensis*
998		沼原草属	沼原草	*Moliniopsis hui*
999		乱子草属	多枝乱子草	*Muhlenbergia ramosa*
1000		河八王属	河八王	*Narenga porphyrocoma*
1001		类芦属	山类芦	*Neyraudia montana*
1002			类芦	*Neyraudia reynaudiana*
1003		求米草属	求米草	*Oplismenus undulatifolius*
1004		稻属	水稻	*Oryza sativa*
1005			糯稻	*Oryza sativa* var. *glutinosa*
1006		稷属	糠稷	*Panicum bisulcatum*
1007			铺地黍	*Panicum repens*
1008		假牛鞭草属	假牛鞭草	*Parapholis incurva*
1009		雀稗属	圆果雀稗	*Paspalum orbiculare*
1010			双穗雀稗	*Paspalum paspaloides*
1011			雀稗	*Paspalum thunbergii*
1012			丝毛雀稗	*Paspalum urvillei*

（续）

序号	科	属	种	
			中文名	拉丁名
1013	禾本科	狼尾草属	狼尾草	*Pennisetum alopecuroides*
1014			蜡烛稗	*Pennisetum glaucum*
1015		束尾草属	束尾草	*Phacelurus latifolius*
1016			狭叶束尾草	*Phacelurus latifolius* var. *angustifolius*
1017			单穗束尾草	*Phacelurus latifolius* var. *monostachyus*
1018		显子草属	显子草	*Phaenosperma globosa*
1019		虉草属	虉草	*Phalaris arundinacea*
1020		梯牧草属	鬼蜡烛	*Phleum paniculatum*
1021		芦苇属	芦苇	*Phragmites australis*
1022			卡开芦	*Phragmites karka*
1023		刚竹属	黄姑竹	*Phyllostachys angusta*
1024			淡竹	*Phyllostachys glauca*
1025			水竹	*Phyllostachys heteroclada*
1026			木竹	*Phyllostachys heteroclada* f. *solida*
1027			红竹	*Phyllostachys lrideseens*
1028			美竹	*Phyllostachys mannii*
1029			浙江淡竹	*Phyllostachys meyeri*
1030			篌竹	*Phyllostachys nidularia*
1031			枪刀竹	*Phyllostachys nidularia* f. *glabro – vagina*
1032			浙江金竹	*Phyllostachys parvifolia*
1033			灰水竹	*Phyllostachys platyglossa*
1034			早竹	*Phyllostachys praecox*
1035			毛竹	*Phyllostachys pubescens*
1036			芽竹	*Phyllostachys robustiramea*
1037			红后竹	*Phyllostachys rubicunda*
1038			漫竹	*Phyllostachys stimulosa*
1039			乌哺鸡竹	*Phyllostachys vivax*
1040		毛竹属	高节竹	*Phyllostachys prominens*
1041			云和哺鸡竹	*Phyllostachys yunhoensis*
1042		苦竹属	苦竹	*Pleioblastus amarus*
1043		早熟禾属	白顶早熟禾	*Poa acroleuca*
1044			早熟禾	*Poa annua*
1045			华东早熟禾	*Poa faberi*
1046		金发草属	金丝草	*Pogonatherum crinitum*
1047		棒头草属	棒头草	*Polypogon fugax*
1048			长芒棒头草	*Polypogon monspeliensis*
1049		碱茅属	碱茅	*Puccinellia distans*
1050		鹅观草属	纤毛鹅观草	*Roegneria ciliaris*
1051			短芒纤毛鹅观草	*Roegneria ciliaris* var. *submutica*
1052			竖立鹅观草	*Roegneria japonensis*
1053			细叶鹅观草	*Roegneria japonensis* var. *hackeliana*
1054			鹅观草	*Roegneria tsukushiensis*

（续）

序号	科	属	种	
			中文名	拉丁名
1055	禾本科	甘蔗属	沙滩甜根子草	*Saccharum arenicola*
1056			斑茅	*Saccharum arundinaceum*
1057			甘蔗	*Saccharum officinarum*
1058			甜根子草	*Saccharum spontaneum*
1059		囊颖草属	囊颖草	*Sacciolepis indica*
1060		硬草属	硬草	*Sclerochloa kengiana*
1061		狗尾草属	大狗尾草	*Setaria faberii*
1062			金色狗尾草	*Setaria glauca*
1063			棕叶狗尾草	*Setaria palmifolia*
1064			皱叶狗尾草	*Setaria plicata*
1065			狗尾草	*Setaria viridis*
1066		高粱属	高粱	*Sorghum bicolor*
1067			匿芒假高粱	*Sorghum halepense* f. *muticum*
1068			苏丹草	*Sorghum sudanense*
1069		大米草属	互花米草	*Spartina alterniflora*
1070			大米草	*Spartina anglica*
1071		稗荩属	稗荩	*Sphaerocaryum malaccense*
1072		大油芒属	大油芒	*Spodiopogon cotulifera*
1073		鼠尾粟属	鼠尾粟	*Sporobolus fertilis*
1074			毛鼠尾粟	*Sporobolus piliferus*
1075			盐地鼠尾粟	*Sporobolus virginicus*
1076		菅属	苞子草	*Themeda caudata*
1077		香根草属	香根草	*Vetiveria zizanioides*
1078		鼠茅属	鼠茅	*Vulpia myuros*
1079		玉蜀黍属	玉米	*Zea mays*
1080		菰属	菰	*Zizania latifolia*
1081		结缕草属	结缕草	*Zoysia japonica*
1082			大穗结缕草	*Zoysia macrostachya*
1083			沟叶结缕草	*Zoysia matrella*
1084			细叶结缕草	*Zoysia pacifica*
1085			中华结缕草	*Zoysia sinica*
1086	莎草科	球柱草属	球柱草	*Bulbostylis barbata*
1087			丝叶球柱草	*Bulbostylis densa*
1088		薹草属	红穗薹草	*Carex argyi*
1089			秋生薹草	*Carex autumnalis*

（续）

序号	科	属	种	
			中文名	拉丁名
1090	莎草科	薹草属	浆果薹草	*Carex baccans*
1091			独穗薹草	*Carex biwensis*
1092			锈点薹草	*Carex bodinieri*
1093			柔薹草	*Carex bostrichostigma*
1094			砂青薹草	*Carex brevicuspis* ssp. *fibrillosa*
1095			发秆薹草	*Carex capillacea*
1096			中华薹草	*Carex chinensis*
1097			灰化薹草	*Carex cinerascens*
1098			十字薹草	*Carex cruciata*
1099			垂穗薹草	*Carex dimorpholepis*
1100			弯囊薹草	*Carex dispalata*
1101			芒尖薹草	*Carex doniana*
1102			蕨状薹草	*Carex filicina*
1103			丝柄薹草	*Carex filipes* var. *rouyana*
1104			穹隆薹草	*Carex gibba*
1105			长囊薹草	*Carex harlandii*
1106			珠穗薹草	*Carex ischnostachya*
1107			日本薹草	*Carex japonta*
1108			砂钻薹草	*Carex kobomugi*
1109			大披针薹草	*Carex laceolata*
1110			弯喙薹草	*Carex laticeps*
1111			舌叶薹草	*Carex ligulata*
1112			翅囊薹草	*Carex maackii*
1113			斑点薹草	*Carex maculata*
1114			密叶薹草	*Carex maubertiana*
1115			乳突薹草	*Carex maximowiczii*
1116			金穗薹草	*Carex metallica*
1117			线穗薹草	*Carex nemostachys*
1118			翼果薹草	*Carex neurocarpa*
1119			苍绿薹草	*Carex pallideviridis*
1120			镜子薹草	*Carex phacota*
1121			粉被薹草	*Carex pruinosa*
1122			矮生薹草	*Carex pumila*
1123			普陀薹草	*Carex putuoensis*
1124			书带薹草	*Carex rochebrunii*

（续）

序号	科	属	种	
			中文名	拉丁名
1125	莎草科	薹草属	糙叶薹草	*Carex scabrifolia*
1126			仙台薹草	*Carex sendaica*
1127			褐绿薹草	*Carex stipitinux*
1128			山薹草	*Carex subtransversa*
1129			大理薹草	*Carex taliensis*
1130			细梗薹草	*Carex teinogyna*
1131			柔菅	*Carex transversa*
1132			三穗薹草	*Carex tristachya*
1133			单性薹草	*Carex unisexualis*
1134			滨海薹草	*Carex wahuensis* ssp. *robusta*
1135		克拉莎属	华克拉莎	*Cladium chinensis*
1136		莎草属	旱伞草	*Cyperus alternifolius*
1137			阿穆尔莎草	*Cyperus amuricus*
1138			扁穗莎草	*Cyperus compressus*
1139			长尖莎草	*Cyperus cuspidatus*
1140			异型莎草	*Cyperus difformis*
1141			高秆莎草	*Cyperus exaltatus*
1142			长穗高秆莎草	*Cyperus exaltatus* var. *megalanthus*
1143			球形莎草	*Cyperus glomeratus*
1144			畦畔莎草	*Cyperus haspan*
1145			碎米莎草	*Cyperus iria*
1146			咸水草	*Cyperus malaccensis* var. *brevifolius*
1147			具芒碎米莎草	*Cyperus michelianus*
1148			旋鳞莎草	*Cyperus microiria*
1149			白鳞莎草	*Cyperus nipponicus*
1150			直穗莎草	*Cyperus orthostachys*
1151			毛轴莎草	*Cyperus pilosus*
1152			白花毛轴莎草	*Cyperus pilosus* var. *obliquus*
1153			香附子	*Cyperus rotundus*
1154			窄穗莎草	*Cyperus tenuispica*
1155		裂颖茅属	裂颖茅	*Diplacrum caricinum*
1156		荸荠属	渐尖穗荸荠	*Eleocharis attenuata*
1157			无根状茎荸荠	*Eleocharis attenuate* var. *erhizomatosa*
1158			荸荠	*Eleocharis dulcis*
1159			木贼状荸荠	*Eleocharis equisetina*

（续）

序号	科	属	种	
			中文名	拉丁名
1160	莎草科	荸荠属	江南荸荠	*Eleocharis migoana*
1161			透明鳞荸荠	*Eleocharis pellucida*
1162			稻田荸荠	*Eleocharis pellucida* var. *japonica*
1163			龙师草	*Eleocharis tetraquetra*
1164			千亩田龙师草	*Eleocharis tetraquetra* var. *qianmutianensis*
1165			刚毛鳞荸荠	*Eleocharis valleculosa* f. *setosa*
1166			羽毛荸荠	*Eleocharis wichurai*
1167			牛毛毡	*Eleocharis yokoscensis*
1168		羊胡子草属	细秆羊胡子草	*Eriophorum gracile*
1169		飘拂草属	夏飘拂草	*Fimbristylis aestivalis*
1170			复序飘拂草	*Fimbristylis bisumbellata*
1171			两岐飘拂草	*Fimbristylis dichotoma*
1172			面条草	*Fimbristylis diphylloides*
1173			弱锈鳞飘拂草	*Fimbristylis ferruginea* var. *sieboldii*
1174			矮飘拂草	*Fimbristylis fimbristyloides*
1175			暗褐飘拂草	*Fimbristylis fusca*
1176			宜昌飘拂草	*Fimbristylis henryi*
1177			金色飘拂草	*Fimbristylis hookeriana*
1178			长穗飘拂草	*Fimbristylis longispica*
1179			日照飘拂草	*Fimbristylis miliacea*
1180			独穗飘拂草	*Fimbristylis ovata*
1181			东南飘拂草	*Fimbristylis pierotii*
1182			五棱秆飘拂草	*Fimbristylis quinquangularis*
1183			高五棱秆飘拂草	*Fimbristylis quinquangularis* var. *elata*
1184			结壮飘拂草	*Fimbristylis rigidula*
1185			少穗飘拂草	*Fimbristylis schoenoides*
1186			绢毛飘拂草	*Fimbristylis sericea*
1187			佛焰苞飘拂草	*Fimbristylis spathacea*
1188			烟台飘拂草	*Fimbristylis stauntonii*
1189			双穗飘拂草	*Fimbristylis subbispicata*
1190			疣果飘拂草	*Fimbristylis verrucifera*
1191		水莎草属	水莎草	*Juncellus serotinus*
1192		水蜈蚣属	水蜈蚣	*Kyllinga brevifolia*
1193			光鳞水蜈蚣	*Kyllinga brevifolia* var. *leiolepis*
1194		湖瓜草属	湖瓜草	*Lipocarpha microcephala*

（续）

序号	科	属	种	
			中文名	拉丁名
1195	莎草科	砖子苗属	辐射砖子苗	*Mariscus radians*
1196			砖子苗	*Mariscus sumatrensis*
1197			小穗砖子苗	*Mariscus sumatrensis* var. *microstachys*
1198		扁莎属	浙江扁莎	*Pycreus chekiangensis*
1199			球穗扁莎	*Pycreus globosus*
1200			小球穗扁莎	*Pycreus globosus* var. *nilagiricus*
1201			直球穗扁莎	*Pycreus globosus* var. *strictus*
1202			多穗扁莎	*Pycreus polystachyus*
1203			红鳞扁莎	*Pycreus sanguinolentus*
1204		刺子莞属	白喙刺子莞	*Rhynchospora brownii*
1205			华刺子莞	*Rhynchospora chinensis*
1206			细叶刺子莞	*Rhynchospora faberi*
1207			刺子莞	*Rhynchospora rubra*
1208		藨草属	萤蔺	*Scirpus juncoides*
1209			华东藨草	*Scirpus karuizawesis*
1210			线状匍匐茎藨草	*Scirpus lineolatus*
1211			茸球藨草	*Scirpus lushanensis*
1212			三棱秆藨草	*Scirpus mattfeldianus*
1213			新华藨草	*Scirpus neochinensis*
1214			扁秆藨草	*Scirpus planiculmis*
1215			百球藨草	*Scirpus rosthornii*
1216			类头状花序藨草	*Scirpus subcapitatus*
1217			水葱	*Scirpus tabernaemontani*
1218			水毛花	*Scirpus triangulatus*
1219			藨草	*Scirpus triqueter*
1220			海三棱藨草	*Scirpus* × *mariqueter*
1221			荆三棱	*Scirpus yagara*
1222		珍珠茅属	毛果珍珠茅	*Scleria levis*
1223			柔毛果珍珠茅	*Scleria levis* var. *pubescens*
1224			小型珍珠茅	*Scleria parvula*
1225			高秆珍珠茅	*Scleria terrestris*
1226		断节莎属	断节莎	*Torulinium ferax*
1227	天南星科	菖蒲属	菖蒲	*Acorus calamus*
1228			金钱蒲	*Acorus gramineus*
1229			石菖蒲	*Acorus tatarinowii*

（续）

序号	科	属	种	
			中文名	拉丁名
1230	天南星科	海芋属	尖尾芋	*Alocasia cucullata*
1231		天南星属	一把伞南星	*Arisaema erubescens*
1232			异叶天南星	*Arisaema heterophyllum*
1233			普陀南星	*Arisaema ringens*
1234		芋属	野芋	*Colocasia antiquorum*
1235			芋	*Colocasia esculenta*
1236			紫芋	*Colocasia tonoimo*
1237		半夏属	滴水珠	*Pinellia cordata*
1238			半夏	*Pinellia ternata*
1239		大薸属	大薸	*Pistia stratiotes*
1240		犁头尖属	犁头尖	*Typhonium divaricatum*
1241	浮萍科	浮萍属	浮萍	*Lemna minor*
1242			稀脉萍	*Lemna perpusilla*
1243			品萍	*Lemna trisulca*
1244		紫萍属	少根紫萍	*Spirodela oligorrbiza*
1245			紫萍	*Spirodela polyrrhiza*
1246		无根萍属	无根萍	*Wolffia arrhiza*
1247	谷精草科	谷精草属	狭叶谷精草	*Eriocaulon angustulum*
1248			谷精草	*Eriocaulon buergerianum*
1249			白药谷精草	*Eriocaulon cinereum*
1250			长苞谷精草	*Eriocaulon decemflorum*
1251			江南谷精草	*Eriocaulon faberi*
1252			疏毛谷精草	*Eriocaulon nantoense* var. *parviceps*
1253			华南谷精草	*Eriocaulon sexangulare*
1254			四国谷精草	*Eriocaulon sikokianum*
1255			龙塘山谷精草	*Eriocaulon sikokianum* var. *linanense*
1256	鸭跖草科	鸭跖草属	饭包草	*Commelina benghalensis*
1257			鸭跖草	*Commelina communis*
1258		蓝耳草属	露水草	*Cyanotis arachnoides*
1259		水竹叶属	疣草	*Murdannia keisek*
1260			牛轭草	*Murdannia loriformis*
1261			裸花水竹叶	*Murdannia nudiflora*
1262			水竹叶	*Murdannia triquetra*
1263	雨久花科	凤眼莲属	凤眼莲	*Eichhornia crassipes*
1264		雨久花属	鸭舌草	*Monochoria vaginalis*
1265			梭鱼草	*Pontederia cordata*

（续）

序号	科	属	种	
			中文名	拉丁名
1266	灯心草科	灯心草属	翅茎灯心草	*Juncus alatus*
1267			扁茎灯心草	*Juncus compressus*
1268			星花灯心草	*Juncus diastrophanthus*
1269			灯心草	*Juncus effusus*
1270			江南灯心草	*Juncus prismatocarpus*
1271			柱叶灯心草	*Juncus prismatocarpus* ssp. *teretifolius*
1272			野灯心草	*Juncus setchuensis*
1273			假野灯心草	*Juncus setchuensis* var. *effusoides*
1274		地杨梅属	多花地杨梅	*Luzula multiflora*
1275			羽毛地杨梅	*Luzula plumosa*
1276	百合科	粉条儿菜属	粉条儿菜	*Aletris spicata*
1277		葱属	小葱	*Allium ascalonicum*
1278			小根蒜	*Allium macrostemon*
1279		萱草属	萱草	*Hemerocallis fulva*
1280		玉簪属	紫萼	*Hosta ventricosa*
1281		山麦冬属	禾叶山麦冬	*Liriope graminifolia*
1282			阔叶山麦冬	*Liriope muscari*
1283			山麦冬	*Liriope spicata*
1284		沿阶草属	麦冬	*Ophiopogon japonicus*
1285		黄精属	多花黄精	*Polygonatum cyrtonema*
1286			长梗黄精	*Polygonatum filipes*
1287			玉竹	*Polygonatum odoratum*
1288		吉祥草属	吉祥草	*Reineckia carnea*
1289		绵枣儿属	绵枣儿	*Scilla scilloides*
1290		菝葜属	菝葜	*Smilax china*
1291			小果菝葜	*Smilax davidiana*
1292			土茯苓	*Smilax glabra*
1293			白背牛尾菜	*Smilax nipponica*
1294			牛尾菜	*Smilax riparia*
1295		油点草属	油点草	*Tricyrtis macropoda*
1296		郁金香属	老鸦瓣	*Tulipa edulis*
1297		藜芦属	藜芦	*Veratrum nigrum*
1298			牯岭藜芦	*Veratrum schindleri*
1299		丝兰属	凤尾兰	*Yucca gloriosa*

（续）

序号	科	属	种	
			中文名	拉丁名
1300	石蒜科	文殊兰属	文殊兰	*Crinum asiaticum*
1301		水鬼蕉属	水鬼蕉	*Hymenocallis littoralis*
1302		石蒜属	石蒜	*Lycoris radiata*
1303			换锦花	*Lycoris sprengeri*
1304		水仙属	水仙	*Narcissus tazetta* var. *chinensis*
1305	薯蓣科	薯蓣属	黄独	*Dioscorea bulbifera*
1306			尖叶薯蓣	*Dioscorea japonica*
1307			薯蓣	*Dioscorea oppositifolia*
1308	鸢尾科	鸢尾属	玉蝉花	*Iris ensata*
1309			常绿水生鸢尾	*Iris hexagonus*
1310			蝴蝶花	*Iris japonica*
1311			马蔺	*Iris lacteal* var. *chinensis*
1312			黄菖蒲	*Iris pseudacorus*
1313			小花鸢尾	*Iris speculatrix*
1314			鸢尾	*Iris tectorum*
1315	姜科	姜属	蘘荷	*Zingiber mioga*
1316	美人蕉科	美人蕉属	大花美人蕉	*Canna generalis*
1317			水生美人蕉	*Canna glauca*
1318			美人蕉	*Canna indica*
1319			紫叶美人蕉	*Canna warscewiczii*
1320	竹芋科	再力花属	再力花	*Thalia dealbata*
1321	水玉簪科	水玉簪属	三品一枝花	*Burmannia coelestis*
1322	兰科	无柱兰属	大花无柱兰	*Amitostigma pinguiculum*
1323		毛兰属	小毛兰	*Eria sinica*
1324		玉凤花属	鹅毛玉凤花	*Habenaria dentata*
1325			线叶玉凤花	*Habenaria linearifolia*
1326		沼兰属	小沼兰	*Malaxis microtatantha*
1327		绶草属	香港绶草	*Spiranthes hongkongensis*
1328			绶草	*Spiranthes sinensis*
1329		蜻蜓兰属	小花蜻蜓兰	*Tulotis ussuriensis*

附录2　浙江湿地调查区域动物名录

序号	目	科	种	
			中文名	拉丁名
一、脊椎动物				
(一)鱼　类				
1	六鳃鲨目	六鳃鲨科	扁头哈那鲨	*Notorhynchus platycephalus*
2	虎鲨目	虎鲨科	宽纹虎鲨	*Heterodontus japonicus*
3			狭纹虎鲨	*Heterodontus zebra*
4	鼠鲨目	锥齿鲨科	欧氏锥齿鲨	*Carcharias owstoni*
5		姥鲨科	姥鲨	*Cetorhinus maximus*
6		长尾鲨科	狐形长尾鲨	*Alopias vulpinus*
7	须鲨目	须鲨科	条纹斑竹鲨	*Chiloscyllium plagiosum*
8			日本须鲨	*Orectolobus japonicus*
9		鲸鲨科	鲸鲨	*Rhincodon typus*
10	真鲨目	猫鲨科	阴影绒毛鲨	*Cephaloscyllium umbratile*
11			梅花鲨	*Halaelurus burgeri*
12			哈氏台湾鲨	*Proscyllium habereri*
13			虎纹猫鲨	*Scyliorhinus torazame*
14		皱唇鲨科	灰星鲨	*Mustelus griseus*
15			白斑星鲨	*Mustelus manazo*
16			皱唇鲨	*Triakis scyllium*
17		真鲨科	阔口真鲨	*Carcharhinus latistomus*
18			黑印真鲨	*Carcharhinus menisorrah*
19			沙拉真鲨	*Carcharhinus sorrah*
20			尖头斜齿鲨	*Scoliodon sorrakowah*
21		双髻鲨科	路氏双髻鲨	*Sphyrna lewini*
22			锤头双髻鲨	*Sphyrna zygaena*
23	角鲨目	角鲨科	白斑角鲨	*Squalus acanthias*
24			短吻角鲨	*Squalus brevirostris*
25			长吻角鲨	*Squalus mitsukurii*
26	扁鲨目	扁鲨科	日本扁鲨	*Squatina japonica*
27	锯鲨目	锯鲨科	日本锯鲨	*Pristiophorus japonicus*
28	锯鳐目	锯鳐科	尖齿锯鳐	*Pristis cuspidatus*

（续）

序号	目	科	种	
			中文名	拉丁名
29	鳐形目	圆犁头鳐科	圆犁头鳐	*Rhina ancylostoma*
30		尖犁头鳐科	及达尖犁头鳐	*Rhynchobatus djiddensis*
31		犁头鳐科	斑纹犁头鳐	*Rhinobatos hynnicephalus*
32			许氏犁头鳐	*Rhinobatos schlegeli*
33			颗粒犁头鳐	*Scobatus granulatus*
34		团扇鳐科	林氏团扇鳐	*Platyrhina limboonkengi*
35			中国团扇鳐	*Platyrhina sinensis*
36		鳐科	华鳐	*Raja chinensis*
37			何氏鳐	*Raja hollandi*
38			斑鳐	*Raja kenojei*
39			孔鳐	*Raja porosa*
40	鲼形目	蝠鲼科	日本蝠鲼	*Mobula japonica*
41		魟科	赤魟	*Dasyatis akajei*
42			黄魟	*Dasyatis bennetii*
43			齐氏魟	*Dasyatis gerrardi*
44			光魟	*Dasyatis laevigatus*
45			小眼魟	*Dasyatis microphthalmus*
46			奈氏魟	*Dasyatis navarrae*
47			中国魟	*Dasyatis sinensis*
48			尖嘴魟	*Dasyatis zugei*
49		燕魟科	双斑燕魟	*Gymnura bimaculata*
50			日本燕魟	*Gymnura japonica*
51			花尾燕魟	*Gymnura poecilura*
52		鲼科	鸢鲼	*Myliobatis tobijei*
53		鹞鲼科	无斑鹞鲼	*Aetobatus flagellum*
54	电鳐目	电鳐科	坚皮单鳍电鳐	*Crassinarke dormitor*
55			日本单鳍电鳐	*Narke japonica*
56	银鲛目	银鲛科	黑线银鲛	*Chimaera phantasma*
57	鲟形目	鲟科	达氏鲟	*Acipenser dabryanus*
58			中华鲟	*Acipenser sinensis*
59		长吻鲟科	白鲟	*Psephurus gladius*

（续）

序号	目	科	种	
			中文名	拉丁名
60	海鲢目	海鲢科	海鲢	*Elops machnata*
61		大海鲢科	大海鲢	*Megalops cyprinoides*
62		北梭鱼科	北梭鱼	*Albula glossodonta*
63	鲱形目	鲱科	斑鰶	*Konosirus punctatus*
64			黄带圆腹鲱	*Dussumieria elopsoides*
65			脂眼鲱	*Etrumeus teres*
66			孔状青鳞鱼	*Sardinella fimbriata*
67			中华小沙丁鱼	*Sardinella nymphaea*
68			金带小沙丁鱼	*Sardinella gibbosa*
69			大眼青鳞鱼	*Herklotsichthys ovalis*
70			后鳍鱼	*Opisthopterus tardoore*
71			金色小沙丁鱼	*Sardinella aurita*
72			青鳞小沙丁鱼	*Sardinella zunasi*
73			花点鲥	*Hilsa kelee*
74			鲥鱼	*Tenualosa reevesii*
75		锯腹鳓科	鳓鱼	*Ilisha elongata*
76			短鳍后鳍鱼	*Opisthopterus valenciennes*
77		鳀科	中华小公鱼	*Stolephorus chinensis*
78			江口小公鱼	*Stolephorus commersonii*
79			尖吻小公鱼	*Stolephorus heteroloba*
80			印度小公鱼	*Stolephorus indius*
81			棘背小公鱼	*Stolephorus tri*
82			青带小公鱼	*Stolephorus zollingeri*
83			短颌鲚	*Coilia brachygnathus*
84			刀鲚	*Coilia ectenes*
85			七丝鲚	*Coilia grayii*
86			凤鲚	*Coilia mystus*
87			日本鳀	*Engraulis japonicus*
88			黄鲫	*Setipinna taty*
89			顶斑棱鳀	*Thryssa dussumieri*
90			高体棱鳀	*Thryssa hamiltonii*

（续）

序号	目	科	种	
			中文名	拉丁名
91	鲱形目	鳀科	赤鼻棱鳀	*Thryssa kammalensis*
92			中颌棱鳀	*Thryssa mystax*
93			黄吻棱鳀	*Thryssa vitirostris*
94			长颌棱鳀	*Thryssa setiostris*
95		宝刀鱼科	短颌宝刀鱼	*Chirocentrus dorab*
96	鼠鱚目	遮目鱼科	遮目鱼	*Chanos chanos*
97		鼠鱚科	鼠鱚	*Gonorhynchus abbreviatus*
98	鲑形目	*鲑科	*虹鳟	*Salmo gairdneri*
99		香鱼科	香鱼	*Plecoglossus altivelis*
100		银鱼科	前颌间银鱼	*Hemisalanx prognathus*
101			白肌银鱼	*Leucosoma chinensis*
102			乔氏新银鱼	*Neosalanx jordani*
103			太湖新银鱼	*Neosalanx taihuensis*
104			大银鱼	*Protosalanx hyalocranius*
105			尖头银鱼	*Salanx acuticeps*
106			有明银鱼	*Salanx ariakensis*
107			居氏银鱼	*Salanx cuvieri*
108			长鳍银鱼	*Salanx longianalis*
109		水珍鱼科	水珍鱼	*Argentina kagoshimae*
110		钻光鱼科	刀光鱼	*Polymetme illustris*
111	灯笼鱼目	狗母鱼科	长蛇鲻	*Saurida elongata*
112			多齿蛇鲻	*Saurida tumbil*
113			花斑蛇鲻	*Saurida undosquamis*
114			大头狗母鱼	*Trachinocephalus myops*
115		龙头鱼科	龙头鱼	*Harpadon nehereus*
116		灯笼鱼科	七星鱼	*Myctophum pterotum*
117			栉刺灯笼鱼	*Myctophum spinosum*
118	鳗鲡目	鳗鲡科	鳗鲡	*Anguilla japonica*
119			花鳗鲡	*Anguilla marmorata*
120			中华鳗鲡	*Anguilla sinensis*
121		康吉鳗科	奇鳗	*Alloconger anagoides*

（续）

序号	目	科	种	
			中文名	拉丁名
122	鳗鲡目	康吉鳗科	大奇鳗	*Alloconger major*
123			齐头鳗	*Anago anago*
124			日本康吉鳗	*Conger japonicus*
125			星康吉鳗	*Conger myriaster*
126			大眼拟海康吉鳗	*Parabathymyrus macrophthalmus*
127			尖尾鳗	*Uroconger lepturus*
128			黑尾突吻鳗	*Rhynchocymba ectenura*
129			短尾突吻鳗	*Rhynchocymba sivcola*
130		海鳗科	海鳗	*Muraenesox cinereus*
131			山口海鳗	*Muraenesox yamagnchiensis*
132			褐裸胸鳝	*Gymnothorax hepaticus*
133			网纹裸胸鳝	*Gymnothorax reticularis*
134			长体鳝	*Thyrsoidea macrurus*
135		前肛鳗科	前肛鳗	*Dysomma anguillare*
136		蠕鳗科	裸鳍虫鳗	*Muraenichthys gymnoptenus*
137		蛇鳗科	鳄形短体鳗	*Brachysomophis crocodilinus*
138			中华须鳗	*Cirrhimuraena chinensis*
139			大眼油鳗	*Myrophis macrophthalnus*
140			尖吻蛇鳗	*Ophichthus apicalis*
141			杂食豆齿鳗	*Pisoodonophis boro*
142			食蟹豆齿鳗	*Pisoodonophis cancrivorus*
143		新鳗科	微鳍新鳗	*Neenchelys parvipeetoralis*
144	鲤形目	*胭脂鱼科	*大口胭脂鱼	*Ictiobus cyprinellas*
145			*胭脂鱼	*Myxocyprinus asiaticus*
146		脂鲤科	*似鲳脂鲤	*Colossoma brachypomus*
147		鲤科	福建棒花鱼	*Abbottina fukiensis*
148			乐山棒花鱼	*Abbottina kiatingensis*
149			棒花鱼	*Abbottina rivularis*
150			建德棒花鱼	*Abbottina tafangensis*
151			逆鱼	*Acanthobrama simoni*
152			短须刺鳑鲏	*Acanthorhodeus barbatulus*

（续）

序号	目	科	种	
			中文名	拉丁名
153	鲤形目	鲤科	兴凯刺鳑鲏	*Acanthorhodeus chankaensis*
154			寡鳞刺鳑鲏	*Acanthorhodeus hypselonotus*
155			大鳍刺鳑鲏	*Acanthorhodeus macropterus*
156			多鳞刺鳑鲏	*Acanthorhodeus polylepis*
157			斑条刺鳑鲏	*Acanthorhodeus taenianalis*
158			越南刺鳑鲏	*Acanthorhodeus tonkinensis*
159			无须鱊	*Acheilognathus gracilis*
160			光唇鱼	*Acrossocheilus fasciatus*
161			薄颌光唇鱼	*Acrossocheilus kreyenbergii*
162			半刺厚唇鱼	*Acrossocheilus hemispinus*
163			厚唇鱼	*Acrossocheilus labiatus*
164			侧条厚唇鱼	*Acrossocheilus parallens*
165			温州厚唇鱼	*Acrossocheilus wenchowensis*
166			伍氏白鱼	*Anabarilius wui*
167			中华细鲫	*Aphyocypris chinensis*
168			鳙鱼	*Aristichthys nobilis*
169			陆氏黑线鳘	*Atrilinea roulei*
170			刺鲃	*Spinibarbus hollandi*
171			似鲭	*Belligobio nummifer*
172			鲫鱼	*Carassius auratus*
173			* 银鲫	*Carassius auratus gibelio*
174			* 白鲫	*Carassius carassius cuvieri*
175			史氏铜鱼	*Coreius heterodon*
176			草鱼	*Ctenopharyngodon idellus*
177			红鳍鲌	*Culter erythropterus*
178			鲤鱼	*Cyprinus carpio*
179			扁圆吻鲴	*Distoechodon compressus*
180			圆吻鲴	*Distoechodon tumirostris*
181			鳡鱼	*Elopichthys bambusa*
182			戴氏红鲌	*Erythroculter dabryi*
183			翘嘴红鲌	*Erythroculter ilishaeformis*

（续）

序号	目	科	种	
			中文名	拉丁名
184	鲤形目	鲤科	蒙古红鲌	*Erythroculter mongolicus*
185			银色颌须鱼	*Gnathopogon argentatus*
186			西湖颌须鱼	*Gnathopogon sihuensis*
187			细纹颌须鱼	*Gnathopogon taeniellus*
188			点纹颌须鱼	*Gnathopogon walterstorffi*
189			长须鳅鮀	*Gobiobotia longibarba*
190			裸胸鳅鮀	*Gobiobotia tungi*
191			少耙鳅鮀	*Gobiobotia paucirostella*
192			唇[illegible]republic	*Hemibarbus laleo*
193			长吻鲭	*Hemibarbus longirostris*
194			花鳗	*Hemibarbus maculatus*
195			贝氏鳘鲦	*Hemiculter bleekeri*
196			鳘鲦	*Hemiculter leucisculus*
197			嵊县胡鮈	*Huigobio chenhsiensis*
198			鲢鱼	*Hypophthalmichthys molitrix*
199			*大鳞白鲢	*Hypophthalmichthysmolitrix harmandi*
200			*团头鲂	*Megalobrama amblycephala*
201			三角鲂	*Megalobrama terminalis*
202			青鱼	*Mylopharyngodon piceus*
203			鳍鱼	*Ochetobius elongnatus*
204			南方马口鱼	*Opsariichthys bidens*
205			鳊（长春鳊）	*Parabramis pekinensis*
206			似刺鳊鮈	*Paracanthobrama guichenoti*
207			革条副鱊	*Paracheilognathus himategus*
208			彩副鱊	*Paracheilognathus imberbis*
209			蓝氏鲹鱼	*Phoxinus lagowskii variegatus*
210			细鳞斜颌鲴	*Plagiognathops microlepis*
211			似鮈	*Pseudogobio vaillanti vaillanti*
212			南方拟鳘	*Pseudohemiculter dispar*
213			金华拟鳘	*Pseudohemiculter inghwaensis*
214			寡鳞飘鱼	*Pseudolaubuca engraulis*

（续）

序号	目	科	种	
			中文名	拉丁名
215	鲤形目	鲤科	银飘	*Pseudolaubuca sinensis*
216			彩石鲋	*Pseudoperilampus light*
217			长麦穗鱼	*Pseudorasbora elongata*
218			麦穗鱼	*Pseudorasbora parva*
219			高体鳑鲏	*Rhodeus ocellatus*
220			中华鳑鲏	*Rhodeus sinensis*
221			江西鳈鱼	*Sarcocheilichthys kiangsiensis*
222			黑鳍鳈	*Sarcocheilichthys nigripinnis nigripinnis*
223			小鳈	*Sarcocheilichthys parvus*
224			铲颌鳈	*Sarcocheilichthys scaphignathus*
225			华鳈	*Sarcocheilichthys sinensis sinensis*
226			蛇鮈	*Saurogobio dabryi*
227			长蛇鮈	*Saurogobio dumerili*
228			光唇蛇鮈	*Saurogobio gymnocheilus*
229			大眼华鳊	*Sinibrama macrops*
230			赤眼鳟	*Squaliobarbus curriculus*
231			似鲚	*Toxabramis swinhonis*
232			台湾铲颌鱼	*Varicorhinus barbatulus*
233			银鲴	*Xenocypris argentea*
234			宽鳍鱲	*Zacco platypus*
235			淡氏鱲	*Zacco temminekii*
236		鳅科	斑条花鳅	*Cobitis laterimaculata*
237			稀有花鳅	*Cobitis rarus*
238			中华花鳅	*Cobitis sinensis*
239			扁尾薄鳅	*Leptobotia compressicauda*
240			薄鳅	*Leptobotia pellegrini*
241			宽斑薄鳅	*Leptobotia tchangi*
242			天台薄鳅	*Leptobotia tientaiensis*
243			泥鳅	*Misgurnus anguillicaudatus*
244			花斑副沙鳅	*Parabotia fasciata*
245			大鳞副泥鳅	*Paramisgurnus dabryanus*
246		平鳍鳅科	拟腹吸鳅	*Pseudogastromyzon fasciatus*
247			原缨口鳅	*Vanmanenia stenosoma*

（续）

序号	目	科	种	
			中文名	拉丁名
248	鲇形目	海鲇科	中华海鲇	*Arius sinensis*
249			海鲇	*Arius thalassinus*
250		鳗鲇科	鳗鲇	*Plotosus anguillaris*
251		胡子鲇科	胡子鲇	*Clarias fuscus*
252		鲇科	双斑丽鲇	*Ompok bimaculatu*
253			光棘丽鲇	*Ompok canio*
254			鲇	*Silurus asotus*
255			南方大口鲇	*Silurus soldatovi meridionalis*
256		鮠科	斑鳠	*Aoria cavasius*
257			钱塘江小斑鳠	*Aoria guttatus*
258			大鳍鳠	*Hemibagrus macropterus*
259			长脂拟鲿	*Leiocassis adiposalis*
260			白边鮠鱼	*Leiocassis albomarginatus*
261			粗唇鮠	*Leiocassis crassilabris*
262			钝吻鮠鱼	*Leiocassis crassirostris*
263			长吻鮠鱼	*Leiocassis longirostris*
264			盎堂拟鲿	*Leiocassis ondon*
265			圆尾鮠鱼	*Leiocassis taeniatus*
266			长鮠鱼	*Leiocassis tenius*
267			切尾鮠鱼	*Leiocassis truncatus*
268			岔尾黄颡鱼	*Pseudobagrus eupogon*
269			黄颡鱼	*Pseudobagrus fulvidraco*
270			光泽黄颡鱼	*Pseudobagrus nitidus*
271			江黄颡鱼	*Pseudobagrus vachelli*
272			马尼拉六须鮠	*Rita manillensis*
273		鉠科	鳗尾鉠	*Liobagrus anguillicauda*
274			白缘鉠	*Liobagrus marginatus*
275		鮡科	骨鲇	*Erethistes asperus*
276			福建纹胸鮡	*Glyptothorax fukiensis*
277			中华纹胸鮡	*Glyptothorax sintnsis*
278	鳉形目	鳉科	青鳉	*Apochleilus latipes*

（续）

序号	目	科	种	
			中文名	拉丁名
279	银汉鱼目	银汉鱼科	布氏银汉鱼	*Allanetta bleekeri*
280	颌针鱼目	颌针鱼科	尖嘴扁颌针鱼	*Ablennes anastomella*
281			扁尾颌针鱼	*Platybelone argalus*
282		鱵科	方柱鱵	*Hemirhamphus dussumieri*
283			乔氏鱵	*Hemirhamphus georgii*
284			九洲鱵	*Hemirhamphus kurumeus*
285			黑尾鱵	*Hemirhamphus melanurus*
286			中华鱵	*Hemiramphus sinensis*
287			间下鱵	*Hyporhamphus intermedius*
288			日本下鱵	*Hyporhamphus sajori*
289		飞鱼科	真燕鳐	*Cypselurus agoo*
290			黑鳍燕鳐	*Cypselurus nigripennes*
291			少鳞燕鳐	*Cypselurus oligolepis*
292			后鳍燕鳐	*Cypselurus opisthopus*
293			尖头燕鳐	*Cypselurus oxycephalus*
294			翱翔飞鱼	*Exocoetus volitans*
295			长颌拟飞鱼	*Parexocoetus mento*
296	鳕形目	深海鳕科	矶鳕（褐浔鳕）	*Lotella phycis*
297			灰小褐鳕	*Physiculus nigrescens*
298		犀鳕科	阿拉伯犀鳕	*Bregmaceros arabicus*
299			黑鳍犀鳕	*Bregmaceros atripinnis*
300			尖鳍犀鳕	*Bregmaceros lanceolotus*
301			麦氏犀鳕	*Bregmaceros macclellandi*
302		长尾鳕科	多棘腔吻鳕	*Coelorhynchus multispinulosus*
303	鼬鳚目	鼬鳚科	黑潮新鼬鳚	*Neobythites sivicola*
304			鳗鳞鼬鳚	*Ophidion muraenolenis*
305	金眼鲷目	松球鱼科	日本松球鱼	*Monocentris japonicus*
306	海鲂目	海鲂科	日本海鲂	*Zeus japonicus*
307	刺鱼目	长吻鱼科	日本长吻鱼	*Macrorhamphosus japonicus*
308		烟管鱼科	鳞烟管鱼	*Fistularia petimba*
309		海龙科	刺冠海龙	*Corythoichthys crenulatus*

（续）

序号	目	科	种	
			中文名	拉丁名
310	刺鱼目	海龙科	日本海马	*Hippocampus japonicus*
311			大海马（克氏海马）	*Hippocampus kelloggi*
312			*三斑海马	*Hippocampus trimaculatus*
313			尖海龙	*Syngnathus acus*
314			低海龙	*Syngnathus djarong*
315			飘海龙	*Syngnathus pelagicus*
316			舒氏海龙	*Syngnathus schlegeli*
317			粗吻海龙	*Trachyrhamphus serratus*
318	鲻形目	魣科	油魣	*Sphyraena pinguis*
319		鲻科	黄鲻	*Ellochelon vaigiensis*
320			棱鮻	*Liza carinata*
321			鮻鱼	*Liza haematocheila*
322			赤眼鮻（即鮻）	*Liza so – iuy*
323			前鳞鲻	*Mugil affinis*
324			鲻鱼	*Mugil cephalus*
325			开氏鲻鱼	*Mugil kelaartii*
326			大鳞鲻	*Mugil macrolepis*
327		马鲅科	四指马鲅	*Eleutheronema tetradactylum*
328			五指马鲅	*Polynemus plebeius*
329			六指马鲅	*Polynemus sextarius*
330	合鳃目	合鳃科	黄鳝	*Monopterus albus*
331	鲈形目	双边鱼科	眶棘双边鱼	*Ambassis gymnouphalus*
332		鮨科	双带黄鲈	*Diploprion bifasciatum*
333			赤鯥	*Doederleinia berycoides*
334			赤点石斑鱼	*Epinephelus akaara*
335			镶点石斑鱼	*Epinephelus amblycephalus*
336			宝石石斑鱼	*Epinephelus areolatus*
337			青石斑鱼	*Epinephelus awoara*
338			鲑点石斑鱼	*Epinephelus fario*
339			纵带石斑鱼	*Epinephelus latifasciatus*
340			点带石斑鱼	*Epinephelus malabaricus*

（续）

序号	目	科	种	
			中文名	拉丁名
341	鲈形目	鮨科	云纹石斑鱼	*Epinephelus moara*
342			鲈鱼	*Lateolabrax japonicus*
343			鳜鱼	*Siniperca chuatsi*
344			大眼鳜	*Siniperca kneri*
345			暗鳜	*Siniperca obscura*
346			长体鳜	*Siniperca roulei*
347			斑鳜	*Siniperca scherzeri*
348			波纹鳜	*Siniperca undulata*
349			白头鳜	*Siniperca whiteheadi*
350			银光尖牙鲈	*Synagrops argyrea*
351		汤鲤科	黑边汤鲤	*Kuhlia marginata*
352		大眼鲷科	短尾大眼鲷	*Priacanthus macracanthus*
353			长尾大眼鲷	*Priacanthus tayenus*
354			拟大眼鲷	*Pseudopriacanthus niphonia*
355		发光鲷科	圆鳞发光鲷	*Acropoma hanedai*
356			发光鲷	*Acropoma japonicum*
357		天竺鲷科	红天竺鲷	*Apogon erythrinus*
358			中线天竺鲷	*Apogon kiensis*
359			四线天竺鲷	*Apogon quadrifasciatus*
360			半线天竺鲷	*Apogon semilineatus*
361			双带天竺鲷	*Apogon taeniatus*
362			斑鳍天竺鱼	*Apogonichthys carinatus*
363			黑边天竺鱼	*Apogonichthys ellioti*
364			细条天竺鱼	*Apogonichthys lineatus*
365			宽条天竺鱼	*Apogonichthys striatus*
366			长鳍天竺鲷	*Archamia macropterus*
367		鱚科	少鳞鱚	*Sillago japonica*
368			斑鱚	*Sillago maculata*
369			多鳞鱚	*Sillago sihama*
370		方头鱼科	银方头鱼	*Branchiostegus argentetus*
371			日本方头鱼	*Branchiostegus japonicus*

（续）

序号	目	科	种	
			中文名	拉丁名
372	鲈形目	鲹科	短吻丝鲹	*Alectis ciliaris*
373			长吻丝鲹	*Alectis indius*
374			沟鲹	*Atropus atropus*
375			美长吻鲹	*Carangoides delicatissimus*
376			马拉巴裸胸鲹	*Carangoides malabaricus*
377			及达叶鲹	*Caranx(Atule)djeddaba*
378			丽叶鲹	*Caranx(Atule)kalla*
379			黑鳍(叶)鲹	*Caranx(Atule)malam*
380			高体若鲹	*Caranx(Carangoides)equula*
381			白舌尾甲鲹	*Caranx(Carangoides)helvolus*
382			六带鲹	*Caranx sexfasciatus*
383			长吻裸胸鲹	*Caranx(Citula)chrysophrys*
384			东方鳍鲹	*Chorinemus orientalis*
385			无斑圆鲹	*Decapterus kurroides*
386			颌圆鲹	*Decapterus lajang*
387			蓝圆鲹	*Decapterus maruadsi*
388			纺锤鰤	*Elagatis bipinnulata*
389			大甲鲹	*Megalaspis cordyla*
390			金带细鲹	*Selaroides leptolepis*
391			高体鰤	*Seriola dumerili*
392			五条鰤	*Seriola quinqueradiata*
393			卵形鲳鲹	*Trachinotus ovatus*
394			竹荚鱼	*Trachurus japonicus*
395			黑纹条鰤	*Zonichthys nigrofasciata*
396		眼镜鱼科	眼镜鱼	*Mene maculata*
397		乌鲳科	乌鲳	*Formio niger*
398		军曹鱼科	军曹鱼	*Rachycentron canadum*
399		䲟科	䲟鱼	*Echeneis naucrates*
400			短䲟	*Remora remora*
401		鲯鳅科	鲯鳅	*Coryphaena hippurus*
402		石首鱼科	白姑鱼	*Argyrosomus argentatus*

（续）

序号	目	科	种	
			中文名	拉丁名
403	鲈形目	石首鱼科	大头白姑鱼	*Argyrosomus macrocephalus*
404			斑鳍白姑鱼	*Argyrosomus pawak*
405			黑姑鱼	*Atrobucca nibe*
406			黄唇鱼	*Bahaba flavolabiata*
407			棘头梅童鱼	*Collichthys lucidus*
408			黑鳃梅童鱼	*Collichthys niveatus*
409			皮氏叫姑鱼	*Johnius belengerii*
410			杜氏叫姑鱼	*Johnius dussumieri*
411			条纹叫姑鱼	*Johnius fasciatus*
412			褐毛鲿	*Megalonibea fusca*
413			鮸鱼	*Miichthys mi – iuy*
414			尖尾黄姑鱼	*Nibea acuta*
415			黄姑鱼	*Nibea albiflora*
416			浅色黄姑鱼	*Nibea chui*
417			双棘黄姑鱼	*Nibea diacanthus*
418			鮸状黄姑鱼	*Nibea miichthioides*
419			大黄鱼	*Pseudosciaena crocea*
420			小黄鱼	*Pseudosciaena polyactis*
421			花鰔	*Wak cuja*
422			湾鰔	*Wak sina*
423			丁氏鰔	*Wak tingi*
424		鲾科	小牙鲾	*Gazza minuta*
425			黄斑鲾	*Leiognathus bindus*
426			短吻鲾	*Leiognathus brevirostris*
427			杜氏鲾	*Leiognathus dussumieri*
428			长棘鲾	*Leiognathus fasciafus*
429			静鲾	*Leiognathus insidiator*
430			条鲾	*Leiognathus rivulatus*
431			鹿斑鲾	*Leiognathus ruconius*
432		银鲈科	日本十棘银鲈	*Gerreomorpha japonica*
433			长棘银鲈	*Gerres filamentosus*

（续）

序号	目	科	种	
			中文名	拉丁名
434	鲈形目	银鲈科	短棘银鲈	*Gerres lucidus*
435		笛鲷科	紫红笛鲷	*Lutjanus argentimaculatus*
436			红鳍笛鲷	*Lutjanus erythropterus*
437			四带笛鲷	*Lutjanus kasmira*
438			勒氏笛鲷	*Lutjanus russelli*
439			画眉笛鲷	*Lutjanus vitta*
440		梅鲷科	二带梅鲷	*Caesio diagramma*
441		谐鱼科	谐鱼	*Erythrocles schlegeli*
442		裸颊鲷科	灰裸顶鲷	*Gymnocranius griseus*
443		鲷科	四长棘鲷	*Argyrops bleekrei*
444			真鲷	*Pagrosomus major*
445			二长棘鲷	*Parargyrops edita*
446			平鲷	*Rhabdosargus sarba*
447			黄鳍鲷	*Sparus latus*
448			黑鲷	*Sparus macrocephalus*
449			黄鲷	*Taius tumifrons*
450		金线鱼科	深水金线鱼	*Nemipterus bathybius*
451			金线鱼	*Nemipterus virgatus*
452			伏氏眶棘鲈	*Scolopsis vosmeri*
453		石鲈科	横带髭鲷	*Hapalogenys mucronatus*
454			斜带髭鲷	*Hapalogenys nitens*
455			花尾胡椒鲷	*Plectorhynchus cinctus*
456			胡椒鲷	*Plectorhynchus pictus*
457			断斑石鲈	*Pomadasys hasta*
458			大斑石鲈	*Pomadasys maculatus*
459		鯻科	叉牙鯻	*Helotes sexlineatus*
460			列牙鯻	*Pelates quadrilineatus*
461			细鳞鯻	*Therapon jarbua*
462			鯻鱼	*Therapon theraps*
463			条尾绯鲤	*Upeneus bensasi*
464			摩鹿加绯鲤	*Upeneus moluccensis*

（续）

序号	目	科	种	
			中文名	拉丁名
465	鲈形目	鯻科	四带绯鲤	*Upeneus quadrilineatus*
466			黄带绯鲤	*Upeneus sulphureus*
467			黑斑绯鲤	*Upeneus tragula*
468		白鲳科	燕鱼	*Platax teira*
469		鸡笼鲳科	条纹鸡笼鲳	*Drepane longimana*
470			斑点鸡笼鲳	*Drepane punctata*
471		金钱鱼科	金钱鱼	*Scatophagus argus*
472		蝴蝶鱼科	朴蝴蝶鱼	*Chaetodon modestus*
473		五棘鲷科	帆鳍鱼	*Histiopterus typus*
474		石鲷科	条石鲷	*Oplegnathus fasciatus*
475			斑石鲷	*Oplegnathus punctatus*
476		赤刀鱼科	印度棘赤刀鱼	*Acanthocepola indica*
477			克氏棘赤刀鱼	*Acanthocepola krusensterni*
478			背点棘赤刀鱼	*Acanthocepola limbata*
479			赤刀鱼	*Cepola schlegeli*
480		海鲫科	海鲋(海鲫鱼)	*Ditrema temmincki*
481		隆头鱼科	云斑海猪鱼	*Halichoeres nigrescens*
482			花鳍海猪鱼	*Halichoeres poecilopterus*
483		鹰鲻科	素尾鹰鲻	*Goniistius quadricornis*
484		鳄齿鱼科	(南非)鳄齿鱼	*Champsodon capensis*
485			短鳄齿鱼	*Champsodon snyderi*
486		䲢科	青䲢	*Gnathagnus elongatus*
487			日本䲢	*Uranoscopus japonicus*
488			少鳞䲢	*Uranoscopus oligolepis*
489		鲻形䲢科	六带拟鲈	*Parapercis sexfasciata*
490		鳚科	矶鳚	*Blennius yatabei*
491			日本美鳚	*Dasson japonicus*
492			美肩鳃鳚	*Omobranchus elegans*
493			日本肩鳃鳚	*Omobranchus japonicus*
494			花肩鳃鳚	*Omobranchus kallosoma*
495			带鳚	*Xiphasia setifer*

(续)

序号	目	科	种	
			中文名	拉丁名
496	鲈形目	绵鳚科	云鳚	*Enedrias nebulosus*
497			(长)绵鳚	*Zoarces elongatus*
498		䲗科	绯䲗	*Callionymus beniteguri*
499			香䲗	*Callionymus olidus*
500			李氏䲗	*Callionymus richardsoni*
501			丝鳍美尾䲗	*Calliurichthys doryssus*
502		蓝子鱼科	褐蓝子鱼	*Siganus fuscescens*
503			黄斑蓝子鱼	*Siganus oramin*
504		刺尾鱼科	横带刺尾鱼	*Acanthurus triostegus*
505		带鱼科	小带鱼	*Eupleurogrammus muticus*
506			沙带鱼	*Lepturacanthus savala*
507			中华拟窄鲈带鱼	*Pseudoxymetopon sinensis*
508			带鱼	*Trichiurus haumela*
509		蛇鲭科	蛇鲭	*Gempylus serpens*
510		鲭科	圆舵鲣	*Auxis tapeinosoma*
511			鲣	*Katsuwonus pelamis*
512			狭头鲐	*Pneumatophorus tapeinocephalus*
513			鲐	*Scomber japonicus*
514			康氏马鲛	*Scomberomorus commersoni*
515			斑点马鲛	*Scomberomorus guttatus*
516			朝鲜马鲛	*Scomberomorus koreanus*
517			蓝点马鲛	*Scomberomorus niphonius*
518		金枪鱼科	金枪鱼	*Thunnus thynnus*
519			青干金枪鱼	*Thunnus tonggol*
520		旗鱼科	东方旗鱼	*Histiophorus orientalis*
521		双鳍鲳科	印度双鳍鲳	*Psenes indicus*
522			玉鲳	*Psenes pellucidus*
523		鲳科	银鲳	*Pampus argenteus*
524			中国鲳	*Pampus chinensis*
525			灰鲳	*Pampus cinereus*
526			燕尾鲳	*Pampus nozawae*

（续）

序号	目	科	种	
			中文名	拉丁名
527	鲈形目	长鲳科	刺鲳	*Psenopsis anomala*
528		*丽鱼科	*奥利亚罗非鱼	*Oreochromis aureus*
529			*莫桑比克罗非鱼	*Oreochromis mossambicus*
530			*尼罗罗非鱼	*Oreochromis niloticus*
531		塘鳢科	中华乌塘鳢	*Bostrichthys sinensis*
532			尖头塘鳢	*Eleotris oxycephala*
533			无孔蛇塘鳢	*Ophiocara aporos*
534			黄黝鱼	*Hypseleotris swinhonis*
535			沙塘鳢	*Odontobutis obscura*
536			锯塘鳢	*Prionobutis koilomatodon*
537		鰕虎鱼科	乳色阿匐鰕虎鱼	*Aboma lactipes*
538			凯氏细棘鰕虎鱼	*Acentrogobius campbelli*
539			犬牙细棘鰕虎鱼	*Acentrogobius caninus*
540			小眼细棘鰕虎鱼	*Acentrogobius microps*
541			中华尖牙鰕虎鱼	*Apocryptichthys sericus*
542			六丝矛尾鰕虎鱼	*Chaeturichthys hexanema*
543			矛尾鰕虎鱼	*Chaeturichthys stigmatias*
544			长丝鰕虎鱼	*Cryptocentrus filifer*
545			短吻栉鰕虎鱼	*Ctenogobius brevirostris*
546			褐栉鰕虎鱼	*Ctenogobius brunneus*
547			喀氏栉鰕虎鱼	*Ctenogobius clarki*
548			波氏栉鰕虎鱼	*Ctenogobius cliffordpopei*
549			戴氏栉鰕虎鱼	*Ctenogobius davidi*
550			子陵栉鰕虎鱼	*Ctenogobius giurinus*
551			裸项栉鰕虎鱼	*Ctenogobius gymnauchen*
552			雀斑栉鰕虎鱼	*Ctenogobius lentiginis*
553			密点栉鰕虎鱼	*Ctenogobius multimaculatus*
554			神农栉鰕虎鱼	*Ctenogobius shennongensis*
555			溪栉鰕虎鱼	*Ctenogobius wui*
556			中华栉孔鰕虎鱼	*Ctenotrypauchen chinensis*
557			小头栉孔鰕虎鱼	*Ctenotrypauchen microcephalus*

（续）

序号	目	科	种	
			中文名	拉丁名
558	鲈形目	鰕虎鱼科	项斑舌鰕虎鱼	*Glossogobius fosciatopunctatus*
559			舌鰕虎鱼	*Glossogobius giuris*
560			斑纹舌鰕虎鱼	*Glossogobius olivaceus*
561			蝌蚪鰕虎鱼	*Lophogobius ocellicauda*
562			竿鰕虎鱼	*Luciogobius guttatus*
563			阿氏鲻鰕虎鱼	*Mugilogobius abei*
564			粘皮鲻鰕虎鱼	*Mugilogobius myxodermus*
565			大鳞沟鰕虎鱼	*Oxyurichthys macrolepis*
566			小鳞沟鰕虎鱼	*Oxyurichthys microlepis*
567			巴布亚沟鰕虎鱼	*Oxyurichthys papuensis*
568			拟矛尾鰕虎鱼	*Parachaeturichthys polynema*
569			矛尾复鰕虎鱼	*Synechogobius hasta*
570			斑尾复鰕虎鱼	*Synechogobius ommaturus*
571			钟馗鰕虎鱼	*Triaenopogon barbatus*
572			纹缟鰕虎鱼	*Tridentiger trigonocephalus*
573			孔鰕虎鱼	*Trypauchen vagina*
574		弹涂鱼科	大弹涂鱼	*Boleophthalmus pectinirostris*
575			弹涂鱼	*Periophthalmus cantonensis*
576			大青弹涂鱼	*Scartelaos gigar*
577			青弹涂鱼	*Scartelaos viridis*
578		鳗鰕虎鱼科	红狼牙鰕虎鱼	*Odontamblyopus rubicundus*
579			鳗鰕虎鱼	*Taenioides anguillaris*
580			须鳗鰕虎鱼	*Taenioides cirratus*
581		攀鲈科	圆尾斗鱼	*Macropodus chinensis*
582			叉尾斗鱼	*Macropodus opercularis*
583		鳢科	月鳢	*Channa asiatica*
584			乌鳢	*Ophiocephalus argus argus*
585		刺鳅科	刺鳅	*Mastacembelus aculeatus*
586			大刺鳅	*Macrognathus undulatus*
587	鲉形目	鲉科	锯蓑鲉	*Brachypterois serrulatus*
588			棘鲉	*Hoplosebastes armatus*

（续）

序号	目	科	种	
			中文名	拉丁名
589	鲉形目	鲉科	圆鳞鲉	*Parascorpaena picta*
590			裸胸鲉	*Scorpaena izensis*
591			斑鳍鲉	*Scorpaena neglecta*
592			褐菖鲉	*Sebastiscus marmoratus*
593			黑鲪	*Sebastodes fuscescens*
594		毒鲉科	日本鬼鲉	*Inimicus japonicus*
595			单指虎鲉	*Minous mondactylus*
596			丝棘虎鲉	*Minous pusillus*
597		鲂鮄科	绿鳍鱼	*Chelidonichthys kumu*
598			深海红娘鱼	*Lepidotrigla abyssalis*
599			翼红娘鱼	*Lepidotrigla alata*
600			日本红娘鱼	*Lepidotrigla japonica*
601			岸上红娘鱼	*Lepidotrigla kishinouyei*
602			短鳍红娘鱼	*Lepidotrigla micropterus*
603			斑鳍红娘鱼	*Lepidotrigla punctopectoralis*
604			琉球角鲂	*Pterygotrigla ryukyuensis*
605			瑞氏红鲂鮄	*Satyrichthys rieffeli*
606		绒皮鲉科	蜂鲉(虻鲉)	*Erisphex potti*
607		六线鱼科	斑头鱼	*Agrammus agrammus*
608			大泷六线鱼	*Hexagrammos otakii*
609		鲬科	鳄鲬	*Cociella crocodilus*
610			日本瞳鲬	*Inegocia japonicus*
611			大鳞鳞鲬	*Onigocia macrolepis*
612			短鲬	*Parabembras curtus*
613			鲬鱼	*Platycephalus indicus*
614			大眼鲬	*Suggrundus meerdervoorti*
615		棘鲬科	蓝氏棘鲬	*Hoplichthys langsdorfii*
616		杜父鱼科	小杜父鱼	*Cottiusculus gonez*
617			克氏杜父鱼	*Cottus czerskii*
618			松江鲈鱼	*Trachidermus fasciatus*
619		狮子鱼科	细纹狮子鱼	*Liparis tanakai*

（续）

序号	目	科	种	
			中文名	拉丁名
620	鲉形目	豹鲂鮄科	吉氏豹鲂鮄	*Dactylopterus gilberti*
621			东方豹鲂鮄	*Dactylopterus orientalis*
622			单棘豹鲂鮄	*Daicocus peterseni*
623	鲽形目	牙鲆科	褐牙鲆	*Paralichthys olivaceus*
624			大牙斑鲆	*Pseudorhombus arsius*
625			桂皮斑鲆	*Pseudorhombus cinnamomeus*
626			少牙斑鲆	*Pseudorhombus oligodon*
627			中华花布鲆	*Tephrinectes sinensis*
628		鲆科	北原左鲆	*Laeops kitaharae*
629			大斑鳒鲆	*Psettina iijimae*
630		棘鲆科	大鳞拟棘鲆	*Citharoides macrolepidotus*
631		鲽科	高眼鲽	*Cleisthenes herzensteini*
632			赫氏黄盖鲽	*Limanda herzensteini*
633			黄盖鲽	*Limanda yokohamae*
634			角木叶鲽	*Pleuronichthys cornutus*
635			双斑瓦鲽	*Poecilopsetta plinthus*
636			冠鲽	*Samaris cristatus*
637			圆斑星鲽	*Verasper variegatus*
638		鳎科	角鳎	*Aesopia cornuta*
639			褐斑栉鳞鳎	*Aseraggodes kobensis*
640			卵鳎	*Solea ovata*
641			日本条鳎	*Zebrias japonicus*
642			条鳎	*Zebrias zebra*
643		舌鳎科	短吻三线舌鳎	*Cynoglossus abbreviatus*
644			印度舌鳎	*Cynoglossus arel*
645			双线舌鳎	*Cynoglossus bilineatus*
646			窄体舌鳎	*Cynoglossus gracilis*
647			断线舌鳎	*Cynoglossus interruptus*
648			焦氏舌鳎	*Cynoglossus joyneri*
649			莱氏舌鳎	*Cynoglossus lighti*
650			线纹舌鳎	*Cynoglossus lineolatus*

（续）

序号	目	科	种	
			中文名	拉丁名
651	鲽形目	舌鳎科	大鳞舌鳎	*Cynoglossus melampetalus*
652			稀鳞舌鳎	*Cynoglossus oligolepis*
653			紫斑舌鳎	*Cynoglossus purpureomaculatus*
654			短吻红舌鳎	*Cynoglossus pyneri*
655			宽体舌鳎	*Cynoglossus robustus*
656			罗氏舌鳎	*Cynoglossus roulei*
657			半滑舌鳎	*Cynoglossus semilaevis*
658			西宝舌鳎	*Cynoglossus sibogae*
659			中华舌鳎	*Cynoglossus sinicus*
660			褐斑三线舌鳎	*Cynoglossus trigrammus*
661			日本须鳎	*Paraplagusia japonica*
662	鲀形目	三刺鲀科	尖吻假三刺鲀	*Pseudotriacanthus strigilifer*
663			短吻三刺鲀	*Triacanthus brevirostris*
664		革鲀科	单角革鲀	*Alutera monoceros*
665			日本前刺单角鲀	*Laputa japonica*
666			克氏前刺单角鲀	*Laputa knerii*
667			叉尾单角鲀	*Monacanthus nipponensis*
668			日本副单棘鲀	*Paramonacanthus nipponensis*
669			丝背细鳞鲀	*Stephanolepis cirrhifer*
670			绒纹细鳞鲀	*Stephanolepis sulcatus*
671			绿鳍马面鲀	*Thamnaconus septentrionalis*
672			密斑马面鲀	*Thamnaconus tessellatus*
673		六棱箱鲀科	六棱箱鲀	*Aracana rosapinto*
674		箱鲀科	粒突箱鲀	*Ostracion tuberculatus*
675		鲀科	凹鼻鲀	*Chelonodon patoca*
676			阿氏东方鲀	*Takifugu abbotti*
677			铅点东方鲀	*Takifugu alboplumbeus*
678			双斑东方鲀	*Takifugu bimaculatus*
679			星点东方鲀	*Takifugu niphobles*
680			横纹东方鲀	*Takifugu oblongus*
681			暗纹东方鲀	*Takifugu obscurus*

（续）

序号	目	科	种	
			中文名	拉丁名
682	鲀形目	鲀科	弓斑东方鲀	*Takifugu ocellatus*
683			紫色东方鲀	*Takifugu porphyreus*
684			假睛东方鲀	*Takifugu pseudommus*
685			细斑东方鲀	*Takifugu punctulatus*
686			红鳍东方鲀	*Takifugu rubripes*
687			虫纹东方鲀	*Takifugu vermicularis*
688			黄鳍东方鲀	*Takifugu xanthopterus*
689			月腹刺鲀	*Gastrophysus lunaris*
690			棕斑腹刺鲀	*Gastrophysus spadiceus*
691			黑鳃光兔鲀	*Lagocephalus inermis*
692		刺鲀科	六斑刺鲀	*Diodon holacanthus*
693		翻车鲀科	翻车鲀	*Mola mola*
694	海蛾鱼目	海蛾鱼科	海蛾鱼	*Pegasus laternarius*
695	鮟鱇目	鮟鱇科	黑鮟鱇	*Lophiomus setigrus*
696			黄鮟鱇	*Lophius litulon*
697		躄鱼科	毛躄鱼	*Antennarius hispidus*
698			三齿躄鱼	*Antennarius pinniceps*
699		蝙蝠鱼科	棘茄鱼	*Halicutaea stellata*
（二）两栖类				
1	有尾目	小鲵科	安吉小鲵	*Hynobius amjiensis*
2			义乌小鲵	*Hynobius yiwuensis*
3		隐鳃鲵科	大鲵	*Andrias davidianus*
4		蝾螈科	镇海棘螈	*Echinotriton chinhaiensis*
5			黑斑肥螈	*Pachytriton brevipes*
6			无斑肥螈	*Pachytriton labiatus*
7			中国瘰螈	*Trituroides chinensis*
8			东方蝾螈	*Cynops oruentalis*
9	无尾目	锄足蟾科	崇安髭蟾	*Vibrissaphora liui*
10			蹩掌突蟾	*Carpophrys pelodytoides*
11			淡肩角蟾	*Megophrys boettgeri*
12			挂墩角蟾	*Megophrys kuatunensis*

（续）

序号	目	科	种	
			中文名	拉丁名
13	无尾目	蟾蜍科	大蟾蜍中华亚种	*Bufo gargarizans*
14			大蟾蜍华西亚种	*Bufo andrewsi*
15			黑眶蟾蜍	*Bufo melanostictus*
16		雨蛙科	无斑雨蛙	*Hyla arborea immaculata*
17			中国雨蛙	*Hyla chinensis*
18			华南雨蛙	*Hyla simple*
19			三港雨蛙	*Hyla sanchiangensis*
20		蛙科	弹琴水蛙	*Rana adenopleura*
21			沼水蛙	*Rana guentheri*
22			镇海林蛙	*Rana japonica japonica*
23			九龙棘蛙	*Rana jiulongensis*
24			大头蛙	*Rana kuhlii*
25			阔褶水蛙	*Rana latouchii*
26			泽陆蛙	*Rana limnocharis*
27			大绿臭蛙	*Rana livida*
28			黑斑侧褶蛙	*Rana nigromaculata*
29			金线侧褶蛙	*Rana plancyi plancyi*
30			花臭蛙	*Rana schmackeri*
31			棘胸蛙	*Rana spinosa*
32			天台粗皮蛙	*Rana tientaiensis*
33			虎纹蛙	*Rana tigrina rugulosa*
34			凹耳蛙	*Rana tormotus*
35			竹叶臭蛙	*Rana versabilis*
36			崇安湍蛙	*Staurois chunganensis*
37			华南湍蛙	*Staurois ricketti*
38			武夷湍蛙	*Staurois wuyiensis*
39		树蛙科	大树蛙	*Rhacophorus dennysi*
40			斑腿树蛙	*Rhacophorus leucomystax*
41		姬蛙科	饰纹姬蛙	*Microhyla ornata*
42			小弧斑姬蛙	*Microhyla heymonsi*
43			粗皮姬蛙	*Microhyla butleri*
44			北方狭口蛙	*Kaloula borealis*

（续）

序号	目	科	种	
			中文名	拉丁名
（三）爬行类				
1	龟鳖目	平胸龟科	平胸龟	*Platysternon megacephalum*
2		淡水龟科	黄喉拟水龟	*Mauremys mutica*
3			乌龟	*Chinemys reevesii*
4			黄缘闭壳龟	*Cistoclemmys flavomarginata*
5		海龟科	蠵龟	*Caretta caretta gigas*
6			玳瑁	*Eretmochelys imbricata*
7			海龟	*Chelonia mydas*
8			丽龟	*Lepidochelys olivacea*
9		棱皮龟科	棱皮龟	*Dermochelys olivacea*
10		鳖科	鼋	*Pelochelys bibroni*
11			中华鳖	*Trionyx sinenesis*
12	蜥蜴目	壁虎科	多疣壁虎	*Gekko japonicus*
13			蹼趾壁虎	*Gekko subpalmatus*
14			铅山壁虎	*Gekko hokouensis*
15		石龙子科	蓝尾石龙子	*Eumeces elegans*
16			宁波滑蜥	*Scincella modestum*
17			石龙子	*Eumeces chinensis*
18			蝘蜓	*Lygosoma indicum*
19		蜥蜴科	北草蜥	*Takydromus septentrionalis*
20		蛇蜥科	脆蛇蜥	*Ophisaurus harti*
21	蛇目	游蛇科	草腹游蛇	*Natrix stolata*
22			赤链华游蛇	*Sinonatrix annularis*
23			赤链蛇	*Dinodon rufozonatum*
24			翠青蛇	*Opheodrys major*
25			赤峰锦蛇	*Elaphe davidi*
26			黑眉锦蛇	*Elaphe taeniura*
27			红点锦蛇	*Elaphe rufodorsata*
28			虎斑颈槽蛇	*Rhabdophis tigrina*
29			花尾斜鳞蛇	*Pseudoxenodon stejnegeri*
30			华游蛇	*Sinonatrix percrinata*
31			滑鼠蛇	*Ptyas mucosus*

（续）

序号	目	科	种	
			中文名	拉丁名
32	蛇目	游蛇科	黄链蛇	*Dinodon flavozonatum*
33			灰鼠蛇	*Ptyas korros*
34			绞花林蛇	*Boiga kraepelini*
35			山溪后棱蛇	*Opisthotropis latouchii*
36			水赤链游蛇	*Natrix annularis*
37			王锦蛇	*Elaphe carinata*
38			乌梢蛇	*Zaocys dhumnades*
39			小头蛇	*Oligodon chinensis*
40			锈链腹游蛇	*Amphiesma craspedogaster*
41			渔游蛇	*Natrix piscator*
42			玉斑锦蛇	*Elaphe mandarina*
43			紫灰锦蛇	*Elaphe porphyracea*
44		眼镜蛇科	眼镜蛇	*Naja najaatra*
45			银环蛇	*Bungarus multicinctus*
46		海蛇科	青环海蛇	*Hydrophis cyanocinctus*
47			黑头海蛇	*Hydrophis melanocephalus*
48			长吻海蛇	*Pelamis platurus*
49		蝰科	白头蝰	*Azemiops feae*
50			蝮蛇	*Gloydius brevicaudus*
51			烙铁头	*Protobothrops mucrosquamatus*
52			五步蛇	*Agkistrodon acutus*
53			竹叶青	*Trimeresurus tejnegeri*
54	鳄目	鼍科	扬子鳄	*Alligator sinensis*
（四）鸟 类				
1	潜鸟目	潜鸟科	红喉潜鸟	*Gavia stellata*
2			黑喉潜鸟	*Gavia arctica*
3	䴙䴘目	䴙䴘科	小䴙䴘	*Podiceps ruficollis*
4			赤颈䴙䴘	*Podiceps grisegena*
5			角䴙䴘	*Podiceps auritus*
6			黑颈䴙䴘	*Podiceps caspicus*
7			凤头䴙䴘	*Podiceps cristatus*

（续）

序号	目	科	种	
			中文名	拉丁名
8	鹱形目	信天翁科	黑脚信天翁	*Diomedea nigripes*
9		鹱科	白额鹱	*Puffinus leucomelas*
10			短尾鹱	*Puffinus tenuirostris*
11			燕鹱	*Bulweria bulwerii*
12		海燕科	黑叉尾海燕	*Oceanodroma monorhis*
13	鹈形目	鹈鹕科	卷羽鹈鹕	*Pelecanus crispus*
14		鲣鸟科	褐鲣鸟	*Sula leucogaster*
15		鸬鹚科	鸬鹚	*Phalacrocorax carbo*
16			斑头鸬鹚	*Phalacrocorax capillatus*
17		军舰鸟科	小军舰鸟	*Fregata minor*
18	鹳形目	鹭科	苍鹭	*Ardea cinerea*
19			草鹭	*Ardea purpurea*
20			绿鹭	*Butorides striatus*
21			池鹭	*Ardeola bacchus*
22			牛背鹭	*Bubulcus ibis*
23			大白鹭	*Egretta alba*
24			白鹭	*Egretta garzetta*
25			黄嘴白鹭	*Egretta eulophotes*
26			岩鹭	*Egretta sacra*
27			中白鹭	*Egretta intermedia*
28			夜鹭	*Nycticorax nycticorax*
29			栗头虎斑鳽	*Gorsachius goisagi*
30			海南鳽	*Gorsachius magnificus*
31			黄斑苇鳽	*Ixobrychus sinensis*
32			紫背苇鳽	*Ixobrychus eurhythmus*
33			栗苇鳽	*Ixobrychus cinnamomeus*
34			黑鳽	*Ixobrychus flavicollis*
35			大麻鳽	*Botaurus stellaris*
36		鹳科	东方白鹳	*Ciconia boyciana*
37			黑鹳	*Ciconia nigra*
38		鹮科	白鹮	*Threskiornis melanocephalus*
39			朱鹮	*Nipponia nippon*
40			彩鹮	*Plegadis falcinellus*
41			白琵鹭	*Platalea leucorodia*
42			黑脸琵鹭	*Ptatalea minor*

（续）

序号	目	科	种	
			中文名	拉丁名
43	雁形目	鸭科	鸿雁	*Anser cygnoides*
44			豆雁	*Anser fabalis*
45			白额雁	*Anser albifrons*
46			小白额雁	*Anser erythropus*
47			灰雁	*Anser anser*
48			小天鹅	*Cygnus columbianus*
49			疣鼻天鹅	*Cygnus olor*
50			赤麻鸭	*Tadorna ferruginea*
51			翘鼻麻鸭	*Tadorna tadorna*
52			针尾鸭	*Anas acuta*
53			绿翅鸭	*Anas crecca*
54			花脸鸭	*Anas formosa*
55			罗纹鸭	*Anas falcata*
56			赤膀鸭	*Anas strepera*
57			绿头鸭	*Anas platyrhynchos*
58			斑嘴鸭	*Anas poecilorhyncha*
59			赤颈鸭	*Anas penelope*
60			白眉鸭	*Anas querquedula*
61			琵嘴鸭	*Anas clypeata*
62			红头潜鸭	*Aythya ferina*
63			白眼潜鸭	*Aythya nyroca*
64			青头潜鸭	*Aythya baeri*
65			凤头潜鸭	*Aythya fuligula*
66			斑背潜鸭	*Aythya marila*
67			鸳鸯	*Aix galericulata*
68			棉凫	*Nettapus coromandelianus*
69			长尾鸭	*Clangula hyemalis*
70			斑脸海番鸭	*Melanitta fusca*
71			鹊鸭	*Bucephala clangula*
72			斑头秋沙鸭	*Mergellus albellus*
73			中华秋沙鸭	*Mergus squamatus*
74			红胸秋沙鸭	*Mergus serrator*
75			普通秋沙鸭	*Mergus merganser*

（续）

序号	目	科	种	
			中文名	拉丁名
76	隼形目	鹰科	鸢	*Milvus korschum*
77			凤头蜂鹰	*Pernis ptilorhynchus*
78			苍鹰	*Accipiter gentilis*
79			赤腹鹰	*Accipiter soloensis*
80			雀鹰	*Accipiter nisus*
81			松雀鹰	*Accipiter virgatus*
82			普通鵟	*Buteo buteo*
83			毛脚鵟	*Buteo lagopus*
84			鹰雕	*Spizaetus nipalensis*
85			白尾海雕	*Haliaeetus ablicilla*
86			蛇雕	*Spilornis cheela*
87			鹗	*Pandion haliaetus*
88		隼科	燕隼	*Falco subbuteo*
89			红隼	*Falco tinnunculus*
90	鸡形目	雉科	灰胸竹鸡	*Bambusicola thoracica*
91			环颈雉	*Phasianus colchicus*
92	鹤形目	三趾鹑科	黄脚三趾鹑	*Turnix tanki*
93		鹤科	白头鹤	*Grus monacha*
94			灰鹤	*Grus grus*
95			白枕鹤	*Grus vipio*
96			白鹤	*Grus leucogeranus*
97		秧鸡科	灰胸秧鸡	*Gallirallus striatus*
98			普通秧鸡	*Rallus aquaticus*
99			小田鸡	*Porzana pusilla*
100			红胸田鸡	*Porzana fusca*
101			红脚苦恶鸟	*Amaurornis akool*
102			白胸苦恶鸟	*Amaurornis phoenicurus*
103			董鸡	*Gallicrex cinerea*
104			黑水鸡	*Gallinula chloropus*
105			紫水鸡	*Porphyrio porphyrio*
106			骨顶鸡	*Fulica atra*

（续）

序号	目	科	种	
			中文名	拉丁名
107	鸻形目	雉鸻科	水雉	*Hydrophasianus chirurgus*
108		彩鹬科	彩鹬	*Rostratula benghalensis*
109		蛎鹬科	蛎鹬	*Haematopus ostralegus*
110		反嘴鹬科	黑翅长脚鹬	*Himantopus himantopus*
111			反嘴鹬	*Recurvirostra avosetta*
112		燕鸻科	普通燕鸻	*Glareola maldivarum*
113		鸻科	凤头麦鸡	*Vanellus vanellus*
114			灰头麦鸡	*Vanellus cinereus*
115			灰斑鸻	*Pluvialis squatarola*
116			金斑鸻	*Pluvialis dominica*
117			长嘴剑鸻	*Charadrius placidus*
118			金眶鸻	*Charadrius dubius*
119			环颈鸻	*Charadrius alexandrinus*
120			铁嘴沙鸻	*Charadrius leschenaultii*
121			蒙古沙鸻	*Charadrius mongolus*
122			东方鸻	*Charadrius veredus*
123		鹬科	小杓鹬	*Numenius minutus*
124			中杓鹬	*Numenius phaeopus*
125			白腰杓鹬	*Numenius arquata*
126			白腰草鹬	*Tringa ochropus*
127			大杓鹬	*Numenius madagascariensis*
128			黑尾塍鹬	*Limosa limosa*
129			斑尾塍鹬	*Limosa lapponica*
130			鹤鹬	*Tringa erythropus*
131			红脚鹬	*Tringa totanus*
132			青脚鹬	*Tringa nebularia*
133			林鹬	*Tringa glareola*
134			泽鹬	*Tringa stagnatilis*
135			小青脚鹬	*Tringa guttifer*
136			矶鹬	*Tringa hypoleucos*
137			漂鹬	*Tringa incana*

（续）

序号	目	科	种	
			中文名	拉丁名
138	鸻形目	鹬科	灰尾漂鹬	*Heteroscelus brevipes*
139			翘嘴鹬	*Xenus cinereus*
140			针尾沙锥	*Gallinago stenura*
141			大沙锥	*Gallinago megala*
142			扇尾沙锥	*Gallinago gallinago*
143			孤沙锥	*Gallinago solitaria*
144			丘鹬	*Scolopax rusticola*
145			半蹼鹬	*Limnodromus semipalmatus*
146			长嘴半蹼鹬	*Limnodromus scolopaceus*
147			红胸滨鹬	*Calidris ruficollis*
148			尖尾滨鹬	*Calidris acuminatus*
149			黑腹滨鹬	*Calidris alpina*
150			红腹滨鹬	*Calidris canutus*
151			弯嘴滨鹬	*Calidris ferruginea*
152			小滨鹬	*Calidris minuta*
153			长趾滨鹬	*Calidris subminuta*
154			青脚滨鹬	*Calidris temminckii*
155			大滨鹬	*Calidris tenuirostris*
156			三趾鹬	*Calidris alba*
157			勺嘴鹬	*Eurynorhynchus pygmeus*
158			阔嘴鹬	*Limicola falcinellus*
159			流苏鹬	*Philomachus pugnax*
160			红颈瓣蹼鹬	*Phalaropus lobatus*
161			灰瓣蹼鹬	*Phalaropus fulicarius*
162			翻石鹬	*Arenaria interpres*
163	鸥形目	贼鸥科	中贼鸥	*Stercorarius pomarinus*
164		鸥科	黑尾鸥	*Larus crassirostris*
165			海鸥	*Larus canus*
166			银鸥	*Larus argentatus*
167			黄脚银鸥	*Larus cachinnans*
168			织女银鸥	*Larus vegae*

（续）

序号	目	科	种	
			中文名	拉丁名
169	鸥形目	鸥科	小黑背银鸥	*Larus heuglini*
170			灰背鸥	*Larus schistisagus*
171			渔鸥	*Larus ichthyaetus*
172			棕头鸥	*Larus brunnicephalus*
173			红嘴鸥	*Larus ridibundus*
174			黑嘴鸥	*Larus saundersi*
175			三趾鸥	*Rissa tridactyla*
176			须浮鸥	*Chlidonias hybrida*
177			白翅浮鸥	*Chlidonias leucoptera*
178			鸥嘴噪鸥	*Gelochelidon nilotica*
179			红嘴巨鸥	*Hydroprogne caspia*
180			遗鸥	*Larus relictus*
181		燕鸥科	普通燕鸥	*Sterna hirundo*
182			粉红燕鸥	*Sterna dougallii*
183			白额燕鸥	*Sterna albifrons*
184			褐翅燕鸥	*Sterna annethet*
185			黑枕燕鸥	*Sterna sumatrana*
186			小凤头燕鸥	*Thalasseus bengalensis*
187			大凤头燕鸥	*Thalasseus bergii*
188			中华凤头燕鸥	*Thalasseus bernsteini*
189			白顶玄鸥	*Anous stolidus*
190		海雀科	扁嘴海雀	*Synthliboramphus antiquus*
191	鸽形目	鸠鸽科	珠颈斑鸠	*Streptopelia chinensis*
192			山斑鸠	*Streptopelia orientalis*
193	鹃形目	杜鹃科	红翅凤头鹃	*Clamator coromandus*
194			四声杜鹃	*Cuculus micropterus*
195	鸮形目	草鸮科	草鸮	*Tyto capensis*
196		鸱鸮科	毛脚鱼鸮	*Ketupa flavipes*
197			雕鸮	*Bubo bubo*
198			领鸺鹠	*Glaucidium brodiei*
199			斑头鸺鹠	*Glaucidium cuculoides*
200			鹰鸮	*Ninox scutulata*
201			短耳鸮	*Asio flammeus*

（续）

序号	目	科	种	
			中文名	拉丁名
202	雨燕目	雨燕科	小白腰雨燕	*Apus affinis*
203			白腰雨燕	*Apus pacificus*
204	佛法僧目	翠鸟科	冠鱼狗	*Ceryle lugubris*
205			斑鱼狗	*Ceryle rudis*
206			普通翠鸟	*Alcedo atthis*
207			赤翡翠	*Halcyon coromanda*
208			白胸翡翠	*Halcyon smyrnensis*
209			蓝翡翠	*Halcyon pileata*
210		戴胜科	戴胜	*Upupa epops*
211	鴷形目	须鴷科	大拟啄木鸟	*Megalaima virens*
212		啄木鸟科	黑枕绿啄木鸟	*Picus canus*
213	雀形目	百灵科	小云雀	*Alauda gulgula*
214		燕科	家燕	*Hirundo rustica*
215			金腰燕	*Hirundo daurica*
216		鹡鸰科	黄鹡鸰	*Motacilla flava*
217			灰鹡鸰	*Motacilla cinerea*
218			白鹡鸰	*Motacilla alba*
219			理氏鹨	*Anthus richardi*
220			树鹨	*Anthus hodgsoni*
221		山椒鸟科	灰山椒鸟	*Pericrocotus divaricatus*
222		鹎科	领雀嘴鹎	*Spizixos semitorques*
223			黄臀鹎	*Pycnonotus xanthorrhous*
224			白头鹎	*Pycnonotus sinensis*
225			栗背短脚鹎	*Hypsipetes castanonotus*
226			黑短脚鹎	*Hypsipetes madagascariensis*
227		伯劳科	虎纹伯劳	*Lanius tigrinus*
228			红尾伯劳	*Lanius cristatus*
229			棕背伯劳	*Lanius schach*
230		黄鹂科	黑枕黄鹂	*Oriolus chinensis*
231		卷尾科	黑卷尾	*Dicrurus macrocercus*
232			发冠卷尾	*Dicrurus hottentottus*

（续）

序号	目	科	种	
			中文名	拉丁名
233	雀形目	椋鸟科	丝光椋鸟	*Sturnus sericeus*
234			灰椋鸟	*Sturnus cineraceus*
235			黑领椋鸟	*Sturnus nigricollis*
236			八哥	*Acridotheres cristatellus*
237		鸦科	松鸦	*Garrulus glandarius*
238			红嘴蓝鹊	*Urocissa erythrorhyncha*
239			喜鹊	*Pica pica*
240			白颈鸦	*Corvus torquatus*
241		河乌科	褐河乌	*Cinclus pallasii*
242		鸫科	红胁蓝尾鸲	*Tarsiger cyanurus*
243			鹊鸲	*Copsychus saularis*
244			北红尾鸲	*Phoenicurus auroreus*
245			红尾水鸲	*Rhyacornis fuliginosus*
246			小燕尾	*Emicurus scouleri*
247			白冠燕尾	*Enicurus leschenaulti*
248			蓝矶鸫	*Monticola solitaria*
249			台湾紫啸鸫	*Myiophoneus insularis*
250			灰背鸫	*Turdus hortulorum*
251			乌鸫	*Turdus merula*
252		画眉科	棕颈钩嘴鹛	*Pomatorhinus ruficollis*
253			画眉	*Garrulax canorus*
254			白颊噪鹛	*Garrulax sannio*
255			灰眶雀鹛	*Alcippe morrisonia*
256			棕头鸦雀	*Paradoxornis webbianus*
257		莺科	强脚树莺	*Cettia fortipes*
258			小蝗莺	*Locustella certhiola*
259			东方大苇莺	*Acrocephalus orientalis*
260			褐柳莺	*Phylloscopus fuscatus*
261			黄眉柳莺	*Phylloscopus inornatus*
262			纯色鹪莺	*Prinia subflava*
263			褐山鹪莺	*Prinia criniger*

（续）

序号	目	科	种	
			中文名	拉丁名
264	雀形目	鹟科	白腹姬鹟	*Cyanoptila cyanomelana*
265		山雀科	大山雀	*Parus major*
266			黄颊山雀	*Parus spilonotus*
267		文鸟科	麻雀	*Passer montanus*
268			山麻雀	*Passer rutilans*
269			白腰文鸟	*Lonchura striata*
270			斑文鸟	*Lonchura punctulcta*
271		雀科	金翅雀	*Carduelis sinica*
272			黑头蜡嘴雀	*Euphona personata*
273			黑尾蜡嘴雀	*Eophona migratoria*
274		鹀科	灰头鹀	*Emberiza spodocephala*
275			三道眉草鹀	*Emberiza cioides*
276			小鹀	*Emberiza pusilla*
（五）哺乳类				
1	食虫目	猬科	东北刺猬	*Erinaceus amurensiss*
2		鼩科	喜马拉雅水鼩	*Chimarrogale himalayica*
3			大麝鼩	*Crocidura dracula*
4			北小麝鼩	*Crocidura suaveolens*
5			臭鼩	*Suncus murinus*
6	啮齿目	仓鼠科	黑腹绒鼠	*Eothenomys melanogastsr*
7			东方田鼠	*Microtus fortis*
8		鼠科	黑线姬鼠	*Apodemus agrarius*
9			社鼠	*Rattus confucianus*
10			黄毛鼠	*Rattus losea*
11			大足鼠	*Rattus nitidus*
12			褐家鼠	*Rattus norvegicus*
13	鲸目	灰鲸科	灰鲸	*Eschrichtius gibbosus*
14		鳁鲸科	小鳁鲸	*Balaenoptera acutorostata*
15		抹香鲸科	抹香鲸	*Physeter catodon*
16		淡水豚科	白鳖豚	*Lipotes vexillifer*
17		海豚科	真海豚	*Delphinus delphis*
18			宽吻海豚	*Tursiops truncatus*
19		鼠海豚科	江豚	*Neophocaena phocaenoides*
20		领航鲸科	虎鲸	*Orcinus orca*
21			伪虎鲸	*Pseudorca crassidens*
22		灰海豚科	灰海豚	*Grampus griseus*

（续）

序号	目	科	种	
			中文名	拉丁名
23	食肉目	犬科	貉	*Nyctereutes procyonoides*
24		鼬科	黄鼬	*Mustela sibirica*
25			黄腹鼬	*Mustela kathiah*
26			鼬獾	*Melogale moschata*
27			狗獾	*Meles meles*
28			猪獾	*Arctonyx collaris*
29			水獭	*Lutra lutra*
30		灵猫科	食蟹獴	*Herpestes urva*
31			花面狸	*Paguma larvata*
32	鳍脚目	海豹科	髯海豹	*Erignathus barbatus*
33	偶蹄目	鹿科	獐	*Hydropotes inermis*
34	兔形目	兔科	华南兔	*Lepus sinensis*

附录3　浙江重点调查湿地概况

1. 杭州西溪国家湿地公园

西溪国家湿地公园生态资源丰富、自然景观质朴、文化积淀深厚，与西湖、西泠并称杭州“三西”，是我国第一个集城市湿地、农耕湿地、文化湿地于一体的国家湿地公园。公园位于杭州市西湖区，距杭州市中心武林门约6公里，东起紫金港绿化带西侧，西至绕城公路绿化带东侧，南起沿山河，北至文新路延伸段，地理位置介于东经120°02′11″～120°05′09″、北纬30°17′02″～30°14′56″之间。范围面积1008公顷，湿地面积966.62公顷，其中海岸性淡水湖926公顷，占95.80%；永久性河流30.05公顷，占3.11%；草本沼泽10.57公顷，占1.09%。

湿地植物304种，隶属95科229属。其中，湿生植物259种、沼生植物21种、挺水植物11种、飘浮植物6种、浮叶植物3种、沉水植物4种。列入国家Ⅱ级保护植物4种，水蕨、野菱、野荞麦和野大豆。湿地植被有4个植被型组、6个植被型、24个群系，主要群系有枫杨群系、早园竹群系、芦苇群系、浮萍群系等，其他尚有构树群系、荻群系、狗尾草群系、槐叶苹群系等。

湿地鸟类46种，隶属8目19科。其中，水鸟35种，隶属6目9科，主要种类有小鸊鹈、白鹭、斑嘴鸭、黑水鸡、水雉、凤头麦鸡、白腰草鹬和斑鱼狗等。鱼类45种，隶属6目14科，鲤形目种类最多，有30种，占66.70%；鲈形目次之，有8种，占17.80%。两栖类10种，隶属1目4科，其中，大树蛙为西溪湿地罕见种类，数量稀少；弹琴水蛙、黑斑侧褶蛙、斑腿树蛙、镇海林蛙和小弧斑姬蛙具有一定的数量，属于偶见种类；而中华大蟾蜍、泽陆蛙、金线侧褶蛙和饰纹姬蛙数量较多，属于常见种类，也是西溪湿地两栖类中的优势种。爬行类13种，隶属3目5科，北草蜥、红点锦蛇、黑眉锦蛇、赤链华游蛇和乌梢蛇是西溪湿地爬行类的优势种；石龙子、蝘蜓、赤链蛇、王锦蛇和蝮蛇属偶见种类，中华鳖为罕见种类。哺乳类相对比较贫乏，只记录有哺乳动物14种，隶属5目7科，以鼠类较为常见。

2005年，批准建立西溪国家湿地公园；2009年，西溪湿地一期、二期范围内325公顷湿地被列入国际重要湿地名录；2011年，评为浙江省第一批生态文明教育基地；同年，获“中国最美湿地”综合大奖；2012年，被正式授予国家5A级旅游景区。目前，湿地主要受到环境污染、基建侵占等威胁。

2. 德清下渚湖国家湿地公园

下渚湖，古称防风湖，为浙江省第五大内陆湖。传说当年大禹为表彰防风氏治水有功，特赐封山禺山方圆百里，立为防风国，为良渚文化的发祥地之一。湿地公园位于杭嘉湖平原西部德清县武康镇的东南部和三合乡的北部地区，距莫干山风景名胜区约26公里、杭州约40公里、上海约210公里。地理位置介于东经120°00′41″～120°03′43″、北纬30°30′03″～30°32′35″之间。范围面积1241公顷，湿地面积418.94公顷，其中永久性河流湿地87.99公顷，占21.00%；永久性淡水湖

64.22 公顷，占 15.33%；草本沼泽 40.41 公顷，占 9.65%；水产养殖场 226.32 公顷，占 54.02%。

湿地植物 232 种，隶属 77 科 188 属，其中湿生植物 189 种、沼生植物 19 种、挺水植物 6 种、漂浮植物 7 种、浮叶植物 6 种、沉水植物 5 种。公园内有国家Ⅱ级保护植物水蕨、野大豆、野菱和野荞麦 4 种。湿地植被有 3 个植被型组、6 个植被型、11 个群系，以芦苇群系、野菱群系分布最广，特别是下渚湖西南面，芦苇密布，荻花泛光，令游客赞叹不已，其他群系黄花水龙群系、野大豆群系、金鱼藻群系、荻群系等有小面积分布。

湿地鸟类 44 种，隶属 10 目 21 科。其中，水鸟 28 种，隶属 7 目 9 科，主要种类有小䴙䴘、斑鱼狗、白鹭、黑鳽、绿头鸭、黑水鸡、白腰草鹬和水雉等。公园内人工饲养的朱鹮为国家Ⅰ级保护鸟类，截至 2013 年年底，种群数量达到 115 只；列入国家Ⅱ级保护鸟类有 2 种，为鸳鸯和黄嘴白鹭。鱼类 32 种，隶属 8 目 14 科，常见种类有鲢鱼、鳙鱼、草鱼、鳡鱼、鲫鱼、团头鲂、赤眼鳟等。两栖类 12 种，隶属 2 目 6 科，主要种类有东方蝾螈、弹琴水蛙、泽陆蛙、黑斑侧褶蛙、大树蛙等。爬行类 13 种，隶属 3 目 8 科，主要种类有乌龟、中华鳖、王锦蛇、渔游蛇、银环蛇、蝮蛇等。

2005 年，列入浙江省省级风景名胜区；2006 年，批准建立浙江省第一个省级湿地公园；2008 年，升格为国家级湿地公园；2012 年，评为浙江省第二批生态文明教育基地。目前，湿地主要受到环境污染威胁。

3. 丽水九龙国家湿地公园

丽水九龙国家湿地公园是丽水“一江双城”城市空间布局的生态景观廊道，位于丽水市莲都区西偏南方向，距丽水城区 10 公里。其范围从玉溪水利枢纽大坝以下至南明湖回水尾部白岩大桥处，包括大溪干流两岸的防护林带、洪泛湿地、水体及少量沿江自然山体，地理位置介于东经 119°42′15″～119°50′45″、北纬 28°17′00″～28°27′30″之间。范围面积 1044 公顷，湿地面积 993.97 公顷，其中永久性河流 617.84 公顷，占 62.16%；洪泛平原湿地 376.13 公顷，占 37.84%。

湿地植物 164 种，隶属 48 科 101 属，其中湿生植物 143 种、沼生植物 12 种、飘浮植物 4 种、浮叶植物 3 种、沉水植物 2 种。湿地植被有 4 个植被型组、6 个植被型、17 个群系，以枫杨群系、水蓼群系、斑茅群系等面积分布较广，青葙群系、南川柳群系、银叶柳群系、水蜈蚣群系等有小面积分布。

湿地鸟类 23 种，隶属 7 目 16 科。其中，水鸟 11 种，隶属 4 目 5 科，主要种类有普通翠鸟、黄嘴白鹭、白鹭、夜鹭、牛背鹭、斑鱼狗、黑翅长脚鹬和白腰草鹬等。黄嘴白鹭属国家Ⅱ级保护鸟类。两栖类 17 种，隶属 2 目 7 科，主要有中华大蟾蜍、黑斑侧褶蛙、泽陆蛙、花臭蛙、饰纹姬蛙、虎纹蛙等，其中虎纹蛙属国家Ⅱ级保护动物。爬行类 22 种，隶属 3 目 8 科，主要有中华鳖、赤链蛇、王锦蛇、乌梢蛇、石龙子等。

2008 年，批准建立国家级湿地公园，成立丽水九龙国家湿地公园管理处。目前，湿地主要受到环境污染、采挖沙石威胁。

4. 衢州乌溪江国家湿地公园

乌溪江国家湿地公园是高峡水库的典型代表，是低山区库塘湿地、河流湿地的典型类型，园内水力建筑设施、山区古村落、节理石柱、山水风光等景观融为一体，极具特色。湿地公园位于衢州市衢江区南部山区，距衢州城区约15公里，范围涉及湖南镇、举村乡、岭洋乡、黄坛口乡4个乡镇，南北长33.39公里、东西宽13.64公里，地理位置介于东经118°47′28″~118°55′50″、北纬28°31′40″~28°49′45″之间。范围面积14445公顷，湿地面积2484.41公顷，其中永久性河流170.68公顷，占6.87%；洪泛平原湿地35.82公顷，占1.44%；库塘2277.91公顷，占91.69%。

湿地植物459种，隶属118科299属，其中湿生植物411种、沼生植物30种、挺水植物6种、飘浮植物6种、浮叶植物3种、沉水植物3种。公园内有国家Ⅱ级保护植物野荞麦、野大豆、毛红椿和野菱等4种。湿地植被类型相对比较丰富，但其群落较为破碎，片段化明显。湿地植被有4个植被型组、8个植被型、36个群系，其中南川柳群系、斑茅群系、苦草群系、垂穗薹草群系、半边莲群系等分布面积较大，银叶柳群系、小蜡群系、泥胡菜群系、益母草群系等有小范围分布。公园内的柳叶白前群系、百球藨草群系在浙江湿地中比较少见。

湿地鸟类47种，隶属7目16科。其中，水鸟32种，隶属7目9科，主要种类有小䴙䴘、普通翠鸟、斑鱼狗、环颈鸻、白鹭、白翅浮鸥、绿翅鸭、白胸苦恶鸟、白腰草鹬等。列入国家Ⅱ级保护鸟类3种，为鸳鸯、小天鹅和岩鹭。鱼类43种，隶属4目9科，其中鲤形目种类最多，有33种；鲈形目次之，有6种；鲇形目再次之，有3种；合鳃目最少，仅1种。两栖类24种，隶属2目8科，其中大鲵、虎纹蛙属国家Ⅱ级保护动物，为乌溪江国家湿地公园罕见种类，数量稀少。爬行类21种，隶属3目7科。哺乳类15种，隶属4目7科，其中水獭属国家Ⅱ级保护动物。

2009年，批准建立国家级湿地公园，并制定了《浙江乌溪江国家湿地公园保护管理暂行办法》。目前，湿地主要受到环境污染、基建侵占等威胁。

5. 诸暨白塔湖国家湿地公园

白塔湖是浦阳江流域的一个天然湖荡，位于浙江省诸暨市的东北部，范围涉及店口镇、阮市镇、三下湖镇和江藻镇，地理位置介于东经120°19′59″~120°23′18″、北纬29°54′48″~29°52′04″之间。范围面积1386公顷，湿地面积981.18公顷，其中海岸性淡水湖702.53公顷，占71.60%；永久性河流37.69公顷，占3.84%；水产养殖场240.96公顷，占24.56%。

湿地植物194种，隶属76科148属，其中湿生植物165种、沼生植物15种、挺水植物4种、飘浮植物4种、浮叶植物2种、沉水植物4种。公园内有国家Ⅱ级保护植物3种，分别是野荞麦、野大豆、野菱。湿地植被有4个植被型组、7个植被型、14个群系，以垂柳群系、芦苇群系、凤眼莲群系等分布较广，主要分布在湖面静水处及湖岸交接处，其他群系有升马唐群系、喜旱莲子草群系、蚕茧蓼群系等有小面积分布。

湿地鸟类32种，隶属9目17科。其中，水鸟19种，隶属6目6科，主要种类有小䴙䴘、普通翠鸟、池鹭、牛背鹭、绿翅鸭、绿头鸭、白胸苦恶鸟、白腰草鹬和矶鹬等。鱼类26种，隶属7目11科，主要种类有青鱼、草鱼、鲫鱼、鲻鱼、乌鳢、鲶鱼、黄颡鱼、黄鳝、泥鳅、中华花鳅等。两栖类8种，隶属1目5科，常见种有中华大蟾蜍、沼水蛙、泽陆蛙、黑斑侧褶蛙、饰纹姬蛙等。爬行类16种，隶属3目8科，主要种类有乌龟、中华鳖、石龙子、北草蜥、多疣壁虎、赤链蛇、乌梢蛇、蝮蛇等。哺乳动物主要有东方田鼠、黑家鼠、褐家鼠、黄毛鼠、猪獾等。

2009年，批准建立国家湿地公园，成立了诸暨市白塔湖湿地公园管理委员会；2013年，评为浙江省第三批生态文明教育基地。目前，湿地主要受到环境污染、基建侵占、泥沙淤积等威胁。

6. 长兴仙山湖国家湿地公园

仙山湖国家湿地公园湖光山色明秀多姿，港叉苇荡扑朔迷离，水上柳林江南难寻，是一处野趣浓郁的人工库塘湿地公园。公园位于浙江省长兴县泗安镇，距长兴县城25公里、离杭州85公里、上海170公里。地理位置介于东经119°33′51″~119°38′38″、北纬30°52′08″~30°55′25″之间。范围面积2638公顷，湿地面积528.66公顷，其中永久性河流7.99公顷，占1.51%；草本沼泽43.47公顷，占8.22%；森林沼泽13.28公顷，占2.51%；库塘391.20公顷，占74.00%；水产养殖场72.72公顷，占13.76%。

湿地植物228种，隶属80科170属，其中湿生植物167种、沼生植物23种、挺水植物8种、漂浮植物9种、浮叶植物9种、沉水植物12种。公园内有国家Ⅱ级保护植物野大豆和野菱2种。湿地植被有3个植被型组、7个植被型、18个群系，以野菱群系、旱柳群系、紫萍群系分布最广，其中大面积的水上森林——旱柳林在浙江省实属罕见，苦草群系、南川柳群系、芦苇群系、荻群系、金鱼藻群系等在公园内也较为常见。

湿地鸟类77种，隶属11目29科。其中，水鸟57种，隶属8目15科，主要种类有小䴙䴘、普通翠鸟、环颈鸻、金眶鸻、鸬鹚、白鹭、黑鸢、白翅浮鸥、鸿雁、绿头鸭、斑嘴鸭、黑水鸡、白胸苦恶鸟、白腰草鹬和水雉等。列入国家Ⅱ级保护鸟类6种，为鸳鸯、小天鹅、疣鼻天鹅、黄嘴白鹭、斑嘴鹈鹕和白琵鹭。鱼类59种，隶属7目13科，主要种类有鲢鱼、鳙鱼、草鱼、青鱼、鳡鱼、鳍鱼、刀鲚、太湖新银鱼、中华细鲫、鲫鱼、翘嘴红鲌、蒙古红鲌、红鳍鲌、鲶鱼、赤眼鳟、银鲴、黄颡鱼等。两栖类12种，隶属2目6科，主要种类有东方蝾螈、弹琴水蛙、泽陆蛙、黑斑侧褶蛙、大树蛙等。爬行类16种，隶属3目7科，主要种类有乌龟、中华鳖、王锦蛇、渔游蛇、银环蛇、蝮蛇等。哺乳类13种，隶属4目6科，主要种类有臭鼩、东方田鼠、貉、黄鼬、鼬獾、猪獾、水獭、獐等。其中水獭、獐属国家Ⅱ级保护动物。

2006年，批准建立省级湿地公园；2009年，升格为国家级湿地公园。目前，湿地主要受到环境污染威胁。

7. 玉环漩门湾国家湿地公园

玉环漩门湾湿地公园位于浙东南沿海玉环县，东接清港与楚门两镇，南靠玉环本岛北岸的芦蒲镇，西嵌乐清湾与雁荡山隔海相望，北与温岭市南界相接。地理位置介于东经121°10′40″~121°16′59″、北纬28°11′47″~28°15′53″之间。范围面积3075公顷，湿地面积1935.05公顷，其中浅海湿地339公顷，占17.52%；淤泥质海滩421.98公顷，占21.81%；红树林11.18公顷，占0.58%；海岸性淡水湖1011.39公顷，占52.26%；永久性河流27.28公顷，占1.41%；草本沼泽77.54公顷，占4.01%；水产养殖场46.68公顷，占2.41%。

湿地植物101种，隶属40科85属，其中湿生植物85种、沼生植物9种、挺水植物2种、浮叶植物1种、沉水植物1种、盐沼植物3种。湿地植被有4个植被型组、6个植被型、15个群系，以互花米草群系、芦苇群系、水烛群系分布最广，其他常见群系有细叶结缕草群系、白茅群系、穗花狐尾藻群系、金色狗尾草群系等。

湿地鸟类76种，隶属12目23科。其中，水鸟58种，隶属9目11科，主要种类有小䴙䴘、普通翠鸟、反嘴鹬、环颈鸻、金斑鸻、苍鹭、白鹭、黑尾鸥、小天鹅、斑嘴鸭、普通秧鸡、中杓鹬和矶鹬等。列入国家Ⅱ级保护鸟类2种，为小天鹅和小青脚鹬。鱼类106种，优势种有鲈鱼、鲻鱼、中国魟、银鲳、鮸鱼、马鲛鱼、刀鲚、龙头鱼、棘头鱼、梅童鱼、舌鳎等，其中分布最多的主要有鲈鱼、鲻鱼和海鳗。两栖类主要有中华大蟾蜍、中国雨蛙、泽陆蛙、黑斑侧褶蛙、金线侧褶蛙、饰纹姬蛙等。爬行类主要有石龙子、北草蜥、赤链蛇、玉斑锦蛇、王锦蛇、水赤链等。哺乳类有赤腹松鼠、黑线姬鼠、黄胸鼠、褐家鼠、黄毛鼠、黄鼬、鼬獾等。

2009年，批准建立省级湿地公园；2011年，升格为国家级湿地公园，为浙江省第一个滨海型国家级湿地公园，并获得"中国生态保护最佳湿地"称号；2012年，评为浙江省第二批生态文明教育基地；同年通过国家4A级旅游景区验收。目前，湿地主要受到环境污染、滩涂围垦、基建侵占等威胁。

8. 龙游绿葱湖省级湿地公园

绿葱湖湿地公园是浙江省面积最大的灌丛沼泽湿地，位于浙江省龙游县南部山区，距龙游县城40公里，地理位置介于东经119°03′35″~119°05′08″、北纬28°46′39″~28°48′21″之间。范围面积160公顷，湿地面积82.45公顷，其中灌丛沼泽72.96公顷，占88.49%；沼泽化草甸9.49公顷，占11.51%。

湿地植物69种，隶属32科55属，其中湿生植物58种、沼生植物11种。湿地植被有3个植被型组、3个植被型、6个群系，以圆锥绣球群系、细叶刺子莞群系等分布面积最大，其他尚有江西绣球群系、龙师草群系、泥炭藓群系等小面积分布。

湿地鸟类13种，隶属2目7科，主要种类有白颊噪鹛、白头鹎、斑胸钩嘴鹛、黑短脚鹎、红头长尾山雀、红嘴蓝鹊、画眉、金腰燕、栗背短脚鹎、松雀鹰、燕隼、棕颈钩嘴鹛和棕头鸦雀等。列入国家Ⅱ级保护鸟类2种，为松雀鹰和燕隼。两栖类8种，隶属1目3科，主要有中华大蟾蜍、中国雨蛙、泽陆蛙、黑斑侧褶蛙、棘胸蛙等。爬行类15种，隶属2目5科，主要有石龙子、蝘蜓、北草蜥、赤链蛇、翠青蛇、五步蛇等。

2009年，批准建立省级湿地公园。目前，湿地主要受到旱化、违规放牧、滥采药材等威胁。

9. 嘉兴石臼漾省级湿地公园

石臼漾湿地为水源生态湿地，公园位于浙江省嘉兴市境内，南临新塍塘，西依义庄河，地理位置介于东经120°41′52″~120°42′42″、北纬30°46′13″~30°47′02″之间。范围面积113公顷，湿地面积63.11公顷，其中草本沼泽湿地42.38公顷，占67.15%；库塘16.71公顷，占26.48%；运河、输水河4.02公顷，占6.37%。

湿地植物117种，隶属51科103属，其中湿生植物100种、沼生植物9种、挺水植物3种、漂浮植物3种、沉水植物2种。湿地植被有2个植被型组、3个植被型、7个群系，以芦苇群系、芦竹群系为主，其他群系有湿地松群系、荻群系、喜旱莲子草群系等。

湿地鸟类23种，隶属8目20科。其中，水鸟13种，隶属5目11科，主要种类有白鹭、池鹭、黑水鸡、环颈雉、家燕、夜鹭、喜鹊、棕背伯劳等。其他类动物未经过专门调查。

2009年，批准建立省级湿地公园。目前，湿地公园主要受到面源环境污染威胁。

10. 安吉竹溪省级湿地公园

竹溪湿地属山谷溪流漫滩湿地，公园以山涧河流、溪流以及季节性河漫滩为主，是"谷口—平原"过渡地区典型的湿地类型。公园位于浙江省西北部安吉县的昆、铜水流域谷地，处于山谷与平原农区的交界处，范围自独山头至江家边，沿昆溪上溯至大路口，沿铜溪上溯至路西村，地理位置介于东经119°46′45″~119°48′24″、北纬30°44′25″~30°45′53″之间。范围面积172公顷，湿地面积10.69公顷，湿地类型为永久性河流。

湿地植物186种，隶属60科138属，其中湿生植物172种、沼生植物8种、挺水植物2种、飘浮植物1种、浮叶植物2种、沉水植物1种。公园内分布有国家Ⅱ级保护植物野大豆和野菱2种。湿地植被有2个植被型组、5个植被型、13个群系，以升马唐群系、狗牙根群系、水蜈蚣群系等大面积分布在河漫滩上，其他群系有喜旱莲子草群系、辣蓼群系、甘野菊群系等；河滩两岸多有淡竹林，红竹林分布。

湿地鸟类31种，隶属8目18科。其中，水鸟14种，隶属5目6科，主要种类有小䴙䴘、普通翠鸟、池鹭、白鹭、长嘴剑鸻、红脚苦恶鸟、灰头麦鸡和矶鹬等。鱼类84种，隶属7目18科。其中较为常见的经济鱼类近30种，主要有鳗鲡、翘嘴红鲌、花䱻、黄颡鱼、沙塘鳢、草鱼、鲤鱼、鲫鱼等。两栖类10种，隶属1目5科，其中中华大蟾蜍、黑斑侧褶蛙、金线侧褶蛙、泽陆蛙、饰纹姬蛙等较为常见。爬行类15种，隶属3目7科，其中石龙子、北草蜥、赤链蛇、王锦蛇、乌梢蛇等较为常见。

2010年，批准建立省级湿地公园。目前，湿地主要受到环境污染、采挖沙石等威胁。

11. 开化钱江源省级湿地公园

钱江源湿地公园是保护浙江省"母亲河"——钱塘江源头水资源而建立的省级湿地公园。公园位于浙江省开化县西北部，钱塘江源头。地理位置介于东经118°11′45″~118°20′53″、北纬29°21′24″~29°29′47″之间。范围面积1143公顷，湿地面积200.34公顷，以库塘湿地为主，146.53公顷，占73.14%；永久性河流53.81公顷，占26.86%。

湿地植物115种，隶属48科90属，其中湿生植物109种、沼生植物6种。湿地植被有3个植被型组、5个植被型、14个群系，以斑茅群系、狗牙根群系、银叶柳群系等为主。其他尚有意杨群系、五节芒群系、水蜈蚣群系等小面积分布。

湿地鸟类34种，隶属7目16科，主要种类有灰胸竹鸡、白鹇、大拟啄木鸟、红尾水鸲、赤腹鹰、短耳鸮、鸳鸯和白腰雨燕等。列入国家Ⅱ级保护鸟类17种，为白鹇、勺鸡、雀鹰、赤腹鹰、松雀鹰、普通鵟、毛脚鵟、红隼、鸢、短耳鸮、红隼和鸳鸯等。两栖类15种，隶属2目6科，较为常见的有中国瘰螈、大头蛙、花臭蛙、华南湍蛙、斑腿树蛙、棘胸蛙、饰纹姬蛙等。爬行类19种，隶属3目6科，主要有平胸龟、石龙子、蝘蜓、赤链蛇、王锦蛇、五步蛇等。

2011年，批准建立省级湿地公园。目前，湿地主要受到环境污染威胁。

12. 东阳东白山省级湿地公园

东白山高山湿地，是典型的高海拔草本沼泽湿地与人工湿地的复合湿地生态系统。公园位于浙江省中部东阳市虎鹿镇境内，北界诸暨市，东接嵊州市，距东阳城区40公里，地理位置介于北纬29°28′16″～29°30′01″、东经120°26′27″～120°28′27″，海拔840米，范围面积75公顷，湿地面积16.95公顷，其中草本沼泽8.54公顷，占50.38%；库塘8.41公顷，占49.62%。

湿地植物373种，隶属121科254属，其中湿生植物318种、沼生植物40种、挺水植物5种、飘浮植物4种、浮叶植物2种、沉水植物4种。湿地植被有3个植被型组、5个植被型、13个群系，以芦苇群系、鸭嘴草群系为主，主要分布在水库和低洼带。另有华东藨草群系、箭叶蓼群系、萱草群系等小面积分布。

湿地鸟类41种，隶属7目10科。其中，水鸟27种，隶属7目10科，主要种类有黑颈䴙䴘、普通翠鸟、白鹭、东方白鹳、普通秧鸡、水雉、灰头麦鸡、鸬鹚和小天鹅等。列入国家Ⅰ级保护鸟类1种——东方白鹳；列入国家Ⅱ级保护鸟类2种，为鸳鸯、小天鹅。两栖类19种，隶属2目7科，主要有虎纹蛙、棘胸蛙、花臭蛙、泽陆蛙、黑斑侧褶蛙、中国瘰螈等。其中虎纹蛙为国家Ⅱ级保护动物，实地调查其数量较多。爬行类16种，隶属3目6科，较为常见的有蝘蜓、北草蜥、赤链蛇、王锦蛇、乌梢蛇等。

2011年，批准建立省级湿地公园，成立东白山生态旅游区管委会。目前，湿地主要受到环境污染威胁。

13. 台州鉴洋湖省级湿地公园

鉴洋湖是距今约2000年的古海湾演变而成的泻湖，湖区河道弯曲、沙洲众多，湖内有岛，岛上有湖，人称“黄岩的沙家浜”。公园位于台州市黄岩区院桥镇东南部约5公里处，距黄岩城区18公里，地理位置介于东经121°16′10″～121°18′39″、北纬28°32′27″～28°33′28″之间。范围面积592公顷，湿地面积106.49公顷，湿地型为海岸性淡水湖。

湿地植物282种，隶属48科80属，其中湿生植物248种、沼生植物20种、挺水植物5种、飘浮植物7种、浮叶植物2种。湿地内有国家Ⅱ级保护植物野荞麦、野大豆和野菱3种。湿地植被有3个植被型组、5个植被型、13个群系，以野菱群系、菰群系、芦苇群系分布最广，其他群系有紫萍群系、紫穗槐群系、喜旱莲子草群系等。

湿地鸟类31种，隶属9目14科。其中，水鸟21种，隶属6目6科，主要种类有小䴙䴘、普通翠鸟、蓝翡翠、白鹭、牛背鹭、绿鹭、绿头鸭、黑水鸡和青脚鹬等。鱼类常见种有草鱼、鲫鱼、乔氏新银鱼、黄鳝等。两栖类11种，隶属1目5科，常见种有中华大蟾蜍、沼水蛙、泽陆蛙、黑斑侧褶蛙等，其中虎纹蛙为国家Ⅱ级保护动物。爬行类18种，隶属3目7科，主要有乌龟、石龙子、乌梢蛇、赤链蛇、红点锦蛇等。

2011年，批准建立国家城市湿地公园；2012年，批准建立省级湿地公园。目前，湿地主要受到环境污染、基建侵占等威胁。

14. 南麂列岛自然保护区湿地

南麂列岛自然保护区是我国首批5个海洋自然保护区之一，主要保护对象是海洋贝类及其生态环境。保护区位于温州市平阳县鳌江口外56公里的东海洋面上，地理位置介于东经120°56′30″~121°08′30″、北纬27°24′30″~27°30′00″之间。范围面积12171公顷，湿地面积759.26公顷，其中浅海水域731.36公顷，占96.33%；沙石海滩10.49公顷，占1.38%；淤泥质海滩17.41公顷，占2.29%。

湿地植物84种，隶属38科66属，其中湿生植物60种、沼生植物4种、漂浮植物1种、沉水植物1种、盐沼植物8种、滨海沙生植物10种。湿地植被大都处在潮上带，潮间带仅有稀疏的矮生薹草和滨海珍珠菜生长。潮上带有3个植被型组、5个植被型、11个群系，以假俭草群系、五节芒群系、黑松群系为主，滨海珍珠菜群系、单叶蔓荆群系、矮生薹草群系等也有小面积分布。

湿地鸟类40种，隶属9目17科。其中，水鸟12种，隶属5目5科，主要种类有小䴙䴘、苍鹭、白鹭、海鸥、黑尾鸥和矶鹬等。鱼类397种，隶属30目128科，鲈形目137种占优势；其中白鲟、中华鲟和达氏鲟列入国家Ⅰ级保护鱼类；黄唇鱼、大海马和香鱼为国家Ⅱ级保护鱼类。两栖类11种，隶属1目5科，主要有沼水蛙、泽陆蛙、黑斑侧褶蛙、饰纹姬蛙等。爬行类13种，隶属3目5科，主要有海龟、多疣壁虎、石龙子、蓝尾石龙子、赤链蛇、乌梢蛇等。

1990年，建立南麂列岛国家级海洋类型自然保护区；1991年，成立南麂列岛国家海洋自然保护区管理局；1998年，颁布《浙江省南麂列岛国家级海洋自然保护区管理条例实施细则》，同年纳入联合国教科文组织世界生物圈保护区网络；2000年，列入《中国重要湿地名录》；2005年，获全球环境基金(GEF)资助将南麂列岛列为海域生物多样性管理项目示范区。目前，湿地主要受到环境污染威胁。

15. 韭山列岛国家级海洋生态自然保护区

韭山列岛位居舟山群岛最南端，东濒东海，西隔牛鼻山水道与大陆相对，距大陆最近点象山县爵溪街道所辖之长嘴头18.5公里。地理位置介于东经122°09′18″~122°15′24″、北纬29°22′30″~29°28′36″之间。范围面积48776公顷，湿地面积1914.74公顷，其中浅海湿地1881.29公顷，占98.25%；淤泥质滩涂33.45公顷，占1.75%。

湿地植物49种，隶属31科42属，其中湿生植物46种、沼生植物1种、滨海沙生植物2种。湿地植被有3个植被型组、4个植被型、6个群系，以五节芒群系为陆地湿地主要群系，其中单叶蔓荆群系、芙蓉菊群系、厚叶双花耳草群系为海岸湿地的主要代表类型。

湿地鸟类110种，隶属11目35科。其中，水鸟63种，隶属5目15科，主要种类有红喉潜鸟、黑叉尾海燕、鸬鹚、苍鹭、大白鹭、黄嘴白鹭、豆雁、斑嘴鸭、蛎鹬、环颈鸻、白腰杓鹬、灰背鸥、黑嘴鸥、须浮鸥和普通燕鸥等。列入国家Ⅱ级保护鸟类3种，为中华凤头燕鸥、黄嘴白鹭和岩鹭。保护区是中华凤头燕鸥全球已知的三个繁殖地之一(另外两个为台湾马祖列岛和舟山五峙山列岛)，其生态地位十分重要，据专家调查估计，保护区内有近20只中华凤头燕鸥，占全球数量40%以上。鱼类54种，主要有带鱼、大黄鱼、小黄鱼、鲳鱼、曼氏无针乌贼、梅童鱼、石斑鱼、龙头鱼、日本鳀鱼、小公鱼、鰕虎鱼、褐葛䲗、青鳞鱼等。两栖类7种，隶属1目4科，其中中华大蟾蜍、泽陆蛙和黑斑侧褶蛙属于常见种类，主要分布在南韭山岛的房屋周围和海边陆地上。爬行类15种，隶属3目8科，其中多疣壁虎、北草蜥和石龙子属于常见种类，蠵龟、海龟、玳瑁、棱皮龟属于国家Ⅱ级保护动物。哺乳类6种，隶属5目5科，国家Ⅱ级保护动物江豚聚居于韭山列岛的环状区域及周围海域。

2003年，建立省级海洋生态自然保护区；2007年，颁布《宁波市韭山列岛海洋生态自然保护区条例》；2011年，升格为国家级自然保护区。目前，湿地主要受到环境污染、过度捕捞等威胁。

16. 长兴扬子鳄省级自然保护区

长兴扬子鳄自然保护区是以保护、拯救国家Ⅰ级濒危野生动物——扬子鳄为主要目的而建立的省级自然保护区。保护区位于浙江省北部长兴县西北方向的泗安、林城两镇交界处，距长兴中心县城16公里。地理位置介于东经119°43′38″～119°43′52″、北纬30°55′17″～30°55′28″之间。范围面积127公顷，湿地面积28.78公顷，湿地类型为水产养殖场。

湿地植物160种，隶属58科129属，其中湿生植物143种、沼生植物11种、挺水植物1种、飘浮植物2种、浮叶植物2种、沉水植物1种。保护区内有国家Ⅱ级保护植物野大豆和野菱2种。湿地植被有3个植被型组、7个植被型、18个群系，其中水鳖群系、升马唐群系、水烛群系、紫萍群系等分布面积较大，其他较常见的群系有野菱群系、异型莎草群系、芦苇群系、合萌群系、金色狗尾草群系等。

湿地鸟类38种，隶属8目19科。其中，水鸟23种，隶属6目7科，主要种类有小䴙䴘、普通翠鸟、白鹭、黑鳽、红脚苦恶鸟、黑水鸡、环颈鸻、白腰草鹬和绿翅鸭等。列入国家Ⅱ级保护鸟类1种，黄嘴白鹭。鱼类27种，隶属7目12科，主要种类有鲤鱼、鲫鱼、鳊鱼、鳙鱼、青鱼、黄鳝、泥鳅等。两栖类10种，隶属1目4科，主要有中华大蟾蜍、黑斑侧褶蛙、金线侧褶蛙、泽陆蛙、饰纹姬蛙等。爬行类15种，隶属4目10科，主要有扬子鳄、中华鳖、石龙子、北草蜥、赤链华游蛇、乌梢蛇等。扬子鳄为保护区的主要保护对象，截至2013年年底，保护区有大小扬子鳄4398条。哺乳类15种，隶属5目9科，主要种类有黄鼬、鼬獾、花面狸、刺猬、华南兔等。

长兴扬子鳄自然保护区最早于1979年6月由尹家边农民自发建立的保护区；1988年，成立县级自然保护区；1999年，更名为长兴扬子鳄自然保护区，设立了长兴扬子鳄自然保护区管理处；2007年，升格为省级自然保护区。目前，湿地主要受到环境污染威胁。

17. 景宁望东垟高山湿地省级自然保护区

景宁望东垟高山湿地自然保护区是华东最大的高山湿地，被誉为“华东第一湿地”。保护区位于浙江省丽水市景宁畲族自治县南部，东与泰顺乌岩岭国家级自然保护区毗连，南与福建省寿宁县李家垟接壤，西与景南乡渔际村相邻，北与景南乡东塘村交界，地理位置介于东经119°34′28″～119°38′54″、北纬27°40′00″～27°44′19″之间。范围面积1238公顷，湿地面积16.51公顷，主要湿地类型为森林沼泽。

湿地植物126种，隶属46科91属，其中湿生植物98种、沼生植物25种、挺水植物3种。湿地植被有4个植被型组、8个植被型、15个群系，以江南桤木群系、沼原草群系、荸球藨草群系为主，另有水毛花群系、山梗菜群系、水竹群系等小面积分布。其中江南桤木山地森林沼泽是本省一个比较特殊的类型，在全国也较为罕见。

湿地鸟类67种，隶属12目23科。其中，水鸟47种，隶属8目11科，主要种类有小䴙䴘、蓝翡翠、白鹭、黑水鸡、环颈鸻、水雉、白腰草鹬、须浮鸥、鸬鹚和普通秋沙鸭等。列入国家Ⅱ级保护鸟类3种，为鸳鸯、海南鳽和白枕鹤。两栖类22种，隶属2目7科，常见有中国瘰螈、中华大蟾蜍、三港雨蛙、棘胸蛙、大树蛙等，其中虎纹蛙为国家Ⅱ级保护动物。爬行类28种，隶属3目8科，常见有石龙子、蓝尾石龙子、蝘蜓、北草蜥、王锦蛇、赤链华游蛇、山溪后棱蛇、灰鼠蛇、竹叶青等。

2002年，建立望东垟县级高山湿地自然保护区；2007年，升格为省级自然保护区；2009年，设立景宁畲族自治县望东垟高山湿地自然保护区管理局，与林业总场合署办公；2011年，评为浙江省第一批生态文明教育基地。目前，湿地无直接威胁，潜在威胁为湿地旱化。

18. 青田鼋省级自然保护区

青田鼋自然保护区是为保护国家Ⅰ级保护濒危动物鼋的种群数量和栖息地而建立的省级自然保护区。保护区位于浙江省青田县境内的瓯江干流大溪和支流小溪，离青田县城30公里，地理位置介于东经120°06′33″~120°11′53″、北纬28°15′37″~28°16′58″之间。范围面积377公顷，湿地面积353.58公顷，其中永久性河流258.03公顷，占72.98%；泛洪平原湿地95.55公顷，占27.02%。

湿地植物106种，隶属41科82属，其中湿生植物96种、沼生植物6种、漂浮植物1种、浮叶植物1种、沉水植物2种。保护区内有国家Ⅱ级保护植物野荞麦和野大豆2种。湿地植被有5个植被型组、8个植被型、20个群系，以斑茅群系、狗牙根群系、枫杨群系等为主，其他尚有马尾松群系、水蓼群系、乌桕矮生灌丛群系、地桃花群系等小面积分布。保护区内白前群系、二叶丁癸草群系在浙江省湿地植被中较有特色。

湿地鸟类18种，隶属4目14科，主要种类有白鹭、白腰草鹬、斑鱼狗、红尾水鸲、红嘴蓝鹊、牛背鹭和蓝翡翠等。鱼类95种，隶属14目46科，主要有青鱼、草鱼、鲢鱼、鲤鱼、鲫鱼、泥鳅、中华花鳅、鲶鱼、黄颡鱼、花骨鱼、花鳗鲡等。其中花鳗鲡为国家Ⅱ级保护动物。两栖类13种，隶属1目5科，常见种有中华大蟾蜍、黑斑侧褶蛙、华南湍蛙、泽陆蛙等。其中大鲵为国家Ⅱ级保护动物。爬行类15种，隶属3目5科，常见种有王锦蛇、乌梢蛇、石龙子等。其中鼋为国家Ⅰ级保护动物，根据1997~2000年的调查、评估，鼋在瓯江的数量约为80只。2011年实地调查访问多名沿岸百姓，均表示近5年来都未曾见过或听过有人发现鼋实体。

2000年，建立青田鼋省级自然保护区。目前，湿地主要受到采挖沙石、环境污染等威胁。

19. 定海五峙山鸟类栖息和繁殖省级自然保护区

五峙山列岛是全国三大鸟类保护区之一，也是浙江省唯一的省级海洋鸟类自然保护区。保护区位于浙江东部舟山群岛，地处杭州湾口门外的灰鳖洋海域，距舟山本岛约7公里，地理位置介于东经121°52′49″~121°57′28″、北纬30°08′30″~30°13′35″之间。范围面积370公顷，湿地面积118.03公顷，湿地类型为浅海水域。

湿地植物60种，隶属25科51属，其中湿生植物47种、沼生植物3种、盐沼植物6种、滨海沙生植物4种。保护区在潮间带几乎无植被，偶见有芙蓉菊生长。潮上带的植被也较简单有3个植被型组、5个植被型、6个群系，以山合欢群系、滨海薹草群系、芙蓉菊群系等为主。

湿地鸟类51种，隶属10目16科。其中，水鸟45种，隶属7目10科，主要种类有普通翠鸟、针尾鸭、苍鹭、黑腹滨鹬、环颈鸻、白翅浮鸥、骨顶鸡、蛎鹬、角䴙䴘等。列入国家Ⅱ级保护鸟类5种，为黄嘴白鹭、角䴙䴘、黑脸琵鹭、中华凤头燕鸥和小青脚鹬。据保护区多年观察，每年有近10000只水鸟在此栖息、繁殖。2008年，首次发现“世界神话之鸟”中华凤头燕鸥10余只。

1999年，成立定海区五峙山鸟岛保护管理委员会；2001年，建立五峙山列岛省级鸟类自然保护区。目前，湿地主要受到环境污染、偷盗鸟蛋威胁。

20. 泰顺雅阳热矿泉地质遗迹省级自然保护区

泰顺雅阳热矿泉地质遗迹省级自然保护区另名“泰顺县承天氡泉省级自然保护区”。“承天氡泉”向以“浙南明珠”著称，是浙江省已开发的四个温泉中唯一的高温温泉，泉水丰富稳定，具有很高的医疗保健价值。保护区位于浙南山地，泰顺县东南部雅阳镇境玉龙山下，承天村会甲溪（又名火热溪）峡谷中，东、南紧靠福建省福鼎市，距县城罗阳镇40公里，距温州市区100公里，中心地理坐标为东经120°51′02″、北纬27°23′28″，湿地面积不到8公顷。

湿地植物143种，隶属43科98属，其中湿生植物139种、沼生植物2种、漂浮植物1种、浮叶植物1种。湿地植被有1个植被型组、2个植被型、10个群系，以辣蓼群系、火炭母群系为主，另有戟叶蓼群系、五节芒群系、绞股蓝群系等有小面积分布。

湿地鸟类29种，隶属3目15科，主要种类有红头长尾山雀、树鹨、灰胸竹鸡、小燕尾、画眉、金腰燕、白腰文鸟、栗背短脚鹎、鹰鹗、大山雀、红嘴蓝鹊和暗绿绣眼等。列入国家Ⅱ级保护鸟类1种——鹰鹗。两栖类12种，隶属2目5科，常见种有中华大蟾蜍、泽陆蛙、花臭蛙等。爬行类12种，隶属3目6科，常见种有赤链蛇、红点锦蛇、乌梢蛇等。

1992年，批准建立承天氡泉县级自然保护区，设立了专门的管理机构；1997年，升格为省级自然保护区；2006年，成功申报省级风景名胜区。目前，湿地主要受到下游盲目钻探、环境污染威胁。

21. 淳安千亩田山地沼泽湿地自然保护小区

千亩田山地沼泽湿地是浙江省面积较大的沼泽化草甸湿地之一，位于淳安县北部屏门乡与临安市西南部顺溪镇交界之处，地理位置介于北纬30°01′24″~30°02′08″、东经118°58′06″~118°58′44″之间。范围面积747公顷，湿地面积30.63公顷，湿地类型为沼泽化草甸。

湿地植物88种，隶属32科62属，其中湿生植物70种、沼生植物18种，玉蝉花、假鼠妇草、朝鲜婆婆纳等在浙江省仅产于本类沼泽化草甸湿地类型中。湿地植被有3个植被型组、5个植被型、13个群系，主要有芒群系、华东藨草群系、春蓼群系、大理薹草群系、龙师草群系、沼原草群系等。其中芒群系、华东藨草群系分布面积最大。

湿地鸟类19种，隶属2目10科，主要种类有暗绿绣眼、白鹡鸰、褐河乌、红尾水鸲、画眉、家燕和棕颈钩嘴鹛等；列入国家Ⅱ级保护鸟类1种——鹰雕。两栖类10种，隶属2目5科，常见种有中华蟾蜍、泽陆蛙、阔褶水蛙等。爬行类10种，隶属2目4科，其中眼镜蛇、五步蛇为浙江省重点保护动物。哺乳类主要有华南兔、鼬獾、黄鼬等，其中鼬獾属浙江省重点保护动物。

2002年，批准建立县级自然保护小区。目前，湿地主要受到旱化威胁。

22. 宁波镇海棘螈自然保护小区

宁波镇海棘螈自然保护小区位于宁波市东部北仑区东南端的瑞岩寺森林公园内，距城区约15公里。中心地理坐标东经121°51′48″、北纬29°49′34″，海拔105米，范围面积351公顷，湿地面积不到8公顷。

湿地植物69种，隶属27科53属，其中湿生植物64种、沼生植物5种。湿地植被有1个植被型组、2个植被型、5个群系，无十分优势的植被。保护区内细叶蓼群系在本省湿地中比较罕见。

湿地鸟类14种，隶属4目9科，主要种类有白鹡鸰、白头鹎、苍鹭、大山雀、红嘴蓝鹊、画眉、珠颈斑鸠和棕背伯劳等。两栖类17种，隶属2目8科，其中，镇海棘螈为本省特有种，属国家Ⅱ级保护极度濒危种，2000年据科研人员调查分析，种群数量不足500条。另外，保护区内大树蛙属于浙江省重点保护动物，数量稀少。爬行类24种，隶属2目6科，其中黑眉锦蛇、眼镜蛇、五步蛇属于浙江省重点保护动物。

1996年，批准建立市级自然保护小区。目前，湿地主要受到环境污染威胁。

23. 岱山秀山岛省级自然保护区

秀山岛介于舟山岛与岱山岛之间，传说秀山岛乃海上仙山之一的“方丈岛”，素有“海上香格里拉”之誉，距离舟山本岛5公里，地理位置介于东经122°08′23″~122°12′04″、北纬30°08′00″~30°12′18″之间。范围面积3100公顷，湿地面积2932.08公顷，其中浅海水域2495.08公顷，占85.10%；沙石海滩84.72公顷，占2.89%；淤泥质海滩352.28公顷，占12.01%。

湿地植物24种，隶属14科21属，其中湿生植物14种、沼生植物2种、盐沼植物5种、滨海沙生植物3种。湿地植被有2个植被型组、4个植被型、8个群系，以互花米草群系、南方碱蓬群系、盐地碱蓬群系分布最广，其他群系有细叶结缕草群系、束尾草群系、矮生薹草群系等。

湿地鸟类26种，隶属8目13科。其中，水鸟20种，隶属6目8科，主要种类有普通翠鸟、绿头鸭、苍鹭、环颈鸻、东方白鹳、红嘴鸥、小杓鹬和小䴙䴘等。列入国家Ⅰ级保护鸟类1种——东方白鹳；列入国家Ⅱ级保护鸟类2种，为小杓鹬和小青脚鹬。鱼类360种，主要有小黄鱼、带鱼、鳓鱼、鲳鱼、蓝点马鲛、鳗、比目鱼、鲐鱼及鲷等。哺乳类15种，隶属6目11科，主要有臭鼩、黄鼬、水獭、獐等，其中獐属国家Ⅱ级保护动物。目前，獐在全国种群数量仅有万余头，而秀山岛周围多草丛、灌木，且食料丰富，是獐理想的栖息地。

2000年，批准建立省级自然保护小区，每年实行季节性休渔。目前，湿地主要受到滩涂围垦、环境污染、过度捕捞等威胁。

24. 桐乡永秀白荡漾湿地生态自然保护小区

桐乡永秀白荡漾湿地生态自然保护小区是桐乡市重要水源保护地，为浙北湿地群组成部分，地处桐乡市西南角大麻镇北侧，距桐乡市区25公里，距杭州城区35公里，中心地理坐标位于东经120°20′19″、北纬30°31′44″之间，湿地面积26.53公顷，湿地类型为永久性淡水湖。

湿地植物52种，隶属31科47属，其中湿生植物38种、沼生植物6种、挺水植物2种、飘浮植物5种、浮叶植物1种。保护区内有国家Ⅱ级保护植物野大豆和野菱2种。湿地植被共有3个植被型组、4个植被型、6个群系，以荻群系、芦竹群系、凤眼莲群系等分布较广，主要分布在湖面及湖岸交接处，湖心岛上多有桑树群系分布。

湿地鸟类16种，隶属6目11科，主要种类有八哥、白鹡鸰、白鹭、白头鹎、戴胜、黑头蜡嘴雀、普通翠鸟、四声杜鹃、喜鹊、小鸊鷉、棕背伯劳等。列入国家Ⅱ级保护鸟类1种——黄嘴白鹭。鱼类，以人工养殖为主，主要种类有鲢鱼、青鱼、草鱼、鲤鱼、鲫鱼、泥鳅、黄鳝等。两栖类9种，隶属1目5科，较为常见的有中华大蟾蜍、弹琴水蛙、泽陆蛙、黑斑侧褶蛙、饰纹姬蛙等。爬行类12种，隶属3目7科，主要种类有乌龟、中华鳖、石龙子、北草蜥、赤链蛇、乌梢蛇、蝮蛇等。

2000年，批准建立县级自然保护小区；2006年，列为桐乡市8个重要生态保护区之一。目前，湿地主要受到环境污染、基建侵占、生物入侵等威胁。

25. 绍兴县兰亭大庙坞鹭鸟保护小区

绍兴县兰亭大庙坞鹭鸟保护小区位于杭州湾南岸绍兴县兰亭镇境内，距绍兴市区12公里。中心地理坐标位于东经120°30′22″、北纬29°56′28″之间，湿地面积不到8公顷，湿地类型为库塘湿地。

库塘湿地周边有青冈+苦槠林、枫香林、茶叶地。

湿地鸟类16种，隶属3目10科，主要种类有松雀鹰、池鹭、画眉、家燕、棕背伯劳、白腰文鸟、白鹡鸰、大山雀、白头鹎和暗绿绣眼等。列入国家Ⅱ级保护鸟类1种——松雀鹰。

1999年，批准建立县级自然保护小区。目前，湿地主要受到环境污染、人鹭冲突等威胁。

26. 常山县同弓太公山鸟类自然保护小区

常山县同弓太公山鸟类自然保护小区位于浙江西部常山县西郊同弓乡伏江村，距县城6公里，中心地理坐标位于东经118°26′55″、北纬28°54′09″之间，是以保护鹭鸟及其栖息地为主要目的而建立的县级自然保护小区，是衢州市最大的鹭鸟栖息地。湿地面积21.53公顷，湿地类型为库塘。

湿地植物94种，隶属36科76属，其中湿生植物83种、沼生植物5种、挺水植物4种、飘浮植物1种、沉水植物1种。湿地植被有3个植被型组、5个植被型、14个群系，以牛鞭草群系分布较广，主要分布在湖岸交接处，其他群系荸荠+荩草群系、牛毛毡+慈姑群系等也较广分布。保护区两边的山坡上以香樟+枫香+马尾松林、胡柚林分布较多。

湿地鸟类25种，隶属6目15科，主要种类有白鹭、夜鹭、牛背鹭、白胸翡翠、池鹭、普通翠鸟和小䴙䴘等。保护小区鱼类以人工养殖的经济鱼类为主，主要种类有青鱼、草鱼、鲢鱼、鳙鱼、鲫鱼、鲤鱼、泥鳅、黄鳝等。

2000 年，批准建立县级自然保护小区。目前，湿地主要受到污染、人鹭冲突等威胁。

27. 千岛湖(新安江水库)湿地

千岛湖湿地是浙江母亲河——钱塘江的重要水源地，是“两江一湖”国家级风景名胜区的重要组成部分。千岛湖湿地大部分面积分布在浙江省淳安县境内，小面积分布在建德市，形态呈树枝型，其水库大坝建于建德市岭后。地理位置介于东经 118°34′44″ ~ 119°14′14″、北纬 29°22′14″ ~ 29°44′47″之间。湿地面积 47872. 92 公顷，湿地类型为人工库塘湿地。

湿地植物 320 种，隶属 84 科 222 属，其中湿生植物 286 种、沼生植物 25 种、挺水植物 5 种、飘浮植物 1 种、浮叶植物 1 种、沉水植物 2 种。列入国家Ⅱ级保护植物 3 种，为野荞麦、野大豆和野菱。湿地植被有 5 个植被型组、8 个植被型、25 个群系，以虉草群系、旋鳞莎草群系、牛鞭草群系、三叶朝天委陵菜群系等面积较大，主要分布在淳安汾口、威坪等水库库尾地带。其他群系有翅囊薹草群系、异型莎草群系、芦苇群系、秕壳草群系等。

湿地鸟类 75 种，隶属 12 目 26 科。其中，水鸟 48 种，隶属 8 目 11 科，主要种类有小䴙䴘、鸬鹚、白鹭、夜鹭、斑嘴鸭、白胸苦恶鸟、黑水鸡、水雉、环颈鸻、须浮鸥、普通翠鸟和白胸翡翠等。列入国家Ⅱ级保护鸟类 4 种，海南鳽、鸳鸯、白枕鹤和小青脚鹬。鱼类 83 种，隶属 7 目 13 科，代表种有鲢鱼、鳙鱼、草鱼、青鱼、鳡鱼、鳤鱼、南方马口鱼、长麦穗鱼、华鳈、中华细鲫、刺鳊、鲫鱼、翘嘴红鲌、红鳍鲌、团头鲂、三角鲂、长春鳊、南方大口鲇、长吻鮠鱼等。两栖类 12 种，隶属 1 目 5 科，其中中国雨蛙、斑腿树蛙属罕见种，数量稀少；中华大蟾蜍、弹琴水蛙、阔褶水蛙、金线侧褶蛙、棘胸蛙和饰纹姬蛙具有一定数量，属偶见种；而泽陆蛙、黑斑侧褶蛙数量较多，属常见种。爬行类 17 种，隶属 3 目 7 科，其中赤链蛇、虎斑颈槽蛇、眼镜蛇、乌梢蛇、竹叶青为常见种。哺乳类 23 种，隶属 4 目 7 科，主要种类有水獭、青鼬、鼬獾、食蟹獴、貉、灰麝鼩、中华姬鼠、獐等，其中水獭、獐属国家Ⅱ级保护动物。

2000 年，列入《中国重要湿地名录》；2004 年，批准成为第三批国家级生态示范区；2010 年，正式授予国家 5A 级旅游景区。目前，湿地主要受到环境污染、填湖侵占等威胁。

28. 庵东沼泽区湿地

庵东沼泽区湿地为华东地区冬季水鸟最富集地区之一，是世界濒危鸟类黑脸琵鹭的重要迁徙停歇地，为世界级观鸟胜地。湿地位于世界第一跨海大桥——杭州湾跨海大桥南岸，处在上海、杭州、宁波、苏州等大都市的几何中心，地理位置介于东经 121°02′03″ ~ 121°21′58″、北纬 30°15′57″ ~ 30°24′56″之间。范围隶属慈溪市、余姚市，湿地面积 21242. 42 公顷，其中淤泥质海滩 15228. 13 公顷，占 71. 69%；潮间盐水沼泽 6014. 29 公顷，占 28. 31%。

湿地植物 36 种，隶属 21 科 34 属，其中湿生植物 26 种、沼生植物 3 种、挺水植物 1 种、飘浮植物 1 种、盐沼植物 5 种。湿地植被有 2 个植被型组、4 个植被型、8 个群系，以互花米草群系、盐地碱蓬群系、芦苇群系分布最广，其中海三棱藨草群系主要分布在堤外滩涂，群落盖度可达 40% ~100%，也偶尔散生一定数量的碱蓬。

湿地鸟类91种，隶属10目21科。其中，水鸟86种，隶属8目15科，主要种类有小䴙䴘、普通翠鸟、黑翅长脚鹬、环颈鸻、白琵鹭、鸬鹚、白鹭、夜鹭、黑尾鸥、须浮鸥、豆雁、绿翅鸭、黑水鸡、林鹬和水雉等。列入国家Ⅱ级保护鸟类6种，为白琵鹭、黑脸琵鹭、小天鹅、鸳鸯、小杓鹬和卷羽鹈鹕。鱼类41种，其中出现季节长、频率高的优势种类主要有凤鲚、刀鲚、银鲳、龙头鱼等。两栖类、爬行类、兽类数量稀少，未做过专门调查记录。

2000年，列入《中国重要湿地名录》；2003年，建立国家级生态系统定位研究站；2005年，GEF组织提供500万美元赠款资助慈溪市政府进行湿地保护建设；2011年，在庵东沼泽区西面（杭州湾跨海大桥西侧）批准建立了杭州湾国家湿地公园。目前，湿地主要受到滩涂围垦、环境污染、外来生物入侵、非法捕猎等威胁。

29. 灵昆岛东滩湿地

灵昆岛又名温州岛，是浙江省两个河口冲积岛之一，隶属温州市龙湾区，位于瓯江入海口处，是瓯江四大岛屿中的最大岛，东临东海、南涉永强，西临七都岛，北依乐清黄华七里港，中心地理坐标位于东经120°56′26″、北纬27°56′05″之间，面积约25平方公里。灵昆岛东滩湿地面积2275.87公顷，其中淤泥质海滩767.69公顷，占33.73%；水产养殖场1508.18公顷，占66.27%。

湿地植物有26种，隶属14科22属，其中湿生植物21种、沼生植物1种、盐沼植物4种。湿地范围内人工栽植的无瓣海桑，为新引入红树种类，目前生长良好。湿地植被有2个植被型组、3个植被型、5个群系，以互花米草群系分布最为广泛，其他群系有盐地碱蓬群系、白茅群系、秋茄群系等。

湿地鸟类58种，隶属11目22科。其中，水鸟43种，隶属8目12科，主要种类有小䴙䴘、普通翠鸟、黑翅长脚鹬、环颈鸻、白鹭、夜鹭、黑尾鸥、翘鼻麻鸭、黑水鸡和中杓鹬等。列入国家Ⅱ级保护鸟类3种，为黄嘴白鹭、黑脸琵鹭和小青脚鹬。

2000年，列入《中国重要湿地名录》，为中国重要鸟区。目前，湿地主要受到滩涂过度围垦、环境污染等威胁。

30. 太湖（浙江环湖段）湿地

太湖是中国第三大淡水湖，古名震泽，又名笠泽，位于江苏省南部，长江三角洲南侧的低洼地带，太湖西南岸为江苏、浙江两省分界线，根据《江苏省人民政府与浙江省人民政府联合勘定的行政区域界线协议书》中规定，沿浙江段环湖大堤迎水坡脚向湖内垂直70米所构成的水域范围内，浙江方享有开发利用的权益并承担相应的责任。地理位置介于东经119°52′32″～120°36′10″、北纬30°55′40″～31°32′58″之间。湿地面积427.68公顷，湿地类型为湖泊湿地。

湿地植物82种，隶属31科66属，其中湿生植物66种、沼生植物8种、挺水植物2种、漂浮植物3种、浮叶植物3种。列入国家Ⅱ级保护植物2种，野大豆和野菱。湿地植被有3个植被型组、5个植被型、15个群系，以芦苇群系、荇菜群系、野菱群系为主，主要分布在湖岸交界处，其他群系有水烛群系、凤眼莲群系、旱柳群系等小面积分布，湖岸上主要有藜群系、狗尾草群系、加拿大蓬群系等。

湿地鸟类16种，隶属6目9科，主要种类有小䴙䴘、白额燕鸥、白鹭、白腰草鹬、池鹭、大白鹭、黑水鸡、黄嘴白鹭和夜鹭等。黄嘴白鹭列入国家Ⅱ级保护鸟类。鱼类93种，隶属8目16科，主要有银鱼、刀鲚、青鱼、草鱼、鲢鱼、鳙鱼、鲤鱼、鲫鱼、鳊鱼、鲂等。

2000年，列入《中国重要湿地名录》。目前，湿地主要受到环境污染、湖岸硬化等威胁。

31. 杭州湾海岸湿地①

杭州湾为一喇叭口形状的河口海湾，位于浙江省北部、上海市南部，东临舟山群岛，西有钱塘江注入。其内界为钱塘江河口线，即海盐澉浦长山东南咀至余姚西三闸连线，西面为钱塘江河口段；外界为上海南汇芦潮港闸（东侧灯塔）与甬江口外长跳咀连线，地理位置介于东经120°54′30″~121°50′48″、北纬29°58′27″~30°51′30″之间。地跨镇海区、北仑区、慈溪市、余姚市、平湖市、海盐县等6个县（市、区）。湿地面积62403.10公顷，其中浅海水域57070.37公顷，占91.46%；岩石海岸19.09公顷，占0.03%；淤泥质海滩4208.44公顷，占6.74%；潮间盐水沼泽1105.20公顷，占1.77%。

湿地植物81种，隶属38科68属，其中湿生植物64种、沼生植物9种、挺水植物1种、漂浮植物1种、沉水植物1种、盐沼植物5种。湿地植被有4个植被型组、6个植被型、13个群系，以互花米草群系、盐地碱蓬群系、海三棱藨草群系分布最广，另有南方碱蓬群系、穗花狐尾藻群系、碱菀群系等小面积分布。

湿地鸟类114种，隶属10目24科。其中，水鸟104种，隶属8目15科，主要种类有鸳鸯、普通翠鸟、红脚苦恶鸟、苍鹭、矶鹬、环颈鸻、须浮鸥、普通燕鸥、黑翅长脚鹬、水雉、卷羽鹈鹕、鸬鹚、白琵鹭和凤头䴙䴘等。列入国家Ⅰ级保护鸟类3种，分别为白鹤、白头鹤和遗鸥；列入国家Ⅱ级保护鸟类7种，为鸳鸯、小天鹅、小杓鹬、卷羽鹈鹕、赤颈䴙䴘、黑脸琵鹭和白琵鹭。鱼类70多种，以近岸中小型鱼类为主，一般可分为三种类型，即洄游性鱼类，海水鱼类及河口性鱼类，其中在数量和种类上占优势的主要为河口型种类。杭州湾内出现季节长、频率高的优势鱼类有：鮸鱼、凤鲚、刀鲚、银鲳、龙头鱼、梅童鱼等。

每年实行伏季休渔制度；2000年，列入《中国重要湿地名录》；2011年，建立杭州湾国家湿地公园。目前，湿地主要受到滩涂围垦、环境污染、生物入侵、非法捕猎等威胁。

32. 舟山群岛海岸湿地②

舟山地处东海，面向太平洋，是我国唯一的海上群岛城市，具有海洋特色的“港、景、渔”。2011年，国务院正式批准设立舟山群岛新区，继上海浦东、天津滨海和重庆两江后又一个国家级新区。舟山群岛海岸湿地位于长江口外以南，杭州湾外缘的东海海域中，西面以上海南汇芦潮港闸（东侧灯塔）与甬江口外长跳咀连线为界与杭州湾相接；东濒东海；北面与上海市佘山洋毗连；南面与宁波市大目洋相连。地理位置介于东经121°45′51″~123°09′22″、北纬29°34′33″~30°51′49″之间。湿地面积59719.21公顷，其中浅海水域43783.18公顷，占73.31%；岩石海岸578.25公顷，占0.97%；沙石海滩2428.94公顷，占4.07%；淤泥质海滩12624.89公顷，占21.14%；潮

① 湿地面积未包括庵东沼泽区湿地面积。

② 湿地面积未包括五峙山自然保护区和岱山县官山岛秀山岛自然保护区的湿地面积。

间盐水沼泽303.95公顷，占0.51%。

湿地植物58种，隶属25科43属，其中湿生植物38种、沼生植物2种、挺水植物1种、沉水植物1种、盐沼植物5种、滨海沙生植物11种；国家Ⅱ级保护植物野大豆和珊瑚菜2种。湿地植被有3个植被型组、6个植被型、17个群系，淤泥质海滩以互花米草群系、盐地碱蓬群系、结缕草群系、南方碱蓬群系等分布较广，沙质海滩常见有矮生薹草群系、单叶蔓荆群系、刺沙蓬群系、肾叶打碗花群系等。其中，桃花岛上的珊瑚菜群系在本省属罕见。

湿地鸟类114种，隶属13目31科。其中，水鸟99种，隶属10目20科，主要种类有鸳鸯、普通翠鸟、红脚苦恶鸟、苍鹭、矶鹬、环颈鸻、白翅浮鸥、东方白鹳、蛎鹬、黑翅长脚鹬、鹗、斑头鸬鹚、小䴙䴘、黑脸琵鹭、白额鹱、彩鹬和中贼鸥等。列入国家Ⅰ级保护鸟类2种，为东方白鹳和黑鹳；列入国家Ⅱ级保护鸟类10种，为鸳鸯、小天鹅、黄嘴白鹭、灰鹤、小杓鹬、鹗、斑嘴鸭、黑脸琵鹭、中华凤头燕鸥和小青脚鹬。鱼类412种，隶属32目123科，代表种有带鱼、小黄鱼、鳓鱼、鲥鱼、龙头鱼、小公鱼、斑鰶、凤鲚、黄鲫、棱鳀、海鳗、赤眼鳟、鲻鱼、马鲅、鲈鱼、白姑鱼、叫姑鱼、鮸鱼、真鲷、黑鲷、鲐、马鲛、银鲳、弹涂鱼、舌鳎等。两栖类8种，隶属2目5科，主要种有义乌小鲵、中华大蟾蜍、泽陆蛙、黑斑侧褶蛙、饰纹姬蛙等。爬行类18种，隶属2目7科，主要种有赤链蛇、虎斑颈槽蛇、红点锦蛇、乌梢蛇、舟山眼镜蛇、青环海蛇等。其中，国家Ⅱ级保护动物有蠵龟、海龟、玳瑁、丽龟、棱皮龟等5种。哺乳类15种，隶属6目11科，主要种有臭鼩、黄鼬、水獭、獐等。其中，白鳖豚为国家Ⅰ级保护动物；小鳁鲸、抹香鲸、宽吻海豚、虎鲸、髯海豹、獐、水獭、真海豚等8种属国家Ⅱ级保护动物。舟山群岛野生獐为我国主要产区，1997年调查种群数量约为5000只；2009年调查种群数量约为2100～2600只。

每年实行伏季休渔制度；建立定海五峙山鸟类栖息和繁殖保护区、嵊泗马鞍列岛和普陀中街山列岛国家级海洋特别保护区。目前，湿地主要受到滩涂围垦、环境污染、过度捕捞等威胁。

33. 象山港海岸湿地

象山港是一个由东北向西南深入内陆的狭长形半封闭型海湾，海岸线曲折，港中生港，港内风平浪静，是理想的深水避风港。象山港位于我国大陆海岸线中部，浙江省中部偏北沿海，是宁波东南沿海一个半封闭式的深水港湾。口门界线为：以口门南侧象山县钱仓北面青湾山东咀过牙牌礁，至雷古山南端，再由雷古山北端向北偏东至青龙门水道北侧的汀子山灯塔，由此向东北方向引线切过青龙、捕蛇山东侧至郭巨石门坑山咀。港湾东北面与舟山群岛毗连，西南面与宁海大陆相接，南面为象山半岛，北面为天台山余脉和穿山半岛。地理位置介于东经121°25′34″～122°04′12″、北纬29°23′51″～29°51′04″之间。港域跨越宁波市北仑区、鄞州区、奉化市、宁海县、象山县等5个县(市、区)，湿地面积23678.13公顷，其中浅海水域9296.39公顷，占39.26%；岩石海岸49.01公顷，占0.21%；淤泥质海滩13668.88公顷，占57.73%；潮间盐水沼泽566.97公顷，占2.39%；水产养殖场96.88公顷，占0.41%。

湿地植物40种，隶属19科31属，其中湿生植物28种、沼生植物1种、盐沼植物6种、滨海沙生植物5种。湿地植被有2个植被型组、3个植被型、11个群系，以互花米草群系、南方碱蓬群系、盐地碱蓬群系分布最广，另有中华补血草群系、红山茶群系、滨蒿群系、碱蓬群系等小面积分布。

湿地鸟类49种，隶属11目18科。其中，水鸟38种，隶属8目10科，主要种类有绿翅鸭、苍鹭、环颈鸻、黑水鸡、银鸥、鸬鹚、凤头䴙䴘、反嘴鹬、鹗等。列入国家Ⅱ级保护鸟类2种，为小青脚鹬和鹗。象山港优势鱼类有鲈鱼、棱鲻鱼、双斑东方鲀、鲎、棘头梅童鱼、龙头鱼、海鳗、黄鲫，主要种为鲈鱼、棱鲻鱼。

每年实行伏季休渔制度。目前，湿地主要受到滩涂围垦、环境污染、过度捕捞等威胁。

34. 三门湾海岸湿地

三门湾是山地丘陵环抱，岸线曲折，港汊众多，湾内有湾的半封闭海湾，其形状犹如伸开五指的手掌，港汊呈指状深嵌内陆。三门湾位于浙东沿海，西靠三门、宁海大陆，北面以象山半岛与象山港为邻，南面与三门县浦坝港相连，其口门界线为：由南面的三门县沿赤东部牛密塘东南咀向东北，至三门岛南面的叶坤山东南端，由此向东北过草鞋婆屿至象山县南田岛南面的南山急流咀，再由此过金七门沿南田岛东岸北上，过下湾门、东门、铜瓦门诸水道，至铜瓦门北侧灯标，石浦港、健跳港、南田湾均包括在内。地理位置介于东经121°24′48″～121°58′39″、北纬28°56′33″～29°22′50″之间。地跨象山县、宁海县、三门县3个县，湿地面积49341.53公顷，其中浅海水域26053.82公顷，占52.80%；岩石海岸6.04公顷，占0.01%；沙石海滩9.38公顷，占0.02%；淤泥质海滩19006.85公顷，占38.52%；潮间盐水沼泽2659.03公顷，占5.39%；永久性河流47.20公顷，占0.10%；库塘148.98公顷，占0.30%；水产养殖场1344.27公顷，占2.72%；盐田65.96公顷，占0.14%。

湿地植物51种，隶属18科38属，其中湿生植物44种、沼生植物1种、沉水植物1种、盐沼植物2种、滨海沙生3种。湿地植被有3个植被型组、5个植被型、8个群系。潮间带以互花米草群系为主，常见有南方碱蓬群系、盐地碱蓬群系分布，潮上带有鼠尾粟群系、单叶蔓荆群系、碱蓬群系等。

湿地鸟类51种，隶属9目19科。其中，水鸟39种，隶属7目9科，主要种类有白鹭、白眉鸭、白腰草鹬、黑尾鸥、环颈鸻、蛎鹬、鸬鹚、普通翠鸟和小䴙䴘等。列入国家Ⅱ级保护鸟类2种，为黄嘴白鹭和小青脚鹬。三门湾优势鱼类有龙头鱼、小黄鱼、银鲳、黄鲫、莱氏舌鳎，主要种为龙头鱼、黄鲫。

每年实行伏季休渔制度。目前，湿地主要受到滩涂围垦、环境污染、生物入侵、过度捕捞等威胁。

35. 乐清湾海岸湿地

乐清湾是一个难得天然良湾，水深港阔，岛屿错列，湾内大麦屿是浙南最主要的深水港。整个乐清湾水质肥沃，饵料丰富，是浙江省蛏、蚶、牡蛎三大贝类养殖基地和苗种基地。乐清湾为浙江省三大封闭港湾之一，位于浙江南部沿海，瓯江口北侧。地理范围为：自乐清市岐头嘴（东经120°57′55″、北纬27°59′09″）起，经洞头县北小门岛、大乌星，至玉环县大岩头灯标（东经121°09′09″、北纬28°02′16″）连线以北的全部海域，涉及温岭市、玉环县、乐清市。湿地面积30802.48公顷，其中浅海水域12632.14公顷，占41.01%；岩石海岸40.90公顷，占0.13%；淤泥质海滩14233公顷，占46.21%；盐水沼泽3615.79公顷，占11.74%；红树林8.93公顷，占0.03%；水产养殖场271.72公顷，占0.88%。

湿地植物70种，隶属24科52属，其中湿生植物59种、沼生植物3种、沉水植物1种、盐沼植物7种。湿地植被有3个植被型组、5个植被型、10个群系，以互花米草群系占绝对优势，主要分布在西门岛、岐头北、漩门湾等地。另外，湾内尚有少面积红树林、白茅群系、铺地黍群系、芦苇群系等类型。

湿地鸟类69种，隶属11目21科。其中，水鸟58种，隶属8目11科，主要种类有普通翠鸟、琵嘴鸭、苍鹭、翻石鹬、环颈鸻、白翅浮鸥、骨顶鸡、黑翅长脚鹬、鸬鹚、白琵鹭和黑颈䴙䴘等。列入国家Ⅱ级保护鸟类5种，为黄嘴白鹭、小杓鹬、白琵鹭、黑脸琵鹭和小青脚鹬。鱼类有20余种，优势种有鲈鱼、鲻鱼、中国魟、银鲳、鮸鱼、马鲛鱼、刀鲚、龙头鱼、棘头鱼、梅童鱼、舌鳎等，其中分布最多的主要种有鲈鱼、鲻鱼。

每年实行伏季休渔制度；2005年，建立中国第一个海洋特别保护区西门岛国家级海洋特别保护区。目前，湿地主要受到滩涂围垦、环境污染、生物入侵、过度捕捞等威胁。

36. 温州湾海岸湿地

温州湾是由瓯江、飞云江、鳌江三条河口平原与洞头列岛组合而成的敞开性海域，地处浙江东南沿海，瓯江、飞云江、鳌江口外，无明显完整的湾形，其范围北起乐清市的歧头咀至大乌星一线，经小门岛、大门岛、青山岛、状元岙、三盘岛、洞头岛、半屏山、北策岛、南策岛、北龙山至苍南县的平阳咀。地理位置介于东经120°35′50″~121°11′30″、北纬27°27′55″ ~27°59′09″之间。地跨乐清市、龙湾区、瑞安市、平阳县、苍南县、洞头县等6个县(市、区)。湿地面积117437.62公顷，其中浅海水域77276.91公顷，占65.80%；岩石海岸264.47公顷，占0.22%；沙石海滩55.48公顷，占0.05%；淤泥质海滩37846.33公顷，占32.23%；潮间盐水沼泽1849.35公顷，占1.57%；库塘31.64公顷，占0.03%；水产养殖场113.44公顷，占0.10%。

湿地植物72种，隶属28科58属，其中湿生植物51种、沼生植物2种、沉水植物3种、盐沼植物10种、滨海沙生植物6种。湿地植被有5个植被型组、7个植被型、18个群系，潮间带以互花米草群系、南方碱蓬群系为主，潮上带则见有海滨木槿群系、芦苇群系、单叶蔓荆群系、咸水草群系等小面积分布。

湿地鸟类48种，隶属10目14科。其中，水鸟43种，隶属8目10科，主要种类有小䴙䴘、苍鹭、翘鼻麻鸭、黑水鸡、灰斑鸻、中杓鹬、黑翅长脚鹬、黑尾鸥、普通翠鸟和卷羽鹈鹕等。列入国家Ⅱ级保护鸟类3种，为黄嘴白鹭、小青脚鹬和卷羽鹈鹕。温州湾优势鱼类有龙头鱼、小黄鱼、银鲳、黄鲫、鲐鱼、鮸鱼、鲻鱼、棱鱼、凤鲚、小公鱼、棱鲛鱼等种类。

每年实行伏季休渔制度；建立南麂列岛国家级海洋自然保护区、瑞安铜盘岛省级海洋特别保护区、洞头南北爿山省级海洋特别保护区。目前，湿地主要受到滩涂围垦、环境污染、过度捕捞等威胁。

37. 杭州西湖湿地

西湖古称武林水，又名明圣湖、金牛湖、钱塘湖、西子湖。因湖在杭州城之西，中唐以来民间已称西湖。西湖三面环山(南北各由吴山和宝石山所环抱，西负武林山)，东面紧连市区，地理位置介于东经120°07′26″~120°09′17″、北纬30°14′00″~30°15′49″之间。湿地面积640.26公顷，湿地类型为海岸性淡水湖。

湿地植物103种，隶属50科85属。其中，湿生植物57种、沼生植物17种、挺水植物7种、飘浮植物5种、浮叶植物10种、沉水植物7种。西湖湿地内有国家Ⅱ级保护植物野菱和野大豆2种。湿地植被有4个植被型组、7个植被型、12个群系，其中以穗花狐尾藻群系、莲群系最为常见，其他尚有苦草群系、野菱群系、芦苇群系等小面积分布。

湿地鸟类37种，隶属10目20科。其中，水鸟25种，隶属8目10科，主要种类有普通翠鸟、绿头鸭、苍鹭、环颈鸻、红嘴鸥、鸬鹚、凤头䴙䴘、黑翅长脚鹬和白腰草鹬等。列入国家Ⅱ级保护鸟类1种——鸳鸯。鱼类57种，隶属9目16科，以鲤形目(2科40种)、鲈形目(6科7种)和鲶形目(2科2种)占优势。鱼类来源主要有固有野杂鱼、钱塘江带入鱼类、人工引进的放养鱼种，优势类群以放养种为主，有鲢鱼、鳙鱼、鲫鱼、银鲫、团头鲂、细鳞斜颌鲴、圆吻鲴等。两栖类12种，隶属2目6科，常见种有中华蟾蜍、泽陆蛙、金线侧褶蛙和饰纹姬蛙。爬行类18种，隶属3目7科，常见种有红点锦蛇、黑眉锦蛇、赤链华游蛇和乌梢蛇。

1982年，西湖被评选为首批国家重点风景名胜区；1998年，颁布实施《杭州市西湖水域保护管理条例》；自1999年以来，先后实施了西湖清淤、截污、引水等大规模综合保护工程；2006年，首批国家5A级旅游景区；2011年，颁布实施《西湖文化景观保护管理条例》；同年，杭州西湖正式列入《世界遗产名录》。目前，湿地主要受到环境污染威胁。

38. 京杭古运河湿地

京杭运河在浙江省境内有两条航道：一是由江苏省吴江市平望入浙江境，经王江泾、嘉兴、石门、崇福、塘栖、武林头至杭州，隋、唐以来历称江南运河；二是1982年国家计划委员会批准，由吴江平望经浙江鸭子坝入境，循澜溪塘经乌镇、练市、含山、新市、塘栖至杭州三堡船闸，建成为京杭运河的主航道，称为京杭运河浙江段。地理位置介于东经120°06′17″~120°45′49″、北纬30°57′47″~30°15′41″之间。湿地面积1579.57公顷，湿地类型为人工湿地的运河、输水河。

湿地植物52种，隶属25科42属，其中湿生植物41种、沼生植物4种、挺水植物4种、漂浮植物2种、沉水植物1种。由于航运频繁，加之全线两岸大部分被砌石驳坎，因而几乎没有植被覆盖，在一些静水湾处偶见有芦苇群系、凤眼莲群系、构树群系等小面积植被。

湿地鸟类13种，隶属5目9科，主要种类有池鹭、斑鱼狗、棕背伯劳、白鹡鸰、喜鹊、珠颈斑鸠、青脚鹬和乌鸫等。两栖类4种，隶属1目3科，常见种有中华大蟾蜍、泽陆蛙等。爬行类9种，隶属2目2科，常见种有赤链蛇、红点锦蛇、乌梢蛇等。

2006年，京杭大运河被列为第六批全国重点文物保护单位；2014年，京杭运河被列入世界文化遗产。目前，湿地主要受到环境污染威胁。

39. 丽水市大山峰高山沼泽湿地

丽水市大山峰高山沼泽湿地位于丽水市莲都区西南角，距市区52公里，地理位置介于东经119°41′15″~119°52′30″、北纬28°07′30″~28°15′00″之间，湿地面积不到8公顷。

湿地植物89种，隶属41科72属，其中湿生植物69种、沼生植物15种、挺水植物3种、浮叶植物2种。湿地植被有5个植被型组、6个植被型、17个群系，以沼原草群系、泥炭藓群系分布较广，主要分布在湖尾和两岸的平坦地带，其他群系有水杉群系、柳叶箬群系、眼子菜群系等，湿地内小面积野生睡莲群系非常珍稀。

湿地鸟类14种，隶属3目9科，主要种类有白鹡鸰、白头鹎、大山雀、红嘴蓝鹊、画眉、灰胸竹鸡、家燕、麻雀、蛇雕等；列入国家Ⅱ级保护鸟类1种——蛇雕。两栖类17种，隶属2目7科，主要有中华大蟾蜍、淡肩角蟾、弹琴水蛙、泽陆蛙、黑斑侧褶蛙、棘胸蛙、花臭蛙等。爬行类22种，隶属3目8科，主要有蓝尾石龙子、北草蜥、脆蛇蜥、乌梢蛇、王锦蛇、眼镜蛇、五步蛇、竹叶青等。

大山峰湿地属峰源林场管辖，其保护与管理主要由林场负责。目前，湿地未受到直接威胁。

40. 宁波东钱湖湿地

东钱湖又名万金湖，是上古时期形成的海迹天然泻湖，为浙江省最大的内陆天然湖泊，素有“西湖风韵，太湖气魄”之美称。东钱湖位于宁波市鄞州区东侧，距市中心15公里，地理位置介于东经121°37′20″~121°41′43″、北纬29°44′06″~29°47′54″之间。东钱湖湿地面积1914.42公顷，湿地类型为海岸性淡水湖。

湿地植物101种，隶属44科82属，其中湿生植物76种、沼生植物4种、挺水植物7种、飘浮植物3种、浮叶植物6种、沉水植物5种。湿地内有国家Ⅱ级保护植物水蕨、野大豆和野菱3种。湿地植被有3个植被型组、4个植被型、11个群系，以野菱群系、菰群系、莲群系分布较广，主要分布在湖尾静水湾处；两岸多分布有垂柳林带；其他群系有黄花水龙群系、绵毛酸模叶蓼群系、喜旱莲子草群系等。东钱湖大面积的芡实群系在浙江湿地中比较少见。

湿地鸟类24种，隶属7目16科，其中水鸟11种，隶属5目6科，主要种类有白鹭、白胸苦恶鸟、白腰草鹬、红嘴蓝鹊、普通翠鸟、水雉、小鸊鷉等。鱼类常见种有草鱼、鲫鱼、青鱼、鲤鱼、鳙鱼、扁鱼、鲢鱼等。两栖类12种，隶属2目6科，主要有东方蝾螈、中华大蟾蜍、沼水蛙、泽陆蛙、黑斑侧褶蛙、镇海林蛙等，其中虎纹蛙为国家Ⅱ级保护动物。爬行类15种，隶属3目7科，主要有乌龟、中华鳖、乌梢蛇、赤链蛇、红点锦蛇、虎斑颈槽蛇等。

2001年，成立东钱湖旅游度假区管委会。目前，湿地主要受到环境污染威胁。

41. 绍兴市镜湖湿地

镜湖湿地以生态景观为基础，兼具历史文化遗迹、乡土农业景观的综合性湿地，是越城、柯桥、袍江三大城市“绿心”核心部分。镜湖湿地东起解放北路西侧河流及梅山公园，西至张家潭等河流，南临鸭沙滩、葶荠泾，北依狭猕湖环湖路。地理位置介于东经120°32′22″~120°35′18″、北纬30°05′40″~30°03′13″之间。范围面积1580公顷，湿地面积671.65公顷，其中海岸性淡水湖230.85公顷，占34.37%；永久性河流240.93公顷，占35.87%；草本沼泽32.79公顷，占4.88%；水产养殖场167.08公顷，占24.88%。

湿地植物198种，隶属70科162属，其中湿生植物165种、沼生植物11种、挺水植物4种、飘浮植物7种、浮叶植物5种、沉水植物6种。湿地内有国家Ⅱ级保护植物野大豆和野菱2种。

湿地植被有3个植被型组、7个植被型、12个群系，以莲群系、芦苇群系分布较广，其他群系有紫萍群系、穗花狐尾藻群系等，栽培较广的植被有垂柳群系、再力花群系、菰群系、水葱群系等。

湿地鸟类18种，隶属7目14科。其中，水鸟8种，隶属4目4科，主要种类有白鹭、池鹭、黑水鸡、黄嘴白鹭、牛背鹭、小䴙䴘、夜鹭和白额燕鸥等。两栖类10种，隶属1目5科，较为常见的有中华大蟾蜍、弹琴水蛙、泽陆蛙、黑斑侧褶蛙、饰纹姬蛙等。爬行类13种，隶属3目7科，主要种类有乌龟、中华鳖、石龙子、北草蜥、赤链蛇、乌梢蛇、蝮蛇等。

2005年，批准建立绍兴镜湖国家城市湿地公园，成立了镜湖国家城市湿地公园管委会；2006年，颁布《绍兴市镜湖国家城市湿地公园保护管理办法(试行)》。目前，湿地主要受到污染、生物入侵威胁。

42. 临海三江湿地

临海三江湿地是典型的潮汐湿地，位于浙江省东南沿海临海市西北方向近郊，距市区12公里。地理位置介于北纬28°51′44″~28°53′13″、东经121°02′40″~121°05′35″之间。范围面积482公顷，湿地面积264.15公顷，其中河口水域97.47公顷，占36.90%；三角洲119.53公顷，占45.25%；永久性河流47.15公顷，占17.85%。

湿地植物143种，隶属53科114属，其中湿生植物128种、沼生植物12种、挺水植物2种、漂浮植物1种。湿地植被有3个植被型组、6个植被型、17个群系，以芦苇群系、意杨群系、扯根菜群系等分布广泛，其他群系有枫杨群系、水蜈蚣群系、蚕茧蓼群系、藿香蓟群系等。河口滩涂湿地中分布有小面积的鸭嘴草群系，在本省湿地植被中较有特色。

湿地鸟类26种，隶属7目17科。其中，水鸟8种，隶属3目4科，主要种类有白鹭、苍鹭、池鹭、环颈鸻、矶鹬、牛背鹭和泽鹬等。两栖类6种，隶属1目3科，主要有中华大蟾蜍、泽陆蛙、黑斑侧褶蛙、饰纹姬蛙、金线侧褶蛙等；其中虎纹蛙为国家Ⅱ级保护动物。爬行类11种，隶属2目4科，较为常见的有北草蜥、石龙子、王锦蛇、赤链蛇、乌梢蛇等。

2007年，批准建立临海三江国家城市湿地公园，成立三江湿地公园管理委员会。目前，湿地主要受到污染、采挖沙石、基建侵占威胁。

43. 嘉善汾湖湿地

汾湖是浙江与江苏的分界湖，其水域宽阔、风光迤逦，自古为旅游胜地，地处嘉善县西北陶庄镇境内，距县城17公里，地理位置介于东经120°45′59″~120°57′35″、北纬30°59′29″~31°01′28″之间。湿地面积445.57公顷，湿地类型为永久性淡水湖。

湿地植物58种，隶属27科54属，其中湿生植物39种、沼生植物8种、挺水植物2种、飘浮植物4种、浮叶植物3种、沉水植物2种。湿地植被有3个植被型组、5个植被型、12个群系，以野菱群系、菰群系、密齿苦草群系、芦苇群系分布较广，主要分布在湖水静湾处；两岸多分布有垂柳林带。其他群系有水鳖群系、紫萍群系、葎草群系等。

湿地鸟类20种，隶属6目13科，主要种类有黄嘴白鹭、白鹭、夜鹭、须浮鸥、棕背伯劳、白胸苦恶鸟、戴胜和小䴙䴘等；列入国家Ⅱ级保护鸟类1种——黄嘴白鹭。鱼类以人工养殖的经济鱼类为主，有鳜鱼、鲤鱼、鲢鱼、鳊鱼、草鱼、泥鳅、黄鳝等。

实施环境综合治理，改善汾湖环境、提升汾湖水质。目前，湿地主要受到环境污染威胁。

44. 湖州双林漾湿地

湖州双林漾湿地位于吴兴区东林镇和南浔区菱湖镇的交界处，距湖州市区25公里。其地理位置介于东经120°07′44″~120°08′59″、北纬30°40′11″~30°41′17″之间。双林漾湿地面积123.78公顷，湿地类型为永久性淡水湖。

湿地植物71种，隶属27科56属，其中湿生植物56种、沼生植物8种、漂浮植物3种、浮叶植物2种、沉水植物2种。湿地范围内有国家Ⅱ级保护植物野荞麦、野大豆和野菱3种。湿地植被有3个植被型组、6个植被型、10个群系，以紫萍群系、金鱼藻群系、水鳖群系为主，主要分布在静水湾处，其他群系有苏丹草群系、喜旱莲子草群系、乌菱群系等。

湿地鸟类12种，隶属3目8科，主要种类有白鹭、斑鱼狗、池鹭、家燕、牛背鹭、喜鹊、中白鹭和棕背伯劳等。鱼类以人工养殖的经济鱼类为主，主要有黑背鲫鱼、鳜鱼、鲤鱼、鲢鱼、鳊鱼、草鱼、泥鳅、黄鳝等。

实施环境综合治理，改善双林漾环境、提升双林漾水质。目前，湿地主要受到环境污染威胁。

参考文献

[1] 陈建委，黄桂林．中国湿地分类系统及其划分指标的探索[J]．林业资源管理，1995(5)：65～71.

[2] 陈水华，皇秦，范忠勇，等．浙江鸟类名录更新[J]．Chinese birds，2012，3(2)：118～136.

[3] 陈水华，颜重威，范忠勇，等．浙江韭山列岛的黑嘴端凤头燕鸥繁殖群调查初报[J]．动物杂志，2005，40(1)：96～97.

[4] 陈水华，郑光美，丁平，等．杭州市湿地水鸟的分布与多样性研究[J]．生命科学研究，2000，4(1)：65～72.

[5] 陈余钊．温州湿地资源[M]．北京：中国林业出版社，2006.

[6] 陈征海．浙江林业自然资源(湿地卷)[M]．北京：中国农业出版社，2002.

[7] 但新球，但维宇．湿地生态文化[M]．北京：中国林业出版社，2014.

[8] 方文珍，陈小麟，陈志鸿，等．厦门滨海湿地鸟类群落多样性研究[J]．厦门大学学报(自然科学版)，2004，43(1)：133～137.

[9] 方云亿．浙江植物志(第五卷)[M]．杭州：浙江科学技术出版社，1989.

[10] 符宁平，等．浙江八大水系[M]．杭州：浙江大学出版社，2009.

[11] 傅立国．中国珍稀濒危植物[M]．上海：上海教育出版社，1989.

[12] 高浩杰，陈征海．裸冠菊属：华东地区一新归化属[J]．浙江农林大学学报，2011，28(6)：992～994.

[13] 郭文利，袁晓，裴恩乐，等．上海南汇区东滩湿地鸟类资源调查[J]．四川动物，2010，29(5)：596～606.

[14] 国家海洋局第二海洋研究所．浙江省近海海洋综合调查与评价总报告[R]．2013.

[15] 国家林业局，等．全国湿地资源调查技术规程(试行)[Z]．2010.

[16] 国家林业局，等．中国湿地保护行动计划[M]．北京：中国林业出版社，2000.

[17] 国家林业局华东林业调查规划设计院．金华市湿地保护与利用规划[Z]．2009.

[18] 国家林业局华东林业调查规划设计院．衢州市湿地保护与利用规划[Z]．2009.

[19] 国家林业局华东林业调查规划设计院．绍兴市湿地保护规划[Z]．2010.

[20] 国家林业局华东林业调查规划设计院．温州市湿地保护与利用规划[Z]．2010.

[21] 国家林业局华东林业调查规划设计院．浙江长兴仙山湖国家湿地公园总体规划[Z]．2009.

[22] 国家林业局华东林业调查规划设计院．浙江云和梯田国家湿地公园总体规划[Z]．2013.

[23] 国家林业局，农业部令(第4号)．国家重点保护野生植物名录(第一批)[Z]．1999.

[24] 胡冬冬，马丹丹，刘建强，等．普陀山禾本科1种浙江分布新记录植物——蒺藜草[J]．浙江林业科技，2009，29(6)：64～75.

[25] 黄美华．浙江动物志(两栖类、爬行类)[M]．杭州：浙江科学技术出版社，1990.

[26] 黄世宽，熊汉锋．湖北省湿地生态环境现状分析[J]．鄂州大学学报，2008，15(5)：2～5.

[27] 黄秀清．乐清湾海洋环境容量及污染物总量控制研究[M]．北京：海洋出版社，2011.

[28] 黄秀清．象山港海洋环境容量及污染物总量控制研究[M]．北京：海洋出版社，2011.

[29] 江永华．乌溪江国家湿地公园资源与规划[M]．杭州：浙江科学技术出版社，2014.

[30] 姜加虎，黄群，孙占东．长江流域湖泊湿地的生态环境状况分析[J]．生态环境，2006，15(2)：424～429.

[31] 蒋志刚，纪力强．鸟兽物种多样性测度的G-F指数方法[J]．生物多样性，1999，7(3)：220～225.
[32] 金孝锋，许永锋，谢建镔，等．浙江种子植物新资料(Ⅲ)[J]．浙江大学学报(理学版)，2009，36(5)：586～588.
[33] 金孝锋，郑朝宗，姚琴芳，等．浙江种子植物新资料[J]．浙江大学学报(自然科学版)，2004，31(6)：683～684.
[34] 九龙湖旅游度假区管委会．浙江镇海九龙湖湿地公园总体规划[Z]．2013.
[35] 鞠美庭．湿地生态系统的保护与评估[M]．北京：化学工业出版社，2009.
[36] 赖秀雅，吴庆玲，李想，等．浙江归化植物新资料[J]．温州大学学报(自然科学版)，2008，29(5)：13～16.
[37] 乐佩琦，陈宜瑜．中国濒危动物红皮书(鱼类)[M]．北京：科学出版社，1998.
[38] 李根有，陈征海，刘安兴，等．浙江省湿地植被分类系统及主要植被类型与分布特点[J]．浙江林学院学报，2002，19(4)：356～362.
[39] 李根有，陈征海，仲山民，等．华东植物区系新资料[J]．浙江林学院学报，2001，18(4)：371～374.
[40] 李维平，侯淑敏，问思恩．山西黄河湿地水鸟调查研究[J]．渭南师范学院学报，2011，26(2)：69～73.
[41] 林泉．浙江植物志(第七卷)[M]．杭州：浙江科学技术出版社，1993.
[42] 刘宝权，张芬耀，谢长明，等．浙江堇菜属植物新记录[J]．西北植物学报，2011，31(5)：1053～1054.
[43] 刘伯锋．福建沿海湿地鸻鹬类资源调查[J]．动物学杂志，2003，38(6)：72～75.
[44] 刘剑秋，曾从盛．福建湿地及其生物多样性[M]．北京：科学出版社，2010.
[45] 陆树刚．蕨类植物学[M]．北京：高等教育出版社，2007.
[46] 吕彩霞．中国海岸湿地保护行动计划[M]．北京：海洋出版社，2003.
[47] 马丹丹，陈征海，陈煜初，等．7种浙江新记录植物[J]．浙江大学学报(理学版)，2013，40(3)：330～333.
[48] 马丹丹，金水虎，胡军飞，等．发现于普陀山的植物区系新资料[J]．浙江大学学报(理学版)，2011，38(2)：215～217.
[49] 马奇．浙江省土地利用现状更新调查[M]．北京：地质出版社，2009.
[50] 毛节荣．浙江动物志(淡水鱼类)[M]．杭州：浙江科学技术出版社，1991.
[51] 苗国丽，陈征海，谢文远，等．发现于浙江的4种归化植物新记录[J]．浙江农林大学学报，2012，29(3)：470～472.
[52] 农业部渔业局．2014中国渔业统计年鉴[M]．北京：中国农业出版社，2014.
[53] 裘宝林．浙江植物志(第四卷)[M]．杭州：浙江科学技术出版社，1993.
[54] 石柏林，李根有，金祖达，等．浙江湿地植物分布新记录[J]．浙江林学院学报，2006，23(4)：472～474.
[55] 孙孟军，邱瑶德．浙江林业自然资源(野生植物卷)[M]．北京：中国农业出版社，2002.
[56] 陶吉兴．浙江林业自然资源(野生动物卷)[M]．北京：中国农业出版社，2002.
[57] 汪松．中国濒危动物红皮书(兽类)[M]．北京：科学出版社，1998.
[58] 王慧琴，张彩虹，邹家红．我国湿地资源保护的博弈分析[J]．生态经济，2011(2)：174～178.
[59] 王景祥．浙江植物志(第二卷)[M]．杭州：浙江科学技术出版社，1992.
[60] 王文武，王剑武，吴伟志，等．浙江省禾本科新记录属、种——距花黍属距花黍[J]．浙江林业科技，2012，32(6)：79～80.
[61] 王战宁．湿地鸟类调查研究[J]．林业勘察设计(福建)，2007(2)：100～103.
[62] 王振鹏，郭雅儒，王超．张家口坝上湿地鸟类调查[J]．河北林业科技，2011(3)：22～23.
[63] 王忠德，陆玮玮，陈水华，等．浙江舟山五峙山列岛夏季繁殖水鸟资源及其分布动态[J]．四川动物，2008，

27(6)：965～969.
[64] 韦直，何业祺. 浙江植物志(第三卷)[M]. 杭州：浙江科学技术出版社，1993.
[65] 吴德邻. 香港植物名录[M]. 香港：香港渔农特别管理署，2001.
[66] 吴统贵，吴明，萧江华. 杭州湾滩涂湿地植被群落演替与物种多样性动态[J]. 生态学杂志，2008，27(8)：1284～1289.
[67] 吴征镒. 中国植被[M]. 北京：科学出版社，1980.
[68] 西溪国家湿地公园示范项目研究组. 西溪国家湿地公园环境与自然资源调查报告[R]. 2007.
[69] 项茂林，吴伟志，谢文远. 浙江省地理分布种小苕菜和中国新归化种加拿大苍耳[J]. 浙江林业科技，2012，32(2)：81～82.
[70] 象山县人民政府. 浙江省韭山列岛海洋生态自然保护区综合科学考察报告[R]. 2009.
[71] 徐益力. 杭州湾滨海湿地鸟类现状和资源保护对策研究[D]. 杭州：浙江农林大学，2010.
[72] 许元科，赵昌高，严邦祥，等. 浙江樱属新种——沼生矮樱[J]. 浙江林业科技，2012，32(4)：81～83.
[73] 闫理钦，王金秀，赛道建，等. 威海湿地鸟类分布调查[J]. 动物学杂志，1998，33(6)：5～8.
[74] 闫彦，沈建华. 浙江水文化[M]. 杭州：浙江大学出版社，2008.
[75] 杨岚，李恒. 云南湿地[M]. 北京：中国林业出版社，2010.
[76] 杨月伟，夏贵荣，丁平，等. 浙江乐清湾湿地水鸟资源及其多样性特征[J]. 生物多样性，2005，13(6)：507～513.
[77] 颐月月，李岩. 浙江省湿地面临的问题及立法建议[J]. 温州大学学报，2011，32(3)：26～31.
[78] 殷康前，倪晋仁. 湿地研究综述[J]. 生态学报，1998，18(5)：539～546.
[79] 于洪贤，姚允龙. 湿地概论[M]. 北京：中国农业出版社，2010.
[80] 张朝芳，章绍尧. 浙江植物志(第一卷)[M]. 杭州：浙江科学技术出版社，1993.
[81] 张芬耀，陈征海，谢文远，等. 浙江植物新资料[J]. 西北植物学报，2010，30(11)：2340～2342.
[82] 张怀清，鞠洪波. 湿地资源监测技术[M]. 北京：中国林业出版社，2012.
[83] 张莉，杨贵生，陈劲，等. 锡林河湿地鸟类调查[J]. 动物学杂志，2008，43(1)：134～139.
[84] 张敏，马纲. 甘肃省湿地鸟类的研究[J]. 甘肃高师学报，2000，5(5)：48～53.
[85] 张若蕙. 浙江珍稀濒危植物[M]. 杭州：浙江科学技术出版社，1994.
[86] 张伟. 浙江海洋文化与经济[M]. 北京：海洋出版社，2013.
[87] 章绍尧，丁炳扬. 浙江植物志(总论)[M]. 杭州：浙江科学技术出版社，1993.
[88] 赵尔宓. 中国濒危动物红皮书(两栖类、爬行类)[M]. 北京：科学出版社，1998.
[89] 赵士洞，等，译. 千年生态系统评估报告集(二)[M]. 北京：中国环境科学出版社，2007.
[90] 浙江大学农业与生物技术学院. 下渚湖湿地生物多样性及综合保护对策研究[Z]. 2008.
[91] 浙江林学院园林设计院. 诸暨市白塔湖湿地公园总体规划[Z]. 2008.
[92] 浙江南麂列岛国家级海洋自然保护区管理局. 浙江南麂列岛国家级海洋自然保护区总体规划(2003～2010年)[Z]. 2004.
[93] 浙江省海洋功能区划修编工作领导小组. 浙江省海洋功能区划[Z]. 2007.
[94] 浙江省环保厅. 浙江省环境状况公报(2013年)[R]. 2014.
[95] 浙江省林业调查规划设计院. 杭州市湿地资源调查与研究报告[R]. 2005.
[96] 浙江省林业调查规划设计院. 湖州市湿地保护规划[Z]. 2007.
[97] 浙江省林业调查规划设计院. 景宁大仰湖溪源湿地群省级自然保护区总体规划[Z]. 2013.
[98] 浙江省林业调查规划设计院. 丽水市湿地保护与利用规划[Z]. 2008.

[99] 浙江省林业调查规划设计院. 宁波市湿地保护与利用规划[Z]. 2009.
[100] 浙江省林业调查规划设计院. 台州市湿地保护与利用规划[Z]. 2010.
[101] 浙江省林业调查规划设计院. 浙江衢州乌溪江国家湿地公园总体规划[Z]. 2009.
[102] 浙江省林业调查规划设计院. 舟山市湿地保护规划[Z]. 2013.
[103] 浙江省林业厅. 浙江省第二次湿地资源调查工作方案[Z]. 2011.
[104] 浙江省林业厅. 浙江省第二次湿地资源调查技术操作细则[Z]. 2011.
[105] 浙江省林业厅. 浙江省湿地保护规划(2006~2020年)[Z]. 2006.
[106] 浙江省旅游局. 旅游资源分类、调查与评价[Z]. 2003.
[107] 浙江省人民政府(浙政发〔2012〕30号). 浙江省重点保护野生植物名录(第一批)[Z]. 2012.
[108] 浙江省水利厅. 浙江省河流简明手册[M]. 西安: 西安地图出版社, 1999.
[109] 浙江省水利厅. 浙江省水功能区、水环境功能区划分方案[Z]. 2003.
[110] 浙江省水利厅. 浙江省水资源公报(2013年)[R]. 2014.
[111] 浙江省水利志编纂委员会. 浙江省水利志[M]. 北京: 中华书局, 1998.
[112] 浙江省水文志编纂委员会. 浙江省水文志[M]. 北京: 中华书局, 2000.
[113] 浙江省统计局. 2014浙江统计年鉴[M]. 北京: 中国统计出版社, 2014.
[114] 浙江省围垦局. 浙江省滩涂围垦总体规划(2005~2020年)[Z]. 2004.
[115] 浙江玉环经济开发区管委会. 浙江玉环漩门湾国家湿地公园总体规划[Z]. 2010.
[116] 郑朝宗. 浙江植物志(第六卷)[M]. 杭州: 浙江科学技术出版社, 1993.
[117] 郑光美, 王岐山. 中国濒危动物红皮书(鸟类)[M]. 北京: 科学出版社, 1998.
[118] 郑光美. 中国鸟类分类与分布名录[M]. 北京: 科学出版社, 2011.
[119] 中国海湾志编纂委员会. 中国海湾志(第五、六分册)[M]. 北京: 海洋出版社, 1992.
[120] 中国林业科学研究院亚热带林业研究所. 浙江安吉昆铜竹溪湿地公园建设可行性研究报告[R]. 2010.
[121] 中国林业科学研究院亚热带林业研究所. 浙江秀洲莲泗荡湿地公园建设可行性研究报告[R]. 2012.
[122] 朱曦, 王青良, 詹印波, 等. 浙江普陀山岛两栖爬行动物区系及分布[J]. 浙江林学院学报, 2009, 26(5): 708~713.
[123] 诸葛阳. 浙江动物志(鸟类)[M]. 杭州: 浙江科学技术出版社, 1990.
[124] 诸葛阳. 浙江动物志(兽类)[M]. 杭州: 浙江科学技术出版社, 1990.
[125] Liu Hong, Wang Qing-Feng, W. Carl Taylor · Isoetes orientalis (Isoetaceae), a New Hexaploid Quillwort from China[J]. Novon, 2005.
[126] WU Zheng-yi, RAVEN P H. Flora of China (Vol 24)[M]. Beijing/St Louis: Science Press, Missouri Botanical Garden Press, 2000: 13.
[127] WU Zheng-yi, RAVEN P H. Flora of China (Vol 19)[M]. Beijing/St Louis: Science Press, Missouri Botanical Garden Press, 2011: 483.
[128] XIONG Xian-hua, WU Qing-ling, CHEN Xian-xing, et al. Two genera and five species newly recorded in Zhejiang Province, China[J]. Jounal of Zhejiang University(Agric & Life Sci), 2013, 39(6): 695~698.

附　件

浙江湿地资源调查单位及主要参加人员

省级单位参加人员（按姓氏笔画排序）

毛华英　左石磊　叶进武　冯存均　刘三仔　刘晓忠　吴伟志　吴丞昊　何伟平
汪锦辉　张小伟　张芬耀　张国江　张瑜飞　金　伟　项茂林　赵岳平　俞肖剑
翁卫松　陶吉兴　黄思明　谢文远　鲍陈辰　蔡春抹　谭金华

县级单位参加人员（按姓氏笔画排序）

丁　俊　于永根　王　恒　王　超　王文光　王伟龙　王如田　毛可仁　毛闻君
方　龙　方　茂　方立林　石志炳　叶胜忠　朱　梅　朱海平　朱朝方　刘庆华
刘雁群　孙炳良　孙海平　李　彦　李　新　李士琴　李仙来　杨　旭　杨海炳
吴　磊　吴一宏　吴达波　邱道荣　何　晓　余黎红　应富华　沈　杨　宋唯真
张　华　张　斌　张　璐　张一彪　张伟英　张旭东　张国贤　张豪杰　陈日红
陈文海　陈星高　林观勇　林其盛　竺为民　金　英　金　攀　金如龙　周　炳
周元中　郑朝阳　郎义生　赵沛忠　赵锦泉　胡中成　俞华桥　敖展雄　袁　娜
夏俊杰　钱龙福　凌　徽　高德洪　唐金生　黄元佐　黄尚月　黄献章　董海钧
蒋海娜　楼艺华　蔡卓勤　管为武　潘祖全　潘寅辉　魏　洋

后　记

浙江省第二次湿地资源调查工作于2013年圆满完成，为充分展现湿地资源调查成果，为制定科学的湿地保护和管理政策、开展保护与管理工作提供支持，按照国家林业局统一部署，浙江省开展《中国湿地资源·浙江卷》编撰工作。

通过浙江省第二次湿地资源调查成果，全面系统地建立了新的全省湿地资源家底数据和管理信息系统，取得了如下创新性成果。

（1）调查全面采用“3S”技术，首次利用高分辨率遥感影像、1∶10000电子地形图等先进空间数据对全省范围内湿地的类型、面积与分布情况进行判读与实地验证，实现了对湿地资源调查和监测手段的技术飞跃。

（2）首次全面系统地查清了全省8公顷以上的湿地类型、面积与分布。本次调查涉及湿地5类23型，区划湿地区105个，湿地斑块10042个。调查结果显示：全省湿地总面积111.01万公顷，湿地率10.90%。其中，天然湿地面积84.33万公顷，占75.97%；人工湿地面积26.68万公顷，占24.03%。按湿地类型分，近海与海岸湿地69.25万公顷，占62.38%；河流湿地14.12万公顷，占12.72%；湖泊湿地0.89万公顷，占0.79%；沼泽湿地0.07万公顷，占0.07%；人工湿地26.68万公顷，占24.04%。

（3）重点调查了44块重要湿地的范围、面积、类型、分布、自然环境、湿地水环境、湿地野生动植物、湿地保护和利用状况、湿地受威胁状况等因子，为今后湿地资源保护管理、合理利用和建立湿地生态补偿机制提供了基础数据信息。全省44块重要湿地面积43.48万公顷，占全省湿地总面积的39.17%。

（4）调查表明，浙江省湿地生物多样性极为丰富。有湿地高等植物1482种，隶属640属181科，其中苔藓植物24科36属79种，维管束植物157科604属1403种。湿地动物69目268科1107种，其中鸟类18目58科276种，鱼类38目169科699种，两栖类2目9科44种，爬行类4目14科54种，哺乳类7目18科34种。湿地珍稀濒危物种较多，其中列入国家Ⅰ级保护植物4种，国家Ⅱ级保护植物7种，浙江省重点保护野生植物名录10种；列入国家Ⅰ级保护动物14种，国家Ⅱ级保护动物65种，浙江省重点保护动物34种。

（5）调查新发现、新记录数量较多。湿地植物调查，发现中国新归化种2种，分别为细果草龙、加拿大苍耳；浙江省2个新记录属，分别为菊芹属、距花黍属；浙江省新记录种6个，分别为梁子菜、距花黍、有腺泽番椒、卡开芦、小荇菜、长叶紫菀；新变种1个，千亩田龙师草；新变型1个，白花牡荆。此外，发现野生莼菜、野生睡莲省内新分布点各1处。确认断节莎和小果草2种植物在浙江省的分布。湿地动物调查，记录到中华凤头燕鸥、黑脸琵鹭、白琵鹭、黑嘴鸥、卷羽鹈鹕、脆蛇蜥等珍稀濒危物种。上述调查成果对进一步研究浙江省动植物区系具有重要的学术价值。

《中国湿地资源·浙江卷》，由浙江省林业厅组织编写，全书共分六章。第一章，介绍浙江省自然地理与社会经济基本概况；第二章，详述了湿地类型与面积、湿地分布格局；第三章，阐述了湿地植物与植被、湿地脊椎动物资源；第四章，评述了湿地资源可持续利用状况和利用建议；第五章，综合评价湿地资源生态状况，并分析湿地资源动态变化；第六章，评述了湿地保护管理状况和对策建议。

《中国湿地资源·浙江卷》的顺利出版，得益于国家林业局湿地保护管理中心精心指导及国家林业局调查规划设计院、浙江省测绘与地理信息局的大力支持，得益于广大专家的悉心指导和各有关部门的大力协作。为此，我们对所有给予调查工作指导帮助并付出辛勤劳动和汗水的领导、专家和各界热心人士表示衷心的感谢，对所有参加过调查工作的各级调查队员致以崇高的敬意。

由于种种原因，本书在广度和深度上存在一定的局限，有待今后进一步深化完善；同时，文中恐有诸多不妥、疏漏之处，欢迎专家学者和业内人士批评指正。

《中国湿地资源·浙江卷》编写组

2015 年 10 月